気象学入門

基礎理論から惑星気象まで

松田佳久

東京大学出版会

An Introduction to Meteorology:
From Basic Theory to Meteorology of Planets
Yoshihisa MATSUDA
University of Tokyo Press, 2014
ISBN978-4-13-062721-4

まえがき

　気象学は長い歴史をもつが，近年地球以外の惑星の大気や気象についての研究が発展し，多くの新しい知見が得られつつある．本書はこのような惑星気象の知識を取り入れた新しい気象学の入門書である．主として大学で初めて気象学を学ぶ人を想定しているので，高校の物理や数学または大学初年の力学，熱力学，微積分の初歩的な知識のみを前提として説明している．

　既に，気象学の優れた入門書として少なくない種類の教科書が出版されているが，本書はそれらに対して，以下のような特徴を有している．

　まず，筆者の専門でもある惑星の気象学を取り入れ，気象学の内容を地球以外の惑星の気象も含めて説明していることである．本書のねらいは，地球の気象を他の惑星の気象と比較し，惑星気象の中で位置付けることである．そうすることによって，地球の気象に関してもより深い理解が可能となるであろう．

　このような入門書の説明で問題になるのが，流体力学の方程式の取り扱いである．大気は流体であり，気象の専門的な議論には流体力学の方程式による議論が不可欠だからである．しかし，本書では大気の運動が主要なテーマであるのにもかかわらず，流体力学の方程式を一切使っていない．そのかわり，直感的，定性的に大気という流体の運動をかなり丁寧に説明したつもりである．

　また，本書は必ずしも気象の全分野を網羅していない．標準的な教科書というよりも，興味深いテーマ，特に惑星規模の大気の運動について詳しく説明した．しかし，大気の鉛直構造，放射過程，温室効果，乾燥・湿潤対流そして大気の中小規模および惑星規模の運動，温帯低気圧の発達など気象学の重要な問題をほとんど含んでいる．

　以上のような目的を持った本書は以下のように構成されている．まず，第1章で，太陽系の惑星の大気と気象を概観し，本書で考察すべき課題を提示する．第2章と第3章では大気の鉛直構造（温度の鉛直分布など）が温室効果や対流によってどのように決まるかを説明する．第4章では，水平方向に温度差があったとき，どのような気圧分布ができ，どのような風が吹くかを直感的に詳しく説明する．この章は以下の章の土台となっている．第5章では，大気を熱機関

と見立てて，どのくらいの水平温度差や風が形成されるかを見積もり，それを金星，地球，火星に応用し，各惑星のおおまかな気象の特徴を明らかにする．第6章では惑星の自転効果を説明し，地球のように自転の速い惑星での大気の運動の力学的性質を説明する．それを踏まえて，第7章では地球対流圏（と火星）で重要な役割をする温帯低気圧を，第8章では地球の対流圏，成層圏，そして火星での惑星規模の大気の運動を比較しながら説明する．以上は既におおよそ確立している気象学の内容の教科書的な説明であるが，最後の第9章では，地球以外の惑星のまだ解明されていない現象の著者独自の観点からの解説である．そこでは，まず海王星など太陽から遠い惑星で吹く高速風について考察する．最後に，自転の非常に遅い金星で見られる大気の高速回転についての考察から，すべての惑星の循環の分類に及ぶ．

　本書では初等的な数学や物理しか使っていないが，数式が多いなど少し読みにくいと思われる節には，節の番号に*印をつけておいた．読解が困難と感じたら，最初読むときは飛ばして，後で読み直してもらってもかまわない．

　地球の気象学を研究したり，学んだりするのに他の惑星の気象を学ぶ必要はないという考えもあるかもしれない．しかし，気象学は単に記述的な経験の集積ではなく，物理学などを基礎として現象の原因や理解を目指す学問である．現象の原因やメカニズムの理解のためには，地球と条件の異なった大気の類似の現象を研究することは大変有益である．自己の理解のためには他者の理解が不可欠であるように，より深い地球の気象の理解のためには，他の惑星の気象を研究し，それを地球と比較することが不可欠である．本書がこの目的のために少しでも役立てば幸いである．この意味で，本書は大学1年から4年の理系の学生，気象予報士の受験希望者など初めて気象学を学ぶ人を念頭に置いているが，今まで惑星気象を組み込んだ気象の入門書はないので，既に気象学を学んだ人にも参考になるものと思う．

　既に，気象学の入門的教科書として，小倉義光先生の『一般気象学』（1999，東京大学出版会）や浅井冨雄，新田尚，松野太郎の三先生による『基礎気象学』（2000，朝倉書店）があり，二宮洸三先生もいくつもの入門書を書かれている．岸保勘三郎，浅井冨雄両先生の編集された『大気科学講座』（1981～1982，東京大学出版会）も含めて，これらの教科書は大変優れたものであり，本書を書く際にも参考にさせて頂き，引用させて頂いた図も多々ある．ここで御礼申し上げたい．一方，廣田勇先生の『グローバル気象学』（1992，東京大学出版会）は総花的な教科書とは異なるストーリー性を持った個性的な気象の入門書である．

本書の執筆の動機の1つは『グローバル気象学』の刺戟であるが，本書の性格は総花的な教科書と『グローバル気象学』の中間である．

　以上の本以外にも，著者は多くの人の御蔭を被っているので，ここで御礼を申し上げておきたい．木村龍治先生には，色々な機会に多くの楽しい議論をして頂いた．先生にご教示頂いた一例を挙げると，本書6.4節の「低気圧と高気圧」での考察は日本気象予報士会編『気象予報士ハンドブック』(2008，オーム社) の中の温帯低気圧の解説から示唆を受けている．松野太郎先生には，学部，大学院にわたり気象学の教育をして頂いた．放射過程と大気の運動を中心に気象学を組み立てた本書の構成は先生の学部の気象学の講義の組み立ての影響であろう．本書2.8節でも採用した温室効果の説明のための多層モデルは先生の創意によると言う．本書の2.11節でそれの拡張を試みたが，それにより万分の一かの恩返しができたことになろうか．戦後の日本の気象学の発展や数値予報の創設に中心的役割を果たされ，我々を暖かく見守ってくださった岸保勘三郎先生が数年前に亡くなられてしまい，本書を見て頂くことができず，大変残念である．ご冥福をお祈りしたい．

　本書を書くにあたり，今や気象研究の中堅となっている私より年少の人たちとの議論や彼らの情報提供が大変有益だった．ここで深く御礼申し上げる次第である．なお，京都産業大学の高木征弘さんと慶応大学の杉本憲彦さんには原稿を読んでいただき，貴重なコメントを頂いた．

　出版に際しては東京大学出版会の岸純青さんに大変お世話になった．本書が出版できたのも岸さんの気象学などに対する御理解のお蔭と思う．心から御礼申し上げる．

2014年3月

松田佳久

目 次

まえがき i

第 1 章　太陽系の惑星の大気と気象 *1*
  1.1　金星の大気と気象 *1*
  1.2　地球の大気と気象 *6*
  1.3　火星の大気と気象 *8*
  1.4　木星の大気と気象 *11*
  1.5　その他の木星型惑星とタイタンの大気と気象 *14*

第 2 章　大気の鉛直構造 I——温室効果 *17*
  2.1　大気の鉛直方向の変化 *17*
  2.2　静水圧平衡 *19*
  2.3　気体の重力分離 *22*
  2.4　大気の存在条件 *26*
  2.5　有効放射温度 *30*
  2.6　太陽光の散乱と日傘効果 *33*
  2.7　温室効果の定性的説明 *36*
  2.8　温室効果の半定量的な説明 *38*
  2.9　赤外線の吸収 *41*
  2.10　地球の温室効果 *44*
  2.11　金星の温室効果 *49*
  2.12*　太陽光が大気中で吸収される場合の温室効果 *52*

第 3 章　大気の鉛直構造 II——鉛直対流の効果 *55*
  3.1　流体の安定性と乾燥断熱減率 *55*
  3.2*　大気の振動数 *59*

3.3	温位	63
3.4	水蒸気を含んだ対流	66
3.5*	湿潤断熱減率	69
3.6	現実大気の安定性（エマグラム）	72
3.7	地球と火星の放射対流平衡温度分布	75
3.8	地球の大気境界層	78
3.9	暴走温室効果	81
3.10	鉛直対流の形態	84

第4章　水平対流　89

4.1	水平温度差によって作られる流れ	89
4.2	水平対流と圧力分布	92
4.3	海陸風と斜面風	97
4.4	モンスーン	102
4.5	地球規模の高気圧と低気圧	106
4.6	金星の夜昼間対流	109

第5章　熱機関としての惑星大気　111

5.1	局所的放射平衡	111
5.2	熱機関としての大気	114
5.3	乱流としての大気の運動	117
5.4	大気運動による南北の熱輸送	119
5.5	惑星大気大循環の外部パラメータ依存性	120
5.6	温度の局所的放射平衡からのずれ	123

第6章　惑星の自転効果——地衡風の関係　127

6.1	コリオリ力と遠心力	127
6.2	地衡風の関係	133
6.3	まさつの効果と傾度風の関係	139
6.4*	低気圧と高気圧	142
6.5	渦運動と対流運動	145
6.6	ロスビー波	147
6.7	温度風の関係	152
6.8	地球大気の温度分布と風系	154

6.9	地球大気の子午面循環	*159*
6.10	金星のスーパーローテーションの遠心力バランス	*161*

第 7 章　温帯低気圧とその役割 *165*

7.1	南北熱輸送と地衡風の関係	*165*
7.2	回転水槽の実験	*168*
	7.2.1　ハドレー循環	*169*
	7.2.2　ロスビー循環	*171*
7.3	傾圧不安定論	*175*
7.4	温帯低気圧による熱輸送とその飽和	*179*
7.5	現実の傾圧不安定波	*181*
7.6	温帯低気圧と前線	*186*

第 8 章　地球と火星の大気大循環 *191*

8.1	諸惑星の大気大循環の分類	*191*
8.2	地球対流圏の大気大循環	*193*
8.3	地球中層大気の大循環	*196*
8.4	火星の大気大循環	*202*
8.5	火星の傾圧不安定	*206*

第 9 章　惑星気象の謎 *209*

9.1	木星型惑星大気の高速風	*209*
	9.1.1　木星型惑星大気の巨大な運動量	*209*
	9.1.2　エネルギーに注目した惑星大気の比較	*211*
9.2	金星のスーパーローテーション	*214*
	9.2.1　子午面循環による生成メカニズム	*215*
	9.2.2　波（熱潮汐波）によるメカニズム	*218*
	9.2.3　子午面内のモーメント・バランス	*223*
	9.2.4　大気大循環の分類	*225*

参考文献 *233*

索引 *237*

第1章
太陽系の惑星の大気と気象

金星，地球，火星，木星，土星，天王星，海王星およびタイタンの大気とその気象を紹介する．各惑星大気の特徴と興味深い現象を説明すると同時に，本書で考察すべき気象学の課題を提起する．その課題がどの章で解説されるかも指示する．

1.1 金星の大気と気象

太陽系にある惑星は水星，金星，地球，火星が属する地球型惑星と木星，土星，天王星，海王星が属する木星型惑星に分類できる．前者の特徴は相対的に太陽に近い位置にあること，半径（したがって体積）が小さいこと，密度が大きいことである．逆に，後者の特徴は相対的に太陽から遠い位置にあること，半径が大きいこと，密度が小さいことである．これらのことは表 1.1 を見れば，確認できるであろう．これらの惑星のうち，水星は大気を持っていないが，それ以外の惑星は大気をもっている．惑星の周りを回っている天体が衛星である．地球は月という衛星を持ち，特に，木星と土星は多くの衛星を持っている．しかし，ある程度，濃密な大気を持つ衛星は土星の衛星であるタイタンのみである．

従来は木星，土星，天王星，海王星を木星型惑星として一括してきたが，最近では内部構造に着目して，木星型惑星（木星と土星）と天王星型惑星（天王星と海王星）に分けて考える場合もあるようである．中心部に岩石と氷から成るコアがあることは共通であるが，前者ではその周りを，金属状の水素，液体状の水素，気体の水素が取り巻いている．一方，後者ではコアの周りに水，アンモニア，メタンが混合した氷のマントルが取り巻き，さらにそれを気体の水素などが取り巻いている．もちろん，惑星の表面に着目すれば，4つの惑星は

表 1.1 各惑星の天文学的諸量（理科年表などから）

惑星名	太陽からの距離（天文単位）	公転周期（地球年）	自転周期（地球日）	赤道傾斜角（度）	赤道半径（km）	質量（地球=1）	密度（g/cm^3）	重力落下加速度（m/s^2）	太陽放射量（地球=1）
水星	0.387	0.241	58.65	0	2440	0.055	5.43	3.7	6.67
金星	0.723	0.615	243.02	177.4	6052	0.815	5.24	8.9	1.91
地球	1.00	1.00	0.9973	23.44	6378	1.000	5.52	9.8	1.00
火星	1.52	1.88	1.0260	25.19	3396	0.1074	3.93	3.7	0.43
木星	5.20	11.86	0.414	3.1	71492	317.83	1.33	23.2	0.037
土星	9.55	29.46	0.444	26.7	60268	95.16	0.69	9.2	0.011
天王星	19.2	84.02	0.718	97.9	25559	14.54	1.27	8.7	0.0027
海王星	30.1	164.77	0.671	27.8	24764	17.15	1.64	10.86	0.0011
タイタン	9.55	15.95*	15.95	1.94	2576	0.0225	1.88	1.35	0.011

* 土星の周りの回転周期（地球日）.

表 1.2 各惑星大気の諸量

惑星名	地表面気圧（hPa）	平均分子量	定圧比熱（1000 J/K·kg）	アルベード	有効放射温度（K）
金星	92000	44	1.2	0.78	224
地球	1013	29	1	0.30	255
火星	6	44	0.8	0.25	210
木星	700	2.2	11	0.73	124
土星	1000	2.1	11	0.77	95
天王星	1000	2.3	10	0.82	59
海王星	1000	2.4	10	0.65	59
タイタン	1500	28	1	0.2	86

火星の地表面気圧は変動が大きい．木星型（木星，土星，天王星，海王星）は地表面がないので，地表面気圧として雲の存在するおおよその気圧が示されている．木星型惑星の有効放射温度には内部熱源も考慮されている．

共に表 1.3 に示されるような水素やヘリウムを主成分とする大気を持っているので，表層の大気を扱う本書では 4 つの惑星を木星型惑星と一括して呼ぶことにする．

地球型惑星は（その上に大気が乗っている）はっきりした地面をもっているのが特徴である．木星型惑星では大気の層が深い所まで及び，地球のような地面はない．これは気象学の観点からは，非常に大きな相違である．大気の構成成分についても，地球型惑星と木星型惑星では大きな違いがあるが（表 1.3 参照），これについては以下で述べたい．

惑星としての金星はその大きさ（半径 6050 km）が地球（半径 6380 km）と同じくらいであり，その重力落下加速度 ($8.9\,\mathrm{m/s^2}$) も地球の値 ($9.8\,\mathrm{m/s^2}$) に近

表 1.3 各惑星大気の組成

惑星名	大気組成（主成分）	存在比（%）	微量成分
金星	CO_2	96.5	H_2O
	N_2	3.5	Ar
地球	N_2	78.1（乾燥大気）	CO_2
	O_2	20.9（乾燥大気）	CH_4
	H_2O	0〜2	
火星	CO_2	95.3	CO
	N_2	2.7	H_2O
	Ar	1.6	
	O_2	0.13	
木星	H_2	90	NH_3
	He	10	H_2O
	CH_4	0.2	
土星	H_2	96	NH_3
	He	3	
	CH_4	0.4	
天王星	H_2	83	NH_3
	He	15	
	CH_4	2	
海王星	H_2	81	CH_4
	He	19	NH_3
タイタン	N_2	97	Ar
	CH_4	2	H_2

い．そのような類似性から，地球と金星は双子星と言われることもある．しかし，大気に着目すると，その相違は顕著である．地球は地表面気圧が1気圧であるが，金星は92気圧あり，金星には地球のおおよそ100倍の大気がある．しかも，大気を構成する気体の種類がかなり異なっている．地球の大気は主として窒素と酸素から成っており，二酸化炭素は微量成分であるが，金星大気はほとんど二酸化炭素から成っている（表1.3参照）．双子星といわれるように固体部分が類似しているのに，大気に関して大きな違いがあるのは，海の有無が関係していると考えられている．金星では，(3.9節で述べるように，「暴走温室効果」というメカニズムにより) 海が消失したと思われている．地球にも大量の二酸化炭素が存在したが，それが海に溶け込み，サンゴの殻に取り込まれ，最終的には石灰岩に変形したと考えられている．つまり，金星では海が消失したので，膨大な二酸化炭素が大気という形で残ったことになる．

それでは，金星の分厚い大気の中で，温度はどのように分布しているのだろうか．水平方向の温度分布については，第4章以下でゆっくり議論するとして，

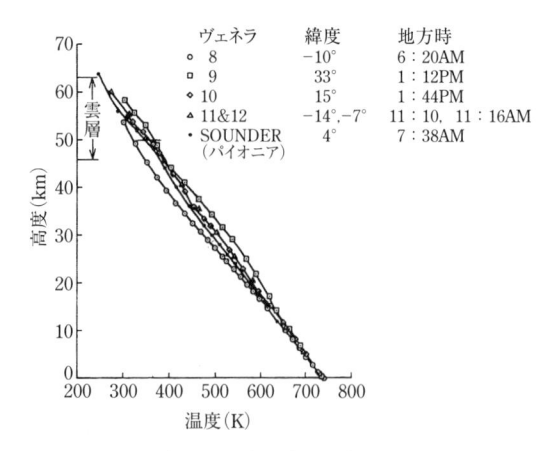

4   第1章　太陽系の惑星の大気と気象

図 1.1 金星の温度の高さ分布 (Seiff, 1983)

　図 1.1 に金星の温度の鉛直分布を示した．まず，地表面温度が 730 K にも達していることに注目していただきたい．つまり，金星の地表面付近は地球環境では考えられないような高圧，高温の焦熱地獄の様相を呈しているのである．この異常な高温が金星大気の最大の特徴である．この高温は決して，金星が（地球よりも）太陽の近くにあるということによっては説明できない．第 2 章で詳しく説明するが，この高温は温室効果の結果なのである．地球でも二酸化炭素は温室効果に寄与しているが，金星の二酸化炭素量は地球と比べて桁違いに多い．地球の温室効果との大きな差異も含めて，第 2 章で金星の温室効果を詳しく説明したい．

　図 1.1 の金星の温度の高さ分布を見ると，高さとともに温度は減少しているが，温度分布は 40 km くらいまでは直線となっている．つまり，一定の温度減少率で温度が減少している．高さ 50 km くらいで気圧は（地球の地表面と同じ）1 気圧になる．そこでの温度は約 350 K で，地球の平均地表面温度 (288 K) よりは 60 K くらい高いが，極端にかけ離れているわけではない．

　地球の気象の大きな特徴は雲が発生し，それが雨をもたらすことである．金星にも雲はあるが，地球のそれとかなり性格を異にしている．地球の雲は生成消滅を繰り返し，地球の表面の一部を覆うだけである．それに対して，金星の雲は高さ約 45 km から約 70 km の間に常に存在し，しかも全天を覆っている．地球の雲の粒子は H_2O の液滴または氷であるが，金星のそれは濃硫酸の液滴から成っている．したがって，金星ではこの高度に，このような雲が生成され

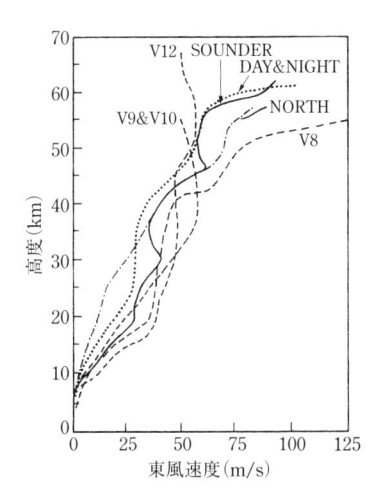

図 **1.2** 金星のスーパーローテーション (Schubert, 1983)：いくつかの探査衛星によって観測された東風の鉛直分布．V8 は旧ソ連の探査衛星ヴェネラ 8 号を意味する．V9, V10, V12 も同様．それ以外はアメリカのパイオニア・ヴィーナスの落とした探査機．

維持されることを説明する必要があり，この問題も金星気象学の重要な問題である．

金星気象最大の問題は大気の運動，つまり風に関するものである．金星大気には金星の自転と同方向に，非常に速い風が吹いている．金星の自転方向は，地球と反対で，東から西に回転しているので，この風は東風である．図 1.2 には，いくつかの探査衛星が異なった地点で降下しながら観測したこの東風の高さ分布が示されている．

地表面から高さとともに速くなり，高さ 70 km 付近ではおおよそ 100 m/s に達している．金星の自転は大変遅く，243（地球）日で 1 回転する．赤道での自転速度は約 1.6 m/s である．したがって，高さ 70 km 付近では，大気は固体部分の約 60 倍の速さで回転していることになる．この高速の風をスーパーローテーション（超回転）という．ちなみに，地球上に吹く代表的な風は 30 m/s 程度であり，地球の赤道での自転速度，約 460 m/s の 1/10 以下である．なぜ，金星にこのような高速の風が吹いているのか，金星のみならず太陽系の惑星全体の気象学でも最大の謎であるが，現在でもその原因はよくわかっていない．この問題については，9.2 節で詳しく検討したい．

なお，金星の東西風，南北風の立体構造を観測により解明するために，金星の気象衛星「あかつき」が日本により打ち上げられた．「あかつき」については

第9章の末尾を見ていただきたい．

1.2 地球の大気と気象

地球は金星と火星の中間に位置しているが，大雑把に言うと，その大気と気象も金星と火星の中間的な性格を有している．地球の地表面気圧は1気圧であるが，これは金星の92気圧，火星の0.006気圧の中間である．ただし，金星と火星の大気は主として二酸化炭素からなっているが，地球の大気組成は窒素と酸素が主成分である（表1.3参照）．地球の場合，二酸化炭素が主要な成分でないのは地球の海と関係があるという説は，前節で紹介した．地球大気中の酸素の大部分は光合成の結果生じたものであり，酸素が大量に存在するのは生命が存在する地球特有の現象である．

地球の温度の高さ分布を図1.3に示した．もちろん，緯度，経度，季節により温度分布は変化するが，この図は全球平均した温度分布である．この温度分布に従い，大気はいくつかの大気層（圏）に分類されている．地表から温度が一定の割合で減少している下層の大気層が対流圏である．その名称通り，この層では活発な対流が生じ，それに伴い雲の形成や降雨現象が見られるなど，日常経験する大気現象が起こっている．なぜ平均地表面温度が288Kとなるのか，

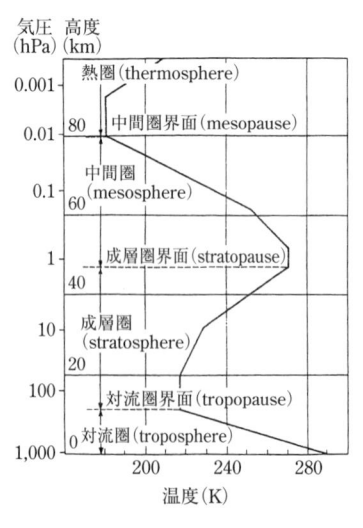

図 **1.3** 地球の温度の高さ分布

これには二酸化炭素などによる温室効果が関係しているのか，また温室効果がなければ，地表面温度は何度になるのか，さらには対流圏ではほぼ一定の割合で温度が減少するのはなぜか，といった問題は「温室効果」や「鉛直対流」を扱う第2章と第3章の主要なテーマである．

対流圏の上にあるのが成層圏である．成層圏での温度は高さとともに上昇していて，成層圏界面（成層圏とその上の中間圏の境目）で極大となっている．これは成層圏にあるオゾン (O_3) が紫外線を吸収して，大気が加熱されるからである．オゾンは酸素から作られるので，このような温度極大が存在するのは，生命が存在し，光合成によって酸素が作られた地球特有の現象である．実際，金星にも火星にもこのような温度極大は見られない．

地球成層圏のように，高さとともに温度が増大する場合は，大気の成層は安定で対流は生じない（これも第3章参照）．この層が成層圏と言われる理由である．したがって，昔は成層圏は運動の少ない静かな層と考えられていた．しかし実際には，南北方向の温度差や対流圏からの波の伝播に起因する興味深い風が成層圏でも吹いている．成層圏の上は中間圏であり，この層では温度は高さとともに減少している．成層圏と中間圏を合わせて中層大気ということがある．大気の運動などに関して中層大気全体で1つのまとまった大気層と考えられるからである．この中層大気に吹く風については，第6章と第8章で説明する．

中間圏の上が熱圏である．熱圏では，再び温度は高さとともに上昇していく．これは波長の短い紫外線を窒素や酸素が吸収し，大気が加熱されるためである．しかし，この高さになると空気は非常に希薄であり（高さ80 kmでの空気密度は地表面での10万分の1以下），夜と昼で数百度の温度差がある．

我々は日常，大小さまざまな規模の大気現象に伴って吹いている風を体験している．台風に伴う強風もあれば，海岸地方で夏の日中，海から吹いて来るそよ風もある．また，春や秋に比較的周期的にやって来る温帯低気圧に伴う風もある．これらについては，以下の諸章でそれぞれ議論するが，温帯低気圧は地球大気全体の熱収支にとっても重要な意義を持っており，大変興味深い現象なので，第7章で特に詳しく説明する．

それでは，金星のスーパーローテーションのように，地球を外部から見たとき最も目立つ大規模な風は何だろうか．それは中高緯度で吹いている西風（偏西風という）である．この偏西風は季節により変動するが，平均30 m/sの風速で地球を吹き巡っている．さらに，低緯度で偏西風に比べると弱いが，東風が吹いている（偏東風または貿易風という）．偏西風や偏東風が吹く原因，その気

圧や気温との関係については，第6章で説明する．

これらの風や温帯低気圧の効果も含めて，地球の対流圏での大規模な大気の流れ（大気大循環という）については，第8章で議論したい．

1.3 火星の大気と気象

火星は地球型惑星の中では最も太陽から遠い位置にある．火星の自転周期は地球とほとんど同じで，1（地球）日である．赤道傾斜角（公転の軌道面と赤道面のなす角）は25度で，地球の23度に近く，季節変化の存在が予想される．半径は地球や金星よりも小さく，約3400 kmである．それと関連して，重力落下加速度も $3.7 \mathrm{m/s^2}$ と，小さい．その地表面気圧はおおよそ6 hPa程度であり，地球の100分の1以下，金星の10000分の1以下である．つまり，火星の大気は非常に量が少なく，希薄であることが第1の特徴である．表1.3に示されているように，この希薄な火星大気はほとんど二酸化炭素から成っている．この点は地球ではなく，金星に似ている．

火星の地表面気圧は季節とともに大きく変動する．その変動量は地表面気圧のおおよそ3分の1にも達する．これは火星の極域に存在するドライアイス（固体の二酸化炭素）や H_2O の氷からなる極冠の消長と関係している．夏になると，極冠が加熱され，ドライアイスが昇華して気体の二酸化炭素に成る．一方，冬になると，気体の主成分である二酸化炭素が冷却されドライアイスに成る．この相変化により，大気中の二酸化炭素量が大きく変動する．

火星の地表面での温度分布が図1.4に示されている．図1.4(a)より，地表面での夜昼間の温度差が（赤道上で）100 K近くあることがわかる．また，図1.4(b)と(c)より，南半球が夏のとき，南半球の中緯度の昼の温度は300 Kにも達するが，夜は210 K以下となり，やはり夜昼の温度差が大きいことがわかる．さらに，冬である北半球の高緯度地方は1日中150 Kである（この150 Kという温度は気体の二酸化炭素がドライアイスに凝固する温度である）．また，南北の温度差も昼で100 K以上となり，非常に大きい．地球の表面付近では南北の温度差は極と赤道で最大であるが，数十度程度であり，夜と昼の温度差も数十度程度である．金星の地表面付近では，水平方向の温度差は非常に小さく，1 Kもないと考えられている．

まとめると，火星の地表面付近の温度は，夏の昼に300 Kに達する地域もあ

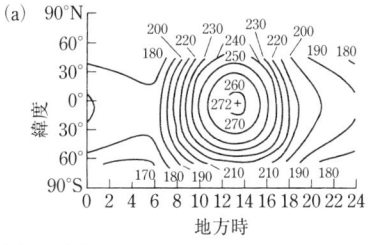

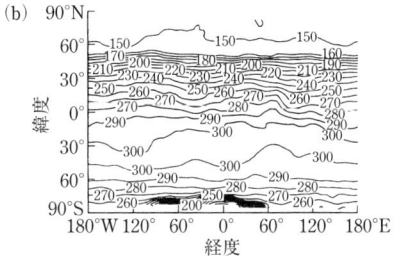

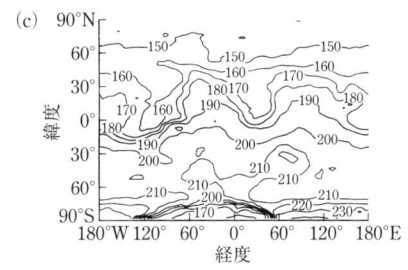

図 1.4 火星の地表面での温度分布 (a) 太陽が赤道地方の真上に来ている季節のある時点での温度分布 (Kieffer et al., 1973)：横軸の地方時は経度を表現する．たとえば 12 は太陽が南中している経度を示す．(b) それぞれの緯度経度における昼の温度．(c) それぞれの緯度経度における夜の温度．(b)，(c) とも季節は南半球が夏のときで，MGS-TES 観測結果により黒田剛史氏作成（松田, 2011）．

るが，全般的にかなり温度が低く，寒冷である．金星の地表面付近は焦熱地獄であることは既に見た．地球は両者の中間であり，我々にとって適度な温度である．この惑星間の平均温度の差は主として大気量，正確には温室効果気体の量に関係しているので，第 2 章で説明したい．

また，火星では空間的にも時間的にも温度変化が大きいのに対して，金星では小さく，地球はその中間であるという観測結果は，大気の運動と関係し，究極的には大気の量（したがって地表面気圧）と密接に関係している．その理由は，第 5 章において詳しく説明する．

火星でも，地球に見られる温帯低気圧が発達することが観測されている．また，前節で述べた地球の偏西風に相当するものが中高緯度に存在している．これらの現象は金星では知られていない．この意味において，地球と火星の気象は似ていて，金星の気象とはかけ離れている，といえる．この原因のうち最も重要なものは自転の速さの相違である．既に述べたように，金星の自転周期が243（地球）日であるのに対して，地球と火星の自転周期は1（地球）日である．この速い自転の効果によって，地球と火星で共通の現象が作り出されている．第6章と第7章では，この自転効果によって生じる気象現象を主として地球の対流圏に即して説明するが，この説明は火星に対しても当てはまることに注意してもらいたい．さらに，火星大気での大規模な温度分布や風の分布が全体としてどうなっているのか，地球と比較しながら，第8章で考察したい．

砂嵐の存在は火星気象にとって極めて重要である．地球にも砂嵐は存在するが，それほど重要ではない．火星では数 km から惑星規模まで，さまざまなスケールの砂嵐が存在している．惑星規模の砂嵐をグローバル・ダスト・ストームといい，3ヵ月程度持続する．このグローバル・ダスト・ストームが発生するのは数年に一度であり，毎年発生するわけではない．なぜ，年により発生したり発生しなかったりするかを説明する必要がある．このように，砂嵐自体興味深い現象なのであるが，砂嵐に関連して，火星大気中には常にダスト（砂埃）が浮遊している．大きな砂嵐によって大気中のダストが増大するが，ダスト量が相対的に少ないときでも，ダストの効果は無視できない．ダストが大気中に浮遊していると，上から入ってきた太陽光を吸収して（上層の）大気を加熱する効果がある．この効果を考慮しないと，火星大気での鉛直温度分布を正しく（放射や対流の効果を取り入れた）計算で求めることができない．これについては，第3章で解説したい．

金星と異なり，雲に覆われていない火星では古くから地形の様子が観測されており，その結果，水が流れた形跡があることが以前から知られていた．現在の火星は上に見たように寒冷であり，H_2O が液体としてほとんど存在できない状態である．したがって，火星では過去において，今と違って水が流れうる温暖な気候の時期があったと推測されている．

太陽光強度などの外的条件がほぼ同じなのにもかかわらず，なぜ過去において温暖な気候が火星で可能だったのだろうか．現在，二酸化炭素は大気以外，ドライアイスの形で極域に存在している．H_2O は，最近の観測により，地下に氷として（特に高緯度に）大量に存在していることがわかった．仮に火星表面

の温度が高くなるとすると，これらは気体（や液体）として存在可能となるであろう．第2章で詳しく見るように，水蒸気や二酸化炭素は赤外線をよく吸収する温室効果気体である．そうすると，温室効果によって地表面付近の温暖な気候を維持できるかもしれない．結局，同じ火星の条件においても，温暖な気候も現在のような寒冷な気候とともに，存在できると推測される．

1.4 木星の大気と気象

　木星型惑星の大気にも大変興味深い大気現象が知られている．しかし，地球型惑星の大気に比べると観測がかなり限られていて，よくわかっていない面が多いので，本書では木星を中心にして，簡単に現象の紹介をするのに留めたい．
　木星型惑星の表層は水素やヘリウムから成る大気層から成っている．この層は大変厚く，地球型惑星のようにせいぜい100気圧の大気の下に固体の地面がある，というようなものではない．したがって，上から来る太陽光が反射，吸収され尽くした高度の下にも延々と大気層が続いているわけで，どこまでを気象学の対象としてよいのかが問題となる．さらに，木星型惑星では，内部から来る熱エネルギーが大気に吸収される太陽エネルギーに比べて無視することができない（天王星を除いて）．そのため，ますます，どの深さまでを気象学の対象としてよいかわからなくなる（以下の議論も参照）．地球型惑星の場合ははっきりした地面があり，その地面または大気で吸収される太陽光のエネルギーをエネルギー源として起こる大気の活動が大気現象と割り切れるので，大変わかりやすい．
　太陽から遠い木星型惑星では，内部熱源があるのにもかかわらず，大気が吸収するエネルギーは地球型惑星に比して少ない．その結果，表面付近の大気の温度が非常に低くなっている．表1.2には，有効放射温度が惑星ごとに示されている．この有効放射温度の定義は第2章で説明するが，ここでは表面付近のおおよその温度と理解してもらいたい．これを見ると，木星でも124K，太陽から最も遠い海王星ではわずか59Kしかない．大気の絶対温度が低いということが，気象にどのような意味を持つのか現在の気象学ではまだよくわかっていないが，興味深いところである．
　木星を可視光で見ると，色が異なる雲が見え，その動きから大気が激しく運動していることがわかる．木星の雲の成分は，木星大気の組成から3種類ある

と予想されている．アンモニア(NH_3)，硫化水素アンモニウム(NH_4SH)，水(H_2O) である．アンモニアは可視光で観測されている白い雲に対応すると思われているが，硫化水素アンモニウムと水の雲は存在が確認されているわけではない．

外部から見える木星表面の風は小規模な雲の動きから推測されている．木星の自転周期は 9 時間 56 分で，大気の運動にとって地球や火星以上に自転効果が重要であることが推定される．雲の動きや色からわかる木星表面の現象はいろいろあるが，帯状構造と大赤斑が重要である．可視光で見ても，赤外線で観測しても，東西方向に延びたバンドが見られる．赤道から緯度 50 度までの間に各半球で 5～6 本のバンドが見られる．これが帯状構造である．50 度より極側ではこの帯状構造は不明瞭である．

可視で見て明るい（白色）部分は赤外線で見て暗い部分に対応し，帯 (zone) と言われる．一方，可視で見て暗い（赤茶色）部分は赤外で見て明るい部分に対応し，縞 (belt) と言われている．地球の雲の常識から，帯では雲頂の高さが高く，縞では雲頂の高さが低いという解釈が古くからなされてきたが，近年，この解釈には問題があることが指摘されている．

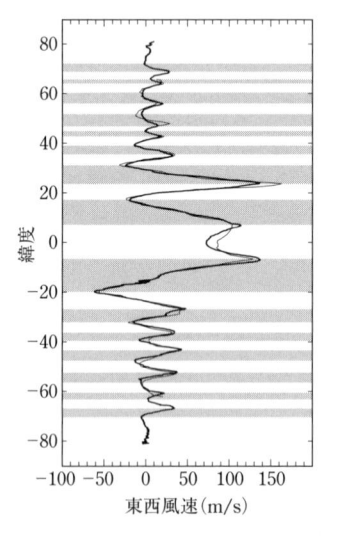

図 **1.5** 木星の東西風速の緯度分布 (Vasavada and Showman, 2005)：正の東西風速が西風，負の東西風速が東風．太線はカッシーニの，細線はヴォイジャー 2 号の撮像による分布である．両者はよく一致している．白地の緯度は帯に，灰色地の緯度は縞に対応（本文参照）．

地上観測および探査衛星の観測から雲の動きによって推定された風の分布によると，地球型惑星と同様，木星でも南北風に比して東西風が卓越している．この東西風速の緯度分布を図 1.5 に示した．赤道付近では 100 m/s に達する西風が吹いている（これを赤道ジェットという）．西風（西から東へ吹く）は木星の自転（地球と同方向で西から東へ回転）と同方向であり，赤道では大気が木星より速く回転しているので，これを赤道加速ということもある．

　赤道地方以外では，図 1.5 に示されているように，東風と西風が南北方向に入れ替わっている．東風，西風が吹いている場所と木星のイメージで確認した帯状構造とは関係している．帯の極側で西風，赤道側で東風が，縞の極側で東風，赤道側で西風が吹いている．したがって，帯は図 1.5 の白地の緯度，縞は灰色地の緯度に対応する．このような風速分布も含めて，帯状構造を考える必要がある．なぜこのような構造が木星において成立し，維持されているのか，それを説明するのが木星気象学の最大の課題である．

　現在の段階において，この帯状構造の原因について定説はない．そもそも，これを説明するために，2 つのまったく異なった立場があり，見解が対立している．第 1 の立場では，この帯状構造が木星の表層のみで存在している現象と考えられている．したがって，表面の浅い大気層だけで議論すればよいことになる．第 2 の立場では，この帯状構造が木星の深層に及ぶ現象と考えられている．木星の内部ほとんど全部の領域で起こっている現象の表面での表れが観測されている帯状構造だと，考えるわけである．したがって，この立場では木星全部を対象とした考察を展開する必要があることになる．今までの木星研究では，それぞれの立場で興味深い研究が独立になされている．

　それでは，どちらの立場が正しいのだろうか？　観測によって判定するしかないが，参考になるような観測はほとんどない．唯一参考になる観測は，1995 年に木星に突入したガリレオ探査機によるものである．この探査機は 24 気圧の深さまで，風速を観測した．その結果を図 1.6 に示した．それによると，表面の東西風速は 24 気圧の深さまで持続している（むしろ強くなっている）．この観測により，第 2 の立場が有利になったようだが，木星全体でみれば，24 気圧の高度は極めて浅い表層に属しているので，まだ決定的なことは言えないであろう．

　木星気象学において，帯状構造に次いで重要な現象が大赤斑である．大赤斑は 1664 年にカッシーニが望遠鏡で発見して以来，今日まで持続している．これは南緯 22 度付近に存在している東西方向 2 万 6200 km，南北方向 1 万 3800 km

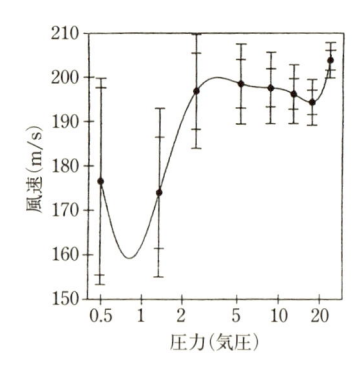

図 1.6 木星の東西風速の深さ分布 (Atkinson et al., 1996)

の巨大な赤斑である．大赤斑は帯状構造でいう帯の中にあり，反時計回りに回転している渦である．その風速はおおよそ 100 m/s であり，空気塊が大赤斑の周りを 1 周するのにおおよそ 6 日を要する．大赤斑の生成，維持のメカニズムについても古くからさまざまな研究がなされているが，まだ未解明である．

1.5 その他の木星型惑星とタイタンの大気と気象

土星，天王星，海王星は木星よりさらに太陽から遠く，(内部熱源を含めても) 吸収するエネルギーは非常に少なく，温度が大変低い．それにもかかわらず強い風が観測されている．土星では木星よりも赤道を中心として吹いている西風 (赤道ジェット) が強く，500 m/s にも達している．その南北幅も木星より大きいが，赤道ジェットより極側の東西風の南北方向の振動 (東風と西風の交替) は木星のようには顕著でない．天王星では 100 m/s を超える西風が，海王星では赤道地方に 400 m/s を超える東風が観測されている．これらの惑星はすべて地球や木星と同様，西から東へ自転しているので，海王星の高速の東風だけ，自転と逆方向に吹いていることになる (金星のスーパーローテーションも金星の自転と同方向)．これらの高速の東西風の原因も惑星気象学の重要な研究課題である．本書では，9.2 節でこれについて考察している．

最後に，ホイヘンスが 1655 年に発見した土星の衛星であるタイタンについて触れておきたい．2005 年に発見者の名にちなんだホイヘンスという探査機がタイタンに着陸し，タイタンの観測が進展した．この衛星には地球型惑星と同様，はっきりした固体の地表面があり，その地表面気圧は 1.5 気圧もある．タ

イタンの大気はほとんど窒素から成っている（表1.3参照）．このタイタンにおいて，100m/sを超える西風が観測されている．100m/sの西風が観測されたのは100kmより上だが，60km以下でも数十m/sの西風が観測されている．タイタンの自転周期は約16（地球）日であり，赤道での自転速度は約12m/sである．つまり，金星ほど極端ではないが，大気が固体部分の回転よりはるかに速く回転していることになる．タイタンにもスーパーローテーションがあるという事実は，金星のスーパーローテーション，ひいては太陽系の惑星・衛星での自転速度と東西風速の関係を考えるうえにおいて重要であろう．

　気象学の専門的知識を仮定せずに，惑星の気象を解説したものに拙著『惑星気象学入門』（岩波書店，2011）がある．また，やはり拙著であるが『惑星気象学』（東京大学出版会，2000）の第1章も惑星気象の概観として参考になると思う．

　近年，太陽系外の惑星の発見が相継ぎ，太陽系の常識と異なる惑星の存在も知られるようになった．その大気や気象についての詳しい観測はまだないが，今後，観測，理論両面での研究が発展し，惑星気象学がさらに豊かになることが期待される．

第2章
大気の鉛直構造 I——温室効果

本章では,大気の圧力,密度,温度が高さ方向にどのように分布しているか考察する.そのためにまず,静水圧平衡について説明する.さらに,可視光や赤外線によるエネルギー輸送を取り扱う大気放射学の基礎を学び,温室効果を理解する.放射過程を単純化した多層モデルにより温度分布を求めてみる.その具体例として,地球と金星の温室効果とそれらの特徴を考える.最後に,現実的な数値モデルによって得られる温度分布について説明する.

2.1 大気の鉛直方向の変化

第1章では地球だけではなく,金星の大気において,温度が高さ方向にどのように変化しているかを概観した.地球の極と赤道の間の距離は約1万 km あるが,温度は数十度しか変化しない.それに対して,地上よりわずか 10 km 上空では,地表面よりも温度が 50 K 以上低い.以下で示されるように,圧力や密度で見ると,高さ方向の変化はもっと激しい.そこで,大気を考察するとき,まず,水平方向の変化を無視して,高さ方向の変化と変化の原因から考察するのが合理的であり,通常なされていることである.そこで,本書でも大気の鉛直構造を最初に議論したい.

対流圏や成層圏の温度分布は大気中を高さ方向にどのようにエネルギーが輸送されるかによって決定されている.エネルギー輸送の過程としては熱伝導と放射と対流がある.熱圏では熱伝導が重要となるが,それより下の層では放射と対流が重要である.本章では放射の効果によりどのように温度分布が決まるかを説明し,次章において対流の効果によりそれがいかに変形されるか説明し

たい．

　温度について述べたが，大気の圧力や密度が高さ方向にどのように変化するのか考察することも重要である．エネルギー輸送を記述する方程式とは別に，大気の温度と圧力と密度を結びつける式が2つある．気体の状態方程式と静水圧平衡の式である．後者については次節で述べるとして，本節では前者の復習から始めたい．

　本書で問題とするような大気の条件下では，理想気体の近似がよく成り立つ．p を考察している気体の圧力とすると，その SI 単位系での単位は Pa（パスカル）であり，$Pa = kg\ m^{-1}s^{-2}$ である．V をその気体の体積 (m^3)，T を温度 (K)，m を質量 (kg)，n をモル数 (kmol)，R を気体定数とすると，分子量が M(kg/kmol) の1種類の気体に対して，理想気体の状態方程式は

$$pV = nRT$$
$$= \frac{m}{M}RT \tag{2.1}$$

と書ける．$R = 8314.5\,\mathrm{J/K \cdot kmol}$ である．ρ を密度，つまり単位体積当たりの質量 (kg/m^3) とすると，$\rho = m/V$ なので，(2.1) は

$$p = \frac{R}{M}\rho T \tag{2.2}$$

と書ける．

　実際の空気は分子量を異にする複数の気体から成っている．その場合，理想気体の状態方程式は，個々の気体に対して成り立っている．今，分子量が M_1 の気体1と M_2 の気体2が混在している圧力 p，密度 ρ，温度 T の気体があるとする．気体1の分圧を p_1，密度を ρ_1，気体2の分圧を p_2，密度を ρ_2 とする．温度 T は両者に共通であるから，それぞれの気体に対して，

$$p_1 = \frac{R}{M_1}\rho_1 T \tag{2.3}$$

$$p_2 = \frac{R}{M_2}\rho_2 T \tag{2.4}$$

が成り立つ．もちろん，$p = p_1 + p_2$，$\rho = \rho_1 + \rho_2$ である．式 (2.3) + 式 (2.4) を求めると，

$$p = R\left(\frac{1}{M_1}\frac{\rho_1}{\rho} + \frac{1}{M_2}\frac{\rho_2}{\rho}\right)\rho T \tag{2.5}$$

となる．ここで，平均分子量 $\overline{M}$ を M_1 と M_2 の密度の重みをかけた調和平均

$$\frac{1}{\overline{M}} = \frac{1}{M_1}\frac{\rho_1}{\rho} + \frac{1}{M_2}\frac{\rho_2}{\rho} \tag{2.6}$$

で定義すると，式 (2.5) は

$$p = R\frac{1}{\overline{M}}\rho T \tag{2.7}$$

と書ける．つまり，2 種類の気体が混在していても，分子量が式 (2.6) で定義される 1 種類の気体の理想気体の状態方程式を取り扱えばよいことになる．気体の種類が 3 種類以上あっても，同様である．表 1.3 を用いて，地球大気の平均分子量を計算することができる．ただし，空気中の水蒸気は時間的にも空間的にも変動が激しいので，水蒸気を除去した乾燥空気の平均分子量を求めると，

$$\overline{M} = 28.96(\mathrm{kg/kmol})$$

となり，

$$\frac{R}{\overline{M}} = 287(\mathrm{J/Kkg})$$

となる．以下では，簡単のために，$R/\overline{M} = R_\mathrm{d}$　（d は乾燥大気 (dry) を表す）と書き，(2.7) を

$$p = \rho R_\mathrm{d} T \tag{2.8}$$

として取り扱うので，注意していただきたい．水蒸気の取り扱いは第 3 章で議論する．

2.2 静水圧平衡

高山に登ると気圧が低くなることからもわかるように，高さとともに空気の圧力，つまり大気圧は低くなる．大気圧が高さとともにどのように変化するかを規定するのが，ここで説明する静水圧平衡の関係である．

念のために，圧力の単位を確認しておこう．SI 単位系での力の単位が N（ニュートン）であることは言うまでもない．圧力とは単位面積当たりに働く力だから，圧力の単位は，力/面積 $= \mathrm{N/m^2}$ である．これを Pa（パスカル）と定義する．$\mathrm{N = kg\, m/s^2}$ なので，$\mathrm{Pa = kg\, m^{-1} s^{-2}}$ である．

まず，地表面での気圧，つまり大気による圧力を考えてみよう．地面に乗っている空気の質量にかかる地球の引力，つまり重力が地面を押す力，これが気圧である．圧力は単位面積 ($\mathrm{m^2}$) 当たりに働く力だから，$1\,\mathrm{m^2}$ の面の上に乗っ

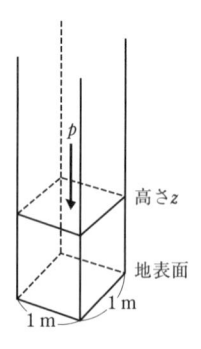

図 2.1 単位面積の上にある空気と気圧の関係：高さ z より上にある四角柱に含まれる空気の重さが下向きの力として働き，高さ z での気圧となる．

ている空気の全体にかかる重力が地表面気圧に他ならない．大気が静止している場合はこのことは厳密に正しいが，実際には大気の運動があり，それに伴う圧力の変動がある．この効果が無視できて，気圧がそれより上にある大気の重力だけで決まるというのが，静水圧平衡または静水圧の近似である（図2.1）．

地球の地表面気圧でこの静水圧平衡を具体的に考えてみよう．$1\,\mathrm{m}^2$ の面の上に乗っている空気の質量を $M(\mathrm{kg/m^2})$，重力落下加速度を $g(\mathrm{m/s^2})$，地表面気圧を $p_s(\mathrm{Pa})$ とすると，

$$p_s = Mg \tag{2.9}$$

と書ける．地球の平均地表面気圧は $1013\,\mathrm{hPa}$ である．h（ヘクト）は 100 倍の意味なので，地表面気圧は $1.013 \times 10^5\,\mathrm{Pa}$ である．地球の重力加速度は約 $9.8\,\mathrm{m/s^2}$ なので，この式より

$$M \approx 1.0 \times 10^4 (\mathrm{kg/m^2})$$

であることがわかる．つまり，$1\,\mathrm{m}^2$ の面の上に 10 トンの重さの空気が乗っていることがわかった．もし仮に空気の密度 ρ が高さによらず一定だとすると，大気層の厚さは，M/ρ で与えられる．地表付近で空気の密度はおおよそ $1.2\,\mathrm{kg/m^3}$ なので，

$$\frac{M}{\rho} = \frac{1.0 \times 10^4\,\mathrm{kg/m^2}}{1.2\,\mathrm{kg/m^3}} = 8.3 \times 10^3\,\mathrm{m}$$

となる．つまり，大気層の厚さはおおよそ 8 km ということになる．もちろん，空気の密度は高さとともに連続的に減少するので，大気層が高さ 8 km で終わっ

てしまうことはないが，この値は空気密度があまり小さくはならない大気層，たとえば対流圏のおおよその厚さを与える．

以上，地表面での気圧を例として，静水圧平衡を説明したが，この近似はどの高さにおいても成り立つ．図 2.1 に示されているように，高さ z での気圧 $p = p(z)$ は，それよりも上にある空気の重さによっていると考えるのが，静水圧の近似である．高さ z の重力の方向に垂直な $1\,\mathrm{m}^2$ の面の上に乗っている空気の全質量は，密度 ρ が高さの関数，$\rho = \rho(z)$ とすると，

$$\int_z^\infty \rho(z')dz' \tag{2.10}$$

である．重力加速度 g は高さによらず一定とすると，静水圧近似より

$$p(z) = g\int_z^\infty \rho(z')dz' \tag{2.11}$$

である．この式の両辺を z で微分すると，

$$\frac{dp(z)}{dz} = -\rho g \tag{2.12}$$

となる．普通，この微分形の式を静水圧平衡の式という．

式 (2.8) と (2.12) が圧力 p と密度 ρ と温度 T の 3 変数を結びつける関係として得られた．エネルギー輸送の過程を表現するもう 1 つの方程式があれば，未知数の数と方程式の数が一致し，z の関数として圧力などを求めることができる．それは，以下で説明するとして，ここでは温度が一定の大気について考察してみたい．

第 1 章で地球などの大気の温度の高さ分布を見たが，温度が一定とはとても言えない．しかし，以下に見るように，圧力や密度が高さとともに地表付近の値よりも何桁も小さくなるのに対して，温度は桁が変わるような大きな変化はない．そこで，温度が大気全体で一定の値に固定されていると仮定して，圧力や密度がどのように高さ変化するかを調べてみるのは興味あることである．$T = T_0$ （定数）を式 (2.8) に代入すると，

$$p = \rho R_\mathrm{d} T_0 \tag{2.13}$$

が得られる．この式と式 (2.12) より，密度 ρ を消去して，

$$\frac{dp(z)}{dz} = -\frac{g}{R_\mathrm{d} T_0} p(z) \tag{2.14}$$

が得られる．

この微分方程式の一般解は，C を任意定数として，

$$p = C\exp\left(-\frac{g}{R_d T_0}z\right) \tag{2.15}$$

と書ける．微分方程式の解き方がわからない人はこの式を (2.14) に代入して，左辺と右辺が一致することを確かめてもらいたい．$z = 0$（地面）で $p = p_s$（地表面気圧）が与えられているとすると，式 (2.15) は

$$p = p_s \exp\left(-\frac{z}{H}\right) \tag{2.16}$$

と書くことができる．ここで s は地表面 (surface) を指示する添字である．ただし，H は

$$H = \frac{R_d T_0}{g} \tag{2.17}$$

で定義され，スケールハイトという．式 (2.13) に (2.16) を代入すると，

$$\rho = \rho_s \exp\left(-\frac{z}{H}\right) \tag{2.18}$$

が得られる．ただし，ρ_s は $\rho_s = p_s/R_d T$ で $z = 0$ での密度の値である．

式 (2.16) と (2.18) によって，等温大気中で圧力や密度が高さとともにどのように減少していくかがわかった．スケールハイト H は大気の圧力や密度の減少の目安であり，H だけ上にいくと，圧力と密度は $1/e$ になる．地球の場合，前節より $R_d = 287 \text{ J/K kg}$，T として地表面温度の平均値 288 K を採用すると，式 (2.17) より $H = 8.4 \text{ km}$ が得られる．つまり，地面から 8 km くらい上にいくと，圧力が地表面気圧の $1/e = 1/2.718 = 0.3679$，つまり約 370 hPa になることが予想される．

2.3 気体の重力分離

等温大気においては気体の密度が式 (2.18) に従って，高さとともに減少することがわかった．一方，実際の空気はいくつかの種類の気体から成っている．分子量が大きく重い気体ほど下の方にたまりやすく，軽い気体ほど相対的に上の方にたまりやすいと考えられる．これを重力分離という．このことは前節の議論にどのように反映するのだろうか，それを考察してみたい．

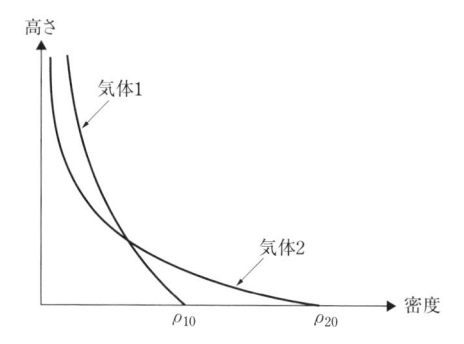

図 2.2 異なった気体の密度の高さ分布：気体 1 は分子量の小さい軽い気体であり，気体 2 は分子量の大きい重い気体である．

大気は理想気体と見なせ，理想気体では分子間の相互作用は無視できるので，気体の種類ごとに別々に式 (2.18) が成り立つはずである．気体の種類を添字 i で示すと，この式は

$$\rho_i = \rho_{is}\exp\left(-\frac{z}{H_i}\right) \tag{2.19}$$

と気体 i について書ける．ここで，ρ_{is} は気体 i の地表面での密度であり，気体 i のスケールハイト H_i は

$$H_i = \frac{R_{di}T_0}{g} = \frac{RT_0}{M_i g} \tag{2.20}$$

と書ける．気体 i のスケールハイトが分子量 M_i に反比例していることに注意して頂きたい．

つまり，分子量の大きい，重い気体のスケールハイトは小さくなり，式 (2.19) より，密度が高さとともに急激に減少する．一方，分子量の小さい，軽い気体のスケールハイトは大きくなり，その密度は高さとともに緩やかに減少する．この関係が図 2.2 に例示されている．重い気体 2 は地表面付近では密度が大きいと仮定されているが，急激に減少して，上層では密度が小さくなる．それに対して，軽い気体 1 は密度の減少が緩やかである．結局，重い気体ほど下層にたまりやすく，上層には相対的に軽い分子が多くなるはずである．つまり，高さとともに平均分子量は減少するはずである．このような現象が気体の重力分離である．二酸化炭素は分子量 44 で主として窒素や酸素よりなる空気の平均分子量 29 より大きいので，地表面付近にたまることが予想される．

表 2.1 に現実の地球大気における平均分子量が示されている．平均分子量は高さ 70 km までまったく変わらない．それより上の熱圏ではじめて減少が起こっ

第 2 章 大気の鉛直構造 I──温室効果

表 2.1 地球大気における気温，気圧，密度などの高さ変化（小倉，1999）

高度 z(km)	気温 T(K)	気圧 p(hPa)	密度 ρ(kg m^{-3})	重力加速度 g(m s^{-2})	数密度 n(m^{-3})	平均分子量 M	オゾン数密度 n(m^{-3})
0	288.15	1.013(3)*	1.225(−0)	9.807	2.547(25)	28.964	7.50(17)
5	255.68	5.405(2)	7.364(−1)	9.791	1.531(25)	28.964	5.68(17)
10	223.25	2.650(2)	4.135(−1)	9.776	8.598(24)	28.964	1.12(18)
15	216.65	1.211(2)	1.948(−1)	9.761	4.049(24)	28.964	2.63(18)
20	216.65	5.529(1)	8.891(−2)	9.745	1.849(24)	28.964	4.75(18)
25	221.55	2.549(1)	4.008(−2)	9.730	8.334(23)	28.964	4.27(18)
30	226.51	1.197(1)	1.841(−2)	9.715	3.828(23)	28.964	2.51(18)
35	236.51	5.746(0)	8.463(−3)	9.700	1.760(23)	28.964	1.39(18)
40	250.35	2.871(0)	3.996(−3)	9.684	8.308(22)	28.964	6.04(17)
45	264.16	1.491(0)	1.996(−3)	9.669	4.088(22)	28.964	2.20(17)
50	270.65	7.978(−1)	1.027(−3)	9.654	2.135(22)	28.964	6.60(16)
60	247.02	2.196(−1)	3.097(−4)	9.624	6.439(21)	28.964	7.30(15)
70	219.59	5.221(−2)	8.283(−5)	9.594	1.722(21)	28.964	5.36(14)
80	198.64	1.052(−2)	1.846(−5)	9.564	3.838(20)	28.964	
90	186.87	1.836(−3)	3.416(−6)	9.535	7.116(19)	28.91	
100	195.08	3.201(−4)	5.60(−7)	9.505	1.189(19)	28.40	
110	240.00	7.104(−5)	9.71(−8)	9.476	2.114(18)	27.27	
120	360.00	2.538(−5)	2.22(−8)	9.447	5.107(17)	26.20	
150	634.39	4.542(−6)	2.08(−9)	9.360	5.186(16)	24.10	
200	854.56	8.474(−7)	2.54(−10)	9.218	7.182(15)	21.30	
300	976.01	8.770(−8)	1.92(−11)	8.943	6.509(14)	17.73	
400	995.83	1.452(−8)	2.80(−12)	8.680	1.056(14)	15.98	
600	999.85	8.21(−10)	1.14(−13)	8.188	5.950(12)	11.51	
1,000	1000.00	7.51(−11)	3.56(−15)	7.322	5.442(11)	3.94	

* 1.013(3) は 1.013×10^3 を意味する．

ている．つまり，上の考察で予想した重力分離が 70 km までまったく起こっていないということである．それは，対流活動が盛んな対流圏のみならず，成層圏，中間圏でも大気の運動により空気が非常によく攪拌されているためである．このかき混ぜ効果がなければ，重力分離が起こるはずなのだが，かき混ぜ効果が卓越して，空気の組成が 70 km まで一様になっている．

したがって，普通の気象学が対象とするような層では，空気の組成はどこでも表 1.3 に示されるような値と考えてよい．しかし，これには重要な例外が 2 つほどある．第 1 の例外は大気中の微量成分であるオゾンである．オゾンは成層圏における光化学反応により酸素分子から作られるが，その化学反応の時間は短い．そのため，十分すみやかに攪拌されず，表 2.1 に示されているように，

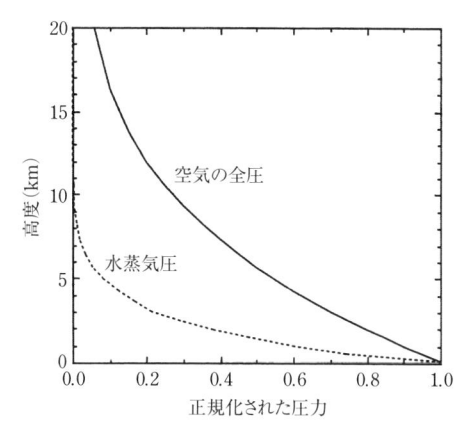

図 2.3 地球大気における水蒸気圧の平均的な高さ分布

下部成層圏において数密度（単位体積当たりの分子の個数）が極大となる．この成層圏のオゾンは紫外線を吸収し，大気を加熱して，成層圏に重要な影響を及ぼす．

　気象学的により重要な例外は水蒸気である．第 3 章で説明するが，水蒸気は上昇流中で水に相変化し，水滴を形成する．これが雨粒となり，地表面や海に降る．さらに，地表面や海の水が蒸発して，空気中の水蒸気となる．この変化も比較的速いので，水蒸気が一様となることはない．また，飽和水蒸気密度は温度が低くなると，急激に減少する．したがって，対流圏上部や成層圏下部のように温度が低いと（図 1.3 参照），水蒸気密度は飽和水蒸気密度を超えられず，非常に小さい．現実の水蒸気密度の平均的な高さ分布を図 2.3 に示す．実際の水蒸気量は時間的にも空間的にも変動が激しく，これは時間的にも水平方向にも平均した値である．この図を見ると，水蒸気密度は 2 km くらい上にいくと地表面の 1/e 程度になっている．もちろん，これは水蒸気について式 (2.19) が成り立ち，水蒸気のスケールハイトが $H = 2\,\text{km}$ であるというのではない．もし水蒸気に対して独立に静水圧平衡が成り立ち，式 (2.19) が正しいとすると，水蒸気の分子量は 18 なので，乾燥空気の平均分子量 29 より小さく，式 (2.20) よりそのスケールハイトは 13.6 km で，乾燥空気のスケールハイト 8.4 km より大きいはずである．図 2.3 は海からの水蒸気の蒸発，雲の形成，降水などにより変動する水蒸気密度の経験的な平均分布である．

　いずれにしても，水蒸気は乾燥空気に比べて，地表面付近に集中して存在して

いることがわかった．実はこれが地球の温室効果ひいては対流圏の形成にとって重要な意味を持っていることは，以下の議論で明らかになるであろう．

2.4 大気の存在条件

以上において，現在の大気の状態を前提して，それを静水圧平衡などの観点から考察してみた．しかし大気層の上に壁があり，それがふたをしているわけではないので，自由に運動している空気分子が惑星から脱出してしまう可能性がある．つまり，大気があったとしても，それが消失してしまう可能性がある．実際，水星には大気はないし，月をはじめ衛星にはタイタンを例外としてほとんど大気がない．本節では，空気が散逸せずに，大気が惑星などに存続できる条件を考えてみよう．

前節までは，地球のように大気の層が惑星半径に比して薄く，言わば惑星に密着している場合を考察したので，重力落下加速度 g を一定として取り扱った．しかし本節では，そのようなことを前提せずに，g を正確に表現して議論したい．質量 m の質点が質量 M の惑星に引かれる力は万有引力の法則により

$$F = G\frac{mM}{r^2}$$

と書ける．ここで G は万有引力定数，r は惑星の中心からの距離である．g は

$$g = \frac{F}{m} = G\frac{M}{r^2} \tag{2.21}$$

である．この式を静水圧平衡の式 (2.12) に代入すると，

$$\frac{dp}{dr} = -\frac{GM}{r^2}\rho \tag{2.22}$$

が得られる．簡単のために，等温を仮定する[1]．理想気体の状態方程式 (2.13) を使って，式 (2.22) から ρ を消去すると，

$$\frac{dp}{dr} = -\frac{GM}{RT_0}\frac{1}{r^2}p \tag{2.23}$$

となる．ただし，R_d の d を省略して R と書いた（式 (2.8) までの R とは異なるので注意して欲しい）．この式を変形して

---

[1] 本節のような議論ではポリトロープ大気といわれる $p \propto \rho^\gamma$ の関係を仮定をして考察することが多い．等温の仮定は，理想気体の状態方程式を考慮すれば，ポリトロープ大気では $\gamma = 1$ の場合に相当する．

$$\frac{dp}{p} = -\frac{GM}{RT_0}\frac{1}{r^2}dr$$

の形にした後,両辺を地表面 $r = a$ (a は惑星の半径), $p = p_0$ から $r = r$, $p = p$ まで積分すると,

$$\int_{p_0}^{p}\frac{1}{p}dp = -\int_{a}^{r}\frac{GM}{RT_0}\frac{1}{r^2}dr$$

となる.
$\int_{p_0}^{p}\frac{1}{p}dp = \ln p - \ln p_0 = \ln(p/p_0)$, $\int_{a}^{r}\frac{1}{r^2}dp = -\frac{1}{r} + \frac{1}{a}$ なので,

$$p = p_0 \exp\left(-\frac{GM}{RT_0}\left(\frac{1}{a} - \frac{1}{r}\right)\right) \tag{2.24}$$

が微分方程式 (2.23) の解として得られる.ただし,$r = a$ で $p = p_0$ という条件により積分定数を決めた.この解の求め方がわからない方は,解 (2.24) を式 (2.23) の両辺に代入し,両辺が一致することを確かめていただきたい.驚いたことに,式 (2.24) はニュートンの『自然哲学の数学的原理』(Philosophiae naturalis principia mathematica) の第 II 編命題 22 で証明されている[2].この命題では,気体の密度が圧力に比例し(これはボイルの法則であり,温度一定の場合の理想気体の状態方程式に相当),流体の各部分が距離の乗に反比例する重力により下方に引かれるという仮定から(表現形式はかなり異なるが)式 (2.24) に相当する結果を導いている.なお,そこには g が一定の場合の式 (2.18) に相当する結果はハーレーが見いだしたことが書かれている.

圧力分布 (2.24) は 2.2 節で $g =$ 一定として得られた式 (2.16) とかなり振る舞いを異にする.式 (2.16), (2.18) では,$z \to \infty$ とすると,$p \to 0$, $\rho \to 0$ となる.つまり,無限の彼方では圧力も密度も 0 に収束する.これは直観的にも理解しやすい.しかし,式 (2.24) では,$r \to \infty$ としても,

$$p \to p_0 \exp\left(-\frac{GM}{RT_0}\frac{1}{a}\right) \tag{2.25}$$

となって,0 に収束しない.理想気体の状態方程式 (2.13) より,密度も $r \to \infty$ で,

$$\rho \to \rho_0 \exp\left(-\frac{GM}{RT_0}\frac{1}{a}\right) \tag{2.26}$$

---

[2] たとえば,中野猿人訳・注『プリンシピア』(講談社,1977) の p.362 以下参照.また,和田純夫『プリンキピアを読む』(講談社ブルーバックス,2009) の p.251 以下も参照のこと.この本は難解なニュートンの本を命題ごとに解説した大変有益な好著である.

となる．つまり，無限遠において，大気の圧力も密度も 0 にならないことになる．定義により，無限遠より彼方には何もないので，静水圧平衡においてこの圧力とつり合うはずの空気の重力がない．つまり，そこにおいては，静水圧平衡が成り立っていない．この圧力によって，大気はさらに外側に膨張し続ける，つまり，空気が惑星から流出してしまうと解釈される．この現象を大気の流体力学的流出という．

　厳密には等温大気を仮定すると，必ず大気の流出が起こるはずであるが，実際には，無限遠での圧力 (2.25)，密度 (2.26) がどの程度の大きさになっているかが問題である．それが非常に小さければ，大気の流出は問題にならないだろう．そこで，
$$\lambda = \frac{GM}{RT_0}\frac{1}{a}$$
の値が問題となる．この λ を使うと，式 (2.24) は
$$p = p_0 \exp\left(-\lambda\left(1 - \frac{a}{r}\right)\right) \tag{2.27}$$
と書き直せる．惑星表面 $r = a$ での g を g_0 と書くと，式 (2.21) より $g_0 = GM/a^2$ なので，λ は
$$\lambda = \frac{ag_0}{RT_0} = \frac{a}{H_0} \tag{2.28}$$
と書ける．ここで，$H_0 = RT_0/g_0$ は地表面での g と T の値を使ったスケールハイトである．つまり，λ は惑星の半径とスケールハイトの比である．

　地球の場合，$a = 6400\,\mathrm{km}$，$H = 8\,\mathrm{km}$ なので，$\lambda = 800$ となる．つまり，無限遠での圧力，密度は極度に小さく，そこで大気の流出があっても，実際上問題にならないであろう．また，式 (2.27) より圧力は r が a より大きくなると，急激に小さくなることがわかる（密度も同様である）．大気が流出する可能性があるのは λ が小さい場合である．

　λ はもう少し深い物理的意味を持っている．それを理解するためには，気体分子の惑星からの脱出速度と気体の分子運動の平均速度を考える必要がある．惑星の中心から距離 r の位置にある質量 m の質点の位置エネルギーは，$-GMm/r$ である．したがって，この質点を惑星の表面 $r = a$ から $r = \infty$ まで持ち上げるのに要するエネルギーは $(-GMm/\infty) - (-GMm/a) = GMm/a$ であるので，最初にこれだけのエネルギーを運動エネルギーとして持っていれば，無限の彼方まで脱出できる．その質点の速度を V_e とすると，

$$\frac{1}{2}mV_e^2 = \frac{GMm}{a}$$

という関係が得られる．V_e についてこの式を解くと，

$$V_e = \sqrt{\frac{2GM}{a}} \tag{2.29}$$

が得られる．これを脱出速度という．つまり，地表面付近にいる質点がこれより速い速度で上に向けて運動すれば，無限遠まで到達できるということである．

一方，気体の分子運動論によると，速度 v，質量 m の 1 個の気体分子の運動エネルギーと気体の温度 T の間には次の関係がある．

$$\frac{1}{2}m\overline{v^2} = \frac{3}{2}kT$$

ここで，左辺のバーは平均を意味し，k はボルツマン定数で $k = $ (気体定数)$/N$ (N はアヴォガドロ数) である．したがって，平均速度は

$$\sqrt{\overline{v^2}} = \sqrt{\frac{3kT}{m}}$$

となる．故に，$T = T_0$ として，

$$\frac{\text{平均速度}}{\text{脱出速度}} = \frac{\sqrt{\overline{v^2}}}{V_e} = \sqrt{\frac{3}{2}}\sqrt{\frac{(k/m)T_0}{g_0 a}} = \sqrt{\frac{3}{2}}\frac{1}{\sqrt{\lambda}} \tag{2.30}$$

となる．ここで，$k/m = $ (気体定数)$/(mN) = $ (気体定数)$/$(空気の分子量)$ = R$ という関係式を使った．

結局，$\sqrt{3/2}$ という数値を無視すると，

$$\lambda = \frac{a}{H_0} \sim \left(\frac{\text{脱出速度}}{\text{平均速度}}\right)^2 \tag{2.31}$$

という結果が得られる．つまり，λ は熱運動による気体分子の平均速度と比較した脱出速度の目安である．地球の場合，λ は非常に大きかったので，脱出速度が熱運動による速度よりかなり大きく，分子の熱運動による運動エネルギーでは地球の引力圏を脱出できないことがわかる．

それでは，空気分子の惑星からの脱出が可能なのは，どのような場合だろうか．式 (2.31) よりそれは λ が小さい場合だから，惑星半径が小さく，スケールハイトが大きい場合である．スケールハイトが大きいのは，式 (2.20) を見れば

すぐわかるように，重力加速度が小さく，温度が高い場合，または分子量が小さい場合である．小さい惑星ほど重力加速度が小さいので，結局，小さい惑星や衛星または軽い分子ほど λ が大きくなり，空気が脱出しやすいことになる．逆に言えば，大きい惑星での重い分子は脱出するのが困難である．この結果は現在の太陽系で，半径の小さい衛星ではほとんど大気が存在せず，半径の大きい惑星では大気が存在していることを，おおよそ定性的に説明している．しかし，この問題は複雑であり，熱運動以外のさまざまな脱出メカニズムが提案され，議論されている．

2.5 有効放射温度

温室効果の説明に入る前に，惑星の表面付近（惑星大気と地面）の平均温度がどのように決まるのか，考えてみよう．それには惑星全体のエネルギー収支を考えればよい．もちろん，惑星大気のエネルギー源は太陽光である．第1章で見たように，木星型惑星では惑星内部からわき上がってくる熱を無視できない．しかし，本章では地球型惑星を念頭において，内部熱源を無視し，かつ明確な地面がある惑星で問題を考えていくことにする（地球では内部から伝わって来る熱量は地殻熱流量といわれ，その熱は一部の地域で地熱発電などに利用されている．しかし，平均地殻熱流量は太陽光と比べると極めてわずかであり，大気の問題を考えるうえでは無視できる）．

惑星は宇宙空間から太陽エネルギーを受け取るが，宇宙空間に対して赤外線を放射することにより，エネルギーを放出している．もし太陽エネルギーを受け取るだけで，エネルギー放出がないと，惑星が持つエネルギーは一方的に増大して，その温度も高くなり続けるであろう．この両者がつり合うことによって，惑星の温度もほぼ一定に保たれる．

$$\text{太陽光エネルギーの吸収量} = \text{惑星のエネルギー放射} \tag{2.32}$$

太陽光は人間の目にも見える可視光線を中心とした電磁波であるが，惑星が放射する「光」は赤外線の領域の電磁波である．可視光線は波長がおおよそ $0.38\,\mu\mathrm{m}$ から $0.8\,\mu\mathrm{m}$ までの範囲の電磁波であり，赤が波長が長い方の光，青や紫が短い方の光である．紫より波長が短い電磁波が紫外線であり，赤よりも波長が長い電磁波が赤外線である．赤外線の波長域は広いので，波長が短い方の赤外線を

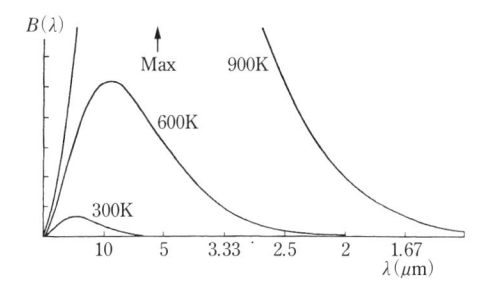

図 2.4 プランク関数：黒体が放射する光のエネルギーの波長依存性が示されている．

近赤外線（おおよそ $0.78 \sim 2.5\,\mu$m），中間のものを中間赤外線（おおよそ $2.5 \sim 4\,\mu$m），波長が長い方の赤外線を遠赤外線（おおよそ $4 \sim 1000\,\mu$m）という．

物体が放射する電磁波の強度は波長と温度の両方に依存する．このことを理解するために，まず黒体というものを考えてみよう．黒体とはすべての波長の光を吸収する物体である．そのように定義された黒体は，絶対温度が T のとき，以下のプランク関数に従って波長 λ の電磁波を放射することが知られている．

$$B(\lambda) = \frac{2hc^2/\lambda^5}{e^{hc/k\lambda T} - 1} \tag{2.33}$$

ここで $c = 2.998 \times 10^8$ m/s は光速度，$h = 6.626 \times 10^{-34}$ J s はプランク定数である．温度 T の黒体の単位面積から単位時間，単位立体角当たりに放射される波長 λ と $\lambda + d\lambda$ の間のエネルギーが $B(\lambda)d\lambda$ である．図 2.4 にプランク関数が示されている．プランク関数は温度と波長，両方の関数である．波長を固定して考えると，プランク関数は温度とともに増大する．つまり，どんな波長でも温度が高い黒体ほど多くのエネルギーが放出される．温度を固定して考えると，プランク関数は適当な波長で 1 つのピーク（極大）を持つような分布をしている．この極大を与える波長は温度に逆比例する（これをウィーンの変位則という）．したがって，温度の高い黒体ほど短い波長の電磁波を中心としてエネルギーを放射し，温度の低い黒体ほど長い波長の電磁波を中心としてエネルギーを放射する．太陽のように表面温度が 6000 K もある恒星は可視光のような短い波長の電磁波を放射できる．その中でも温度のより高い恒星が青く見え，温度のより低い恒星が赤く見えるのはウィーンの変位則のためである．一方，惑星のように恒星と比べて温度が低い黒体は，図に示されているように，ピークを赤外線の波長領域に持つ．決して，可視光線を放射することはできない（吸収することはできる）．

すべての波長にわたって放射されるエネルギー全体は

$$\int_0^\infty B(\lambda)d\lambda = \int_0^\infty \frac{2hc^2/\lambda^5}{e^{hc/k\lambda T}-1}d\lambda \tag{2.34}$$

つまり，図 2.4 に示した曲線より下の面積である．温度が高くなるに従い，すべての波長で放射量が多くなるので，曲線の下の面積が大きくなる．式 (2.34) の積分を計算すると，温度 T の 4 乗に比例するという結果が得られる．つまり，温度 T の黒体が単位面積，単位時間に放射するエネルギー全量を σT^4 と書くことができる．ここで，σ はステファン・ボルツマン定数といわれ，$\sigma = 5.67 \times 10^{-8}\,\mathrm{Wm^{-2}K^{-4}}$ である．

太陽表面は約 6000 K の黒体とおおよそ見なせる．それに対して，惑星の表面ではすべての光が吸収されるわけではない．実際，雪原や砂漠などは白っぽく見え，そこに入射した可視光線のかなりの割合を反射する（表 2.2）．したがって，可視光も含めて厳密に言うと，地面は黒体ではないが，赤外線の領域に話を限定すると，入ってきたほとんどの赤外線を吸収するので，その波長域では黒体とおおよそ見なせる．

惑星を黒体と見なして，(2.32) を定量的に表現してみよう．a を惑星の半径，A を太陽光の惑星全体（大気と地表面）による反射率（アルベードという），F を太陽光線に垂直な単位面積の面を単位時間に通過する太陽エネルギー，T_e を惑星の温度とすると，(2.32) は

$$\pi a^2 (1-A) F = 4\pi a^2 \sigma T_e^4$$

と書ける．πa^2 は太陽光線から見た惑星の断面積であり，$4\pi a^2$ は赤外線を放射する惑星の表面積である．$1-A$ が太陽光の惑星全体による吸収率であり，$(1-A)F$ が吸収される．これを T_e について解くと，

$$T_e = \sqrt[4]{\frac{(1-A)F}{4\sigma}} \tag{2.35}$$

となる．このようにして決まる温度 T_e を惑星の有効放射温度という．地球の軌道では，$F = 1.37\,\mathrm{kW/m^2}$（太陽定数という）であり，地球全体のアルベードは約 0.3 である．つまり，地球に到達する太陽エネルギーのうち 30% が宇宙空間に反射され，70% が大気や地面に吸収される．これらの数値を代入すると，地球の有効放射温度として，255 K が得られる．他の惑星についても，表 1.2 にまとめてある．

2.6 太陽光の散乱と日傘効果

式 (2.35) で与えられる有効放射温度は，以下で見るように，惑星の温度の目安を与える重要な値である．この式の σ は物理定数であり，F は惑星の太陽からの距離によって決まり，惑星ごとにほぼ一定であるが，アルベード A は大気や地表面の状態によって決まるので，それらの状態が変化すれば変わりうる．その変動に伴い，有効放射温度や地表面気温も変化する．金星はアルベードが 0.78 と大きいので，明けの明星，宵の明星として明るく輝いて見える．その反面，金星は地球よりも F が大きいにもかかわらず，$(1-A)F$，つまり太陽光の吸収量は小さい．このように，太陽光の反射の結果は極めて重要な意味を持つ．

地球のアルベードは 0.3 であるが，太陽光はどこで反射されるのだろうか．この反射は大気中の雲やエアロゾル（大気中に浮遊する固体または液体の微粒子）が 70%，地表面が 30%，担っている（後出の図 2.10 も参照）．地表面はその状態によりかなりアルベードの値が異なるので，それを表 2.2 に挙げておく．さらに，雲もその種類や厚さによって反射率がかなり異なる．

太陽光の散乱といっても，散乱する物体の大きさによってその性質が違う．正確にいうと，散乱する物体の大きさと光の波長の大小関係により，散乱の性質が異なってくる．まず，光の波長が散乱物体よりはるかに大きい場合の散乱をレーリー散乱という．空気中の分子による散乱がこれに相当する．空気中の分子の大きさはおおよそ $10^{-4}\,\mu m$ の桁であるのに対して，赤色の波長は約 $0.7\,\mu m$，青

表 2.2 地表面の反射率（近藤の表 2.2 を基に作成）

土壌	0.06〜0.29
砂漠	0.2〜0.45
アスファルト舗装	0.12
コンクリート	0.17〜0.27
草地・水田	0.10〜0.25
落葉樹林	0.15〜0.20
針葉樹林	0.05〜0.15
冠雪の森林	0.2〜0.4
新しい雪	0.8〜0.9
古い雪	0.4〜0.5
海面（晴天時）	0.04〜0.5
海面（曇天時）	0.06
海氷	0.3〜0.45

色の波長は約 $0.45\,\mu m$ だからである.レーリー散乱では,散乱の強度が光の波長の 4 乗に反比例する.したがって,波長の短い青色の光が強く散乱され,波長の長い赤色の光の散乱は弱い.赤色と青色の波長の 4 乗の比を計算すると,青色の方が 6 倍ほど強く散乱されることがわかる.

　このレーリー散乱の性質により,空が青いことと夕日が赤いことが説明できる.太陽が見える方向以外の空が青いのは,空気分子による青い光が散乱されて,それが目に入るからである.大気のない月でのように,太陽光の大気による散乱がまったくなければ,太陽は白く,それ以外の方向は（太陽光がまったくないので）黒く見えるはずである.朝や夕は太陽の高度が低く,太陽光線が大気層を斜めに長い距離よぎるので,その間に太陽光の成分のうち青色が多く散乱される.その結果,太陽が赤みを帯びて見える.

　光の波長と散乱物体の大きさがおおよそ同程度の場合の散乱をミー散乱という.雲粒の大きさが $1\sim 100\,\mu m$,エアロゾルの大きさが $10^{-3}\sim 10\,\mu m$ なので,雲粒やエアロゾルの散乱がミー散乱に相当する.ミー散乱の特徴は散乱強度があまり波長によらないことである.雲が白く見えるのはミー散乱による反射光がすべての可視光を含んでいるためである.また,雲粒やエアロゾルを多く含む大気が白っぽいのはこの散乱のためである.反対に,これらの量をわずかしか含まない大気は濃い青色をしている.

　光の波長が散乱物体の大きさに比して非常に小さい場合は幾何光学によって散乱が取り扱える.雨粒の大きさの桁は 1 mm 程度なので,雨粒による可視光の散乱はこの場合に属する.虹は雨粒による光の屈折と反射によりできるものであり,幾何光学的な計算により取り扱える.

　次に,アルベードと大気や地表面の状態の相互作用について議論したい.表 2.2 を見ると,雪や氷のアルベードが大きいのが目につく.雪と氷は温度が低い状態でのみ存在できるが,一方アルベードが大きいと太陽光の吸収量が減る.これに関して,氷と惑星のアルベードの間には氷・アルベード・フィードバックといわれる興味深い相互作用が考えられている.あるとき,何かの影響で少し地表面温度が低下したと仮定する.そうすると,地表面で氷や雪で覆われる部分が増大する.その場合アルベードが増大するので,その結果として,太陽光吸収が減りさらに温度が低下することになる.このサイクルが繰り返されることによって,温度低下とアルベードの増大が進行すると考えられる.反対に,最初に温度の上昇を仮定すると,それが氷や雪の減少をもたらし,アルベードも減少させる.その結果,温度がさらに上昇することが期待される.このサイ

クルの繰り返しにより温度の上昇とアルベードの減少が進行すると考えられる．これらの正のフィードバック（最初の変位がさらに強められるようなメカニズム）を氷・アルベード・フィードバックという．

このフィードバックは常に作動したり，無条件に作動したりするものではない．現在の地球の状態にこのフィードバックが働けば，（最初，少し温度低下した場合は）全球が氷や雪で覆われる所までいくか，（最初，少し温度上昇した場合は）氷や雪がすべて融ける所までいくかのどちらかになるはずである．しかし，もちろんそうはならない（なったら大変である）．たとえば，何かの影響で温度が上昇した場合，宇宙空間に放射する赤外線が増大して，地球は冷やされる．この傾向が優位に立てば，さらに温度が上昇することはない．つまり，正のフィードバックが働くのに都合が良い要因を上では考えたが，その作動を阻害する要因も自然界にはあるわけである．

しかし，このフィードバックが働き，本当に地球全体が凍結してしまった時期があるという説がある．これをスノーボールアース仮説という．この仮説によると，原生代（約25億年前から5億4000万年前まで）の初期と末期に何度か大氷河時代があり，当時の赤道域にも氷床があったという（新生代（6500万年前から現在まで）の氷河期，たとえば2万年前の氷河期では北米大陸で氷河が発達し南下したが，それはおおよそ40°Nまでであった）．この全球凍結の状態では温度はマイナス40°C，海洋は深さ1000mまで凍結していたといわれている（深層水は地殻熱流のため凍結しない）．このようにアルベードが非常に高く，温度が非常に低い状態に一度落ち込んでしまうと，その状態は安定的に持続する．むしろ，地球がそれからどのようにして抜け出したのかを考える方が容易ではない．地球の過去の歴史に即しても，アルベードは大気の状態と相互作用をし，その値は変動しうる重要なパラメータであることがわかる．

本節の最後に，日傘効果について説明しておきたい．以下で詳しく説明するが，温室効果とは大気による赤外線の吸収により，有効放射温度より地表面温度が高くなる効果である．一方，日傘効果とは雲の反射などにより惑星のアルベードが増大し，（地表面の）温度が低下する効果である．この2つの相反する効果により気候（地表面の平均温度）の変動がもたらされるので，ともに重要である．

エアロゾルが大気中に増大すると，まず，(i) このエアロゾル自体が太陽光を散乱する効果を持つ．次に，(ii) エアロゾルが雲を増加させる効果を持つ．第3章で詳しく見るように，大気中の飽和した水蒸気が凝結して雲粒ができ，雲

が形成される．その際，空気中で水蒸気が凝結する手がかりとなる凝結核が必要である．大量のエアロゾルがあると，それが凝結核となり，雲粒つまり雲が形成されやすくなる．つまり，エアロゾルが増えることにより雲も増加しうる．(i) と (ii) によりアルベードが増大し，気温が低下する．(ii) をエアロゾルの2次効果と言うことがある．たとえば，1991年フィリピンのピナツボ火山が噴火したことにより，成層圏に大量のエアロゾルが供給された．実際，この噴火により，アルベードが増加し，地表面温度が低下したと言われている．

一方，エアロゾルや雲は赤外線を吸収するので，温室効果にも寄与する．エアロゾルや雲粒が日傘効果と温室効果のどちらにより効率的に効くかは，その大きさや性質によるので，一概には言えない．これに関して定量的な研究がなされている．以上，述べたように，惑星のアルベード (A) の変動は有効放射温度 (T_e) を変えることにより，地表の気温の変化にも重大な影響を及ぼしうる．近年，太陽表面の活動の変化が太陽風に影響し，それが惑星に降り注ぐ宇宙線の量をコントロールし，それが凝結核，ひいては雲量に影響し，最終的には気温に影響を及ぼすという考えも提出され，研究されている．

2.7 温室効果の定性的説明

地球の有効放射温度として 255 K が得られたが，これは地表面付近の平均温度としては低すぎる．地球の地表付近の平均温度は観測によると 15°C，つまり 288 K である．この値は我々の日常の経験とも一致する．前節では惑星が宇宙空間に黒体放射していると見なしたのだから，有効放射温度とは宇宙空間に赤外線を放射している場所の温度である．つまり，宇宙空間から赤外線で惑星を見て，見える大気層の温度に他ならない．この温度よりも地表面温度を高く維持する効果が温室効果に他ならない．金星では有効放射温度と地表面温度の差は極端に大きい．金星の有効放射温度は 224 K であるが (表 1.2)，地表面温度は約 730 K ある (図 1.1)．この地表面温度の極端な高温も地球大気と同様，温室効果で説明できるのだろうか．以下，順次，説明していきたい．

まず大気がない簡単な場合を考えたい (図 2.5(a) 参照)．この場合は，太陽光が直接，地面まで到達する．地面が反射する分 (アルベード) を除いたエネルギーが地面で吸収される．S を全球平均の単位面積，単位時間当たりの太陽光吸収エネルギーとすると，

$$S = (1-A)F \times \frac{\pi a^2}{4\pi a^2} = (1-A)\frac{F}{4} \tag{2.36}$$

と書ける．地面でのエネルギーバランスを考えると，地面のエネルギー収入 S は地面の赤外線によるエネルギー放射とつり合うはずである．地面は赤外線に関しては黒体と見なせるので，地面のエネルギー支出は単位面積，単位時間当たり σT_s^4 である．両者が等しいとして，T_s について解くと，

$$T_\mathrm{s} = \sqrt[4]{\frac{S}{\sigma}} = \sqrt[4]{\frac{(1-A)F}{4\sigma}} \tag{2.37}$$

であるが，これは式 (2.35) の T_e に他ならない．つまり，地面の平均温度が有効放射温度になる．大気がない場合は，地面から直接，宇宙空間に向けて赤外線が放射されるのだから，そうなるのは当然であろう．

次に，大気がある場合について考察してみよう．大気があると温室効果が働くだけではなく日傘効果も働く．この効果により惑星のアルベードが増大し，地表面温度も減少する．したがって，大気があるというだけでは，地表面温度が温室効果によって上昇するのか，日傘効果によって下降するのか一概に言えない．以下では日傘効果ではなく温室効果を説明したいので，惑星のアルベードは（大気があってもなくても）一定として，議論を進めたい．

したがって，この場合も地面が吸収する太陽光エネルギーを S とする．これを基に地面は赤外線を上向きに放射する．ここまでは大気がない場合と同じである．しかし，大気が赤外線を吸収できる気体（赤外線吸収気体という）を含んでいると，地面が放射した赤外線を赤外線吸収気体が吸収し，そのエネルギーで大気が加熱される．今度は大気がその温度に従い，上方向にも下方向にも赤外線を放射する．したがって，図 2.5(b) に示されているように，地面は太陽光の

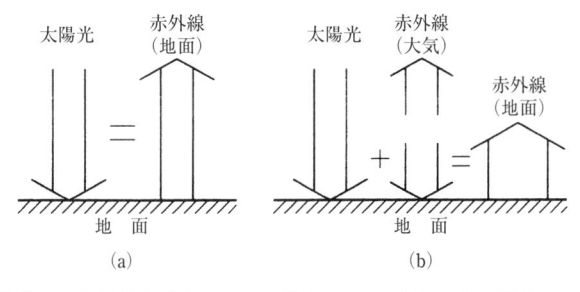

図 **2.5** 温室効果の定性的な説明のための模式図：(a) 大気がない場合．(b) 大気（赤外線吸収気体）がある場合．

エネルギー S だけではなく，大気の下向き放射 S' も吸収することになる．そこで，地面のエネルギー収支を考えると，

$$S + S' = \sigma T_{\rm s}^4$$

となる．これを $T_{\rm s}$ について解けば，$T_{\rm s} = \sqrt[4]{((S+S')/\sigma)}$ となる．これは明らかに，$\sqrt[4]{(S/\sigma)}$，即ち T_e より大きい．つまり，大気からの赤外線の下向き放射 S' があることにより，地面の吸収するエネルギーは増大し，それに見合って地面の温度も増大する．これが温室効果である．

　大気がなければ，地面が放射した赤外線のエネルギーはそのまま宇宙空間に放出され，惑星からは失われてしまう．ところが，大気があるとその放出が妨げられ，また地面に戻って来る．温室効果はブランケット（毛布）効果ともいうが，それは大気が人間の体に対する毛布の役割を地面に対してしているからである．毛布がなければ，体温は周囲の空気に失われるだけだが，毛布があると，体温によりまず毛布が暖められ，次に体が毛布により暖められる．

　以上の説明からわかるように，大気がある場合といっても，それは大気中に赤外線吸収気体があることを意味する．地球の場合，水蒸気，二酸化炭素，オゾン，メタンといった3原子ないしは多原子分子がよく赤外線を吸収する．これらの気体の量が多ければ多いほど，地面が放射する赤外線の大気による吸収は多くなり，大気が放射する赤外線のエネルギー S' も増大し，温室効果が高まる．逆に，これらの気体がわずかしか含まれていなければ，地面が放射する赤外線の大気による吸収は少なくなり，ほとんどの赤外線が大気を透過し，宇宙空間に逃げて行ってしまう．当然，S' も減少する．この場合は図 2.5(a) の場合に近くなる．これらの赤外線吸収気体がどのような波長の赤外線を吸収するかについては，以下で説明する．

2.8　温室効果の半定量的な説明

　前節の温室効果の定性的説明をもう少し定量的にすることを考えたい．まず最初に，大気全体を1つの黒体と見なす大気モデルを考えてみよう．もちろん，実際の大気は黒体ではない．2.9節で説明するように，同じ赤外線であっても，吸収が強い波長もあれば，吸収が弱い波長もあり，すべての赤外線を大気が吸収できるわけではない．しかし，まず，この仮定を置いて調べてみよう．

地面の温度を T_s,大気の温度を T_1 とすると,地面の上向き放射エネルギーは σT_s^4,大気の上向きおよび下向き放射エネルギーは σT_1^4 となる.大気が黒体と仮定されているので,地面の上向き放射エネルギーはすべて大気で吸収される.大気の上向き放射エネルギーは宇宙空間へ放出され,下向き放射エネルギーはすべて地面で吸収される.したがって,単位面積,単位時間当たりの地面と大気のエネルギー収支は次のようになる.

収入　　支出

地面 $\qquad S + \sigma T_1^4 = \sigma T_\mathrm{s}^4 \qquad\qquad (2.38)$

大気 $\qquad\quad \sigma T_\mathrm{s}^4 = 2\sigma T_1^4 \qquad\qquad (2.39)$

式 (2.38)+(2.39) より

$$S = \sigma T_1^4$$

つまり,

$$T_1 = \sqrt[4]{\frac{S}{\sigma}} = T_e \qquad (2.40)$$

を得る.式 (2.39) より

$$T_\mathrm{s} = \sqrt[4]{2}\, T_1 = \sqrt[4]{2}\, T_e \qquad (2.41)$$

を得る.つまり,宇宙空間に直接,赤外線を放射する大気の温度が有効放射温度 T_e となり,地表面温度はそれの $\sqrt[4]{2} = 1.19$ 倍となる.

次に,大気が赤外線吸収気体を大量に含んでいて,大気層を N 層に分割しても,それぞれの層が黒体と見なせる場合を考察してみよう.太陽光エネルギーは今までと同様,地面で吸収されるとする.図 2.6 の模式図にも示されているが,すべての層が黒体と仮定されているので,それぞれの層が上向きと下向きに黒体放射を行うが,その隣の層も黒体なので,すべて隣の層で吸収される.また,宇宙空間には最上層(第 1 層)のみから,赤外線が放射される.各大気層と地面でのエネルギー収支を式で表現すると以下のようになる.地面の温度 T_s は T_{N+1} とも表記されている.

収入　　支出

第 1 層 $\qquad\qquad \sigma T_2^4 = 2\sigma T_1^4 \qquad\qquad (2.42)$

第 2 層 $\qquad \sigma T_1^4 + \sigma T_3^4 = 2\sigma T_2^4 \qquad\qquad (2.43)$

・・・・・・・

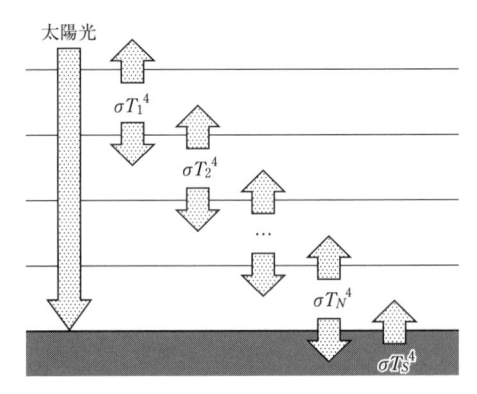

図 2.6 N 層モデルによる温室効果の模式図（松田・髙木, 2008）：上から i 番目の層の温度を T_i とする．地面の温度は $T_{N+1} = T_s$ である．

第 N 層 $\qquad \sigma T_{N-1}^4 + \sigma T_{N+1}^4 = 2\sigma T_N^4 \qquad (2.44)$

地面 $\qquad \sigma T_N^4 + S = \sigma T_{N+1}^4 \qquad (2.45)$

これらの式をそれぞれ次のように書き換えてみる．

$$\sigma T_2^4 - \sigma T_1^4 = \sigma T_1^4 \qquad (2.46)$$

$$\sigma T_3^4 - \sigma T_2^4 = \sigma T_2^4 - \sigma T_1^4 \qquad (2.47)$$

$$\cdots\cdots\cdots\cdots\cdots\cdots\cdots$$

$$\sigma T_{N+1}^4 - \sigma T_N^4 = \sigma T_N^4 - \sigma T_{N-1}^4 \qquad (2.48)$$

$$S = \sigma T_{N+1}^4 - \sigma T_N^4 \qquad (2.49)$$

たとえば，式 (2.46) の左辺は，第 1 層と第 2 層の境界での上向きの赤外線の放射エネルギー σT_2^4 と下向きのそれ σT_1^4 の差，つまり正味の（上向きを正とした）赤外線のエネルギーの流れを意味する．式 (2.46) の右辺は第 1 層の上端での赤外線のエネルギーの上向きの流れである．明らかに，(2.46) から (2.49) の各辺はすべて等しい．これは，赤外線の放射エネルギーの上向きの流れが一定であり，S に等しいことを示している．特に，(2.46) の右辺と (2.49) の左辺も等しいので，

$$\sigma T_1^4 = S$$

と置ける．故に，

$$T_1 = \sqrt[4]{\frac{S}{\sigma}} = T_e$$

となる．T_1 が求まったので，(2.46) より，

$$T_2 = \sqrt[4]{2}T_e$$

が求まる．以下，同様にして各層の温度が求まる．第 i 層の温度 T_i は

$$T_i = \sqrt[4]{i}\,T_e \tag{2.50}$$

であり，特に地面温度 T_s は

$$T_s = T_{N+1} = \sqrt[4]{N+1}\,T_e \tag{2.51}$$

である．つまり，宇宙空間に赤外線を放射している最上層の温度が有効放射温度であり，それから下にいくに従い，温度が高くなり，地表面温度が最高となっている．その温度は層の数 N に依存し，黒体と見なせる層の数が増えれば増えるほど，地表面温度は高くなる．大気中の赤外線吸収気体が大量にあれば，多くの数の層に大気を分割しても，1 つの層が黒体と見なせる．つまり，N は大気中の赤外線吸収気体の量によって決まる．前節の比喩で言えば，N は体を覆っている毛布の枚数のようなものである．毛布の枚数が増えれば増えるほど，体が暖かくなるのは言うまでもない．

2.9 赤外線の吸収

以上の温室効果の議論において説明を簡単にするために，赤外線吸収気体の赤外線吸収は波長によらないと仮定した．しかし，現実の気体の赤外線吸収は波長に強く依存する．本節では気体による赤外線の吸収や放射がどのように行われるかを説明したい．

気体分子は並進運動だけではなく振動や回転をしているので，振動や回転に伴うエネルギーを持っている．もちろん，振動や回転が速いほど，それに伴うエネルギーも大きい．古典力学で考えると，このエネルギーは連続的にどんな値でも取ることができる．しかし，量子力学によるとこの値は離散的な値しか取りえない．この値をエネルギー準位という．気体分子による赤外線の吸収・放射は分子の振動や回転のエネルギー準位が変わることと関連している（それ

に対して，一般に可視光線の吸収・放射は電子のエネルギー準位の遷移と関連している)．分子が赤外線を吸収するとその分子の振動・回転のエネルギー準位が高まり，放射するとそれが低くなる．

赤外線の吸収によりエネルギー準位が E_1 から E_2 になったとすると，$\Delta E = E_2 - E_1$ と光の振動数 ν の間には，h をプランクの定数 (6.626×10^{-34} J・s) として，

$$\Delta E = h\nu$$

の関係がある．$h\nu$ が光のエネルギーである．光の波長を λ，光速を c とすると，$\nu = c/\lambda$ なので，この式により吸収される赤外線の波長が決まる．逆に，赤外線の放射の場合はエネルギー準位が E_2 から E_1 に落ちる．光の波長は吸収される場合と同じである．以上の説明から，ある分子が波長 λ の光を吸収する能力があれば，同じ波長の光を放射する能力もあることがわかる．同じ2つのエネルギー準位の間をその分子が上がるか，下がるかの違いである．一般に分子回転のエネルギー準位の間隔 ΔE は小さく，したがって，その遷移に伴い放射・吸収される赤外線の振動数 ν は小さく，波長 λ は大きい．振動のエネルギー準位の間隔の方が大きく，その遷移に伴い放射・吸収される赤外線の波長の方が短いが，その遷移には回転のエネルギー準位の遷移が伴うことができ，振動と回転の変化が組み合わさった赤外線の放射・吸収がなされる．地球の温度では，振動に関しては分子のエネルギー準位が最低（基底状態という）にあることが多いので，振動のエネルギー準位間の遷移としては基底状態とそれ以外の状態（励起状態）の間の遷移が重要である．

気体分子にはその種類に応じて，非常に多くのエネルギー準位があるので，その遷移に伴い吸収・放射される赤外線も非常に多数の，さまざまな波長を持つことができる．もちろん，エネルギー準位が気体の種類により決まる離散化された特定の値を取るので，波長も離散化された特定の値を取る．したがって，横軸を波長としたとき，吸収は特定の波長における線で示される．これを吸収線という．したがって，吸収線を調べることにより，その気体の種類の同定ができる．

地球の空気は主として窒素，酸素，アルゴンからなるが，これらの気体は地球で放射される赤外線の領域にほとんど吸収線を持っていない．それに対して，水蒸気，二酸化炭素，オゾン，メタンは赤外線を吸収できる．といっても，吸収線が赤外領域に等間隔に並んでいるわけではなく，分子の種類によって特定の

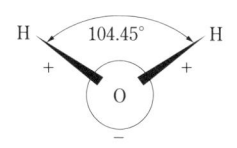

図 2.7 水分子の極性

波長の赤外線の領域に振動と回転のエネルギー準位の遷移に伴う吸収線が集中している．これを振動–回転帯ということがある．それに対して水蒸気には波長 12 μm 以上に回転のエネルギー準位間の遷移のみに伴う吸収線がある．6 μm 前後にも強い振動–回転帯があり，水蒸気は赤外線の広い範囲にわたって吸収線がある．二酸化炭素は 15 μm 付近に極めて強い赤外線の吸収がある．4.3 μm 付近にも吸収線があるが，4.3 μm は地球の温度で放射できる赤外線の範囲より短波長の方にずれている．オゾンは 9.6 μm 付近に吸収線がある．二酸化炭素やオゾンの吸収は振動–回転帯によるものである．これらの吸収特性は分子の構造に関係している．詳しいことは省くが，上に挙げた気体分子のうちでは，H_2O のみが電気的な永久 2 重極モーメントを持っていて（図 2.7），回転に伴う吸収・放射が可能である．それに対して，CO_2 は直線状であり 2 重極モーメントを持たない．3 原子分子は振動することにより，その 2 重極モーメントの大きさが変化するが，N_2 や O_2 のような 2 原子分子では振動しても 2 重極モーメントは生じないことに注意してもらいたい．

　以上述べたように，気体による赤外線の吸収は非常に多数の吸収線の集合によっている．しかし，吸収線といっても厳密に特定の波長の赤外線のみが吸収されるのではなく，その近傍の波長の赤外線も吸収される（図 2.8）．これを吸収線の拡幅という．特定の波長でしか吸収されないのでは，いくら吸収線が多数あっても，赤外線のほとんどの波長で吸収はなされないことになってしまう．また，その吸収波長では強力に吸収が行われる結果，その波長の赤外線はなくなり，それ以上の吸収は行われないことになる．したがって，拡幅が大きいほど，気体による全波長で考えた赤外線の吸収量は増大する．吸収線の拡幅は大気放射の問題に重要な影響を及ぼす．

　拡幅には 3 つの種類がある．(i) 自然拡幅，(ii) 圧力拡幅，(iii) ドップラー拡幅である．自然拡幅は光の吸収・放射が有限の時間で行われることと関連しているが，自然拡幅は他の拡幅より小さく，無視できる．圧力拡幅は衝突拡幅ともいわれ，光を放射・吸収している分子が他の分子と衝突し，放射・吸収が乱さ

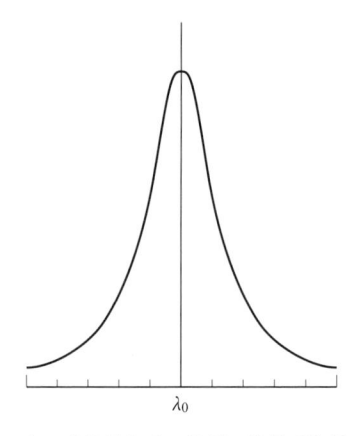

図 2.8 波長 λ_0 にある吸収線とその拡幅：横軸は波長，縦軸は吸収強度．

れ，本来の波長からずれた波長の光の放射・吸収を行うことによる．したがって，これによる拡幅は衝突頻度と関係し，圧力が大きいほど大きくなる．3番目のドップラー拡幅はドップラー効果によるものである．光を放射・吸収する分子は運動をしているので，ドップラー効果により放射・吸収する波長（振動数）にずれが生ずる．

　地球の対流圏や成層圏では空気の密度が大きく，分子の衝突頻度が大きいので，圧力拡幅が卓越している．空気が稀薄になるとこの効果が小さくなり，ドップラー拡幅が重要になってくる．地球の対流圏でも圧力拡幅の効果は重要であるが，圧力が非常に大きい金星の下層大気では圧力拡幅は非常に顕著である．図2.9は吸収係数の計算結果であるが，金星のいくつかの高度における吸収線とその圧力拡幅の様子が示されている．高さ70 kmでは拡幅が小さく，吸収線が孤立して見える．それに対して，高さ50 kmでは拡幅が吸収線と吸収線の間隔よりも大きくなり，吸収線が滑らかに変化している．高さ30 kmでは吸収係数はほとんど一定になる．こうなると，どのような波長の赤外線も吸収されやすくなり，温室効果が強力になる．金星の温室効果については2.11節で議論する．

2.10 地球の温室効果

　以上，温室効果の本質と赤外線吸収について説明してきたが，現実の地球と金星の大気は温室効果の観点からどのような特徴を持っているのだろうか．図

2.10 地球の温室効果　45

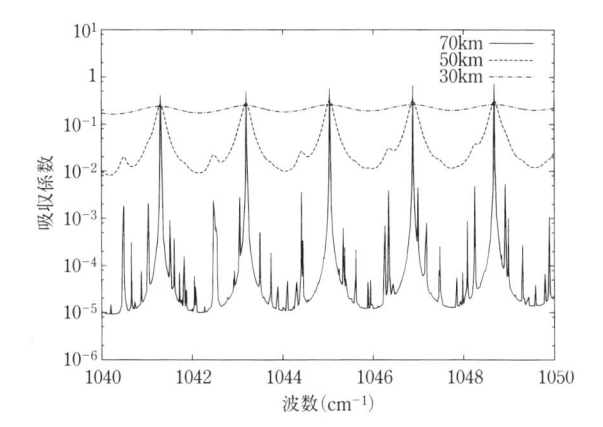

図 **2.9**　金星大気における二酸化炭素の吸収線と圧力拡幅（高木征弘氏作成）：横軸は波数（cm を単位とした波長の逆数，$1000\,\mathrm{cm}^{-1}$ は波長 $10\,\mu\mathrm{m}$ に相当），縦軸は吸収の強さ（吸収係数）．金星の高度 $30\,\mathrm{km}$，$50\,\mathrm{km}$，$70\,\mathrm{km}$ での気圧による拡幅効果を考慮した吸収強度が示されている．

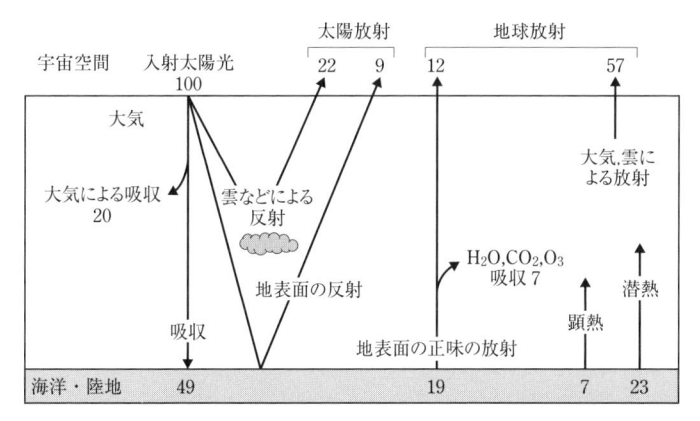

図 **2.10**　地球の地表面付近のエネルギー収支：データは Kiehl and Trenberth (1997) より．

2.10 に地球のエネルギー収支が示されている．雲やエアロゾルや地面の反射により太陽エネルギーの 30%が宇宙空間に反射される．大気中での太陽エネルギーの吸収も無視できないが，多くは地表面で吸収される．したがって，太陽光吸収を地面に限定した 2.7 節，2.8 節の仮定はおおよそ地球には妥当する．

図 2.11 には，地球大気を透過する光がどのくらい大気により吸収されるか波長ごとに示されている．参考のために，上段 (a) には太陽表面の温度 (5780 K)

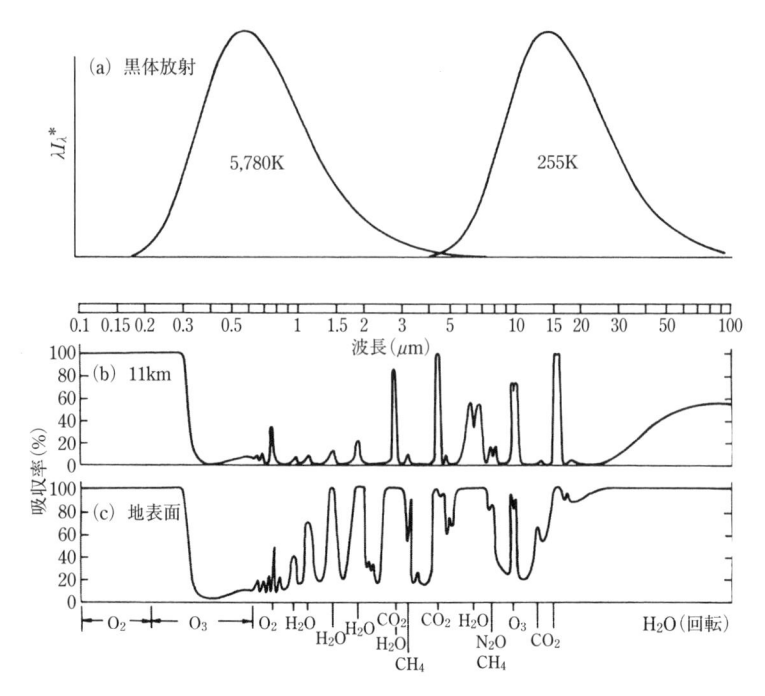

図 2.11 地球大気による透過光の波長別吸収率 (Goody and Yung, 1989)：上段 (a) は太陽表面（温度 5780 K）と地球（温度 255 K）の放射エネルギーの波長依存性である．放射エネルギーの値は両者が同程度になるように調整されている（実際には太陽の放射エネルギーの方が圧倒的に大きい）．下段 (c) は大気全体による吸収率，中段 (b) は大気上端から高さ 11 km までの大気による吸収率．その波長でよく吸収する気体名が示されている．

での黒体放射と惑星の温度 (255 K) での黒体放射の波長依存性が示されている．太陽放射に含まれる電磁波の波長領域と惑星放射の波長領域がすぐ下の横軸から読み取れよう．中段 (b) に示されているのが大気全体での吸収率，下段 (c) に示されているのが 11 km より上の大気による吸収である．まず，太陽放射を形成している短い波長領域について見ると，波長 $0.3\,\mu$m 以下の紫外線などは高さ 11 km より上の大気だけで 100% 吸収されるが，それより波長の長い可視光などはほとんど大気を透過することがわかる．これは我々の目で地上から（雲がないとき）太陽がよく見えることからも了解される．一方，惑星放射の領域では，大気全体で $15\,\mu$m より波長の長い赤外線はほぼ 100% 吸収される．この吸収は水蒸気によるものである．$10\,\mu$m を中心として吸収が弱い領域があり，こ

の波長領域を大気の窓という．ただし，この領域でも 9.7 μm 付近にオゾンによる強い吸収がある．赤外線の全領域では大気全体でおおよそ 8 割程度の吸収が達成される．高さ 11 km より上の大気だけによる吸収率はかなり低い．それでも，15 μm 付近の吸収は 100% である．これは二酸化炭素による 15 μm 付近の吸収が極めて強力であることを示している．それに対して，水蒸気の吸収はそれほど強力ではないが，幅広く広がっている．二酸化炭素だけでは 15 μm 以外のほとんどの赤外線が大気を透過してしまう．したがって，地球の温室効果気体としては水蒸気が最も重要である．

　赤外線の全領域での大気全体の吸収を総合的に判断すると，地球大気全体でやっとほぼ黒体と見なせる程度と考えてよさそうである．2.8 節の多層モデルでいうと，$N=1$ であり，2.8 節のはじめに説明したモデルに相当する．式 (2.41) によると，地面温度 T_s は $\sqrt[4]{2}\,T_e \approx 1.2 T_e$ であった．地球の T_e は 255 K だったので，$T_s \approx 300$ K，つまり 27°C となる．今度は少し高めであるが，かなり現実的な値に近づいたといえる．

　以上，温室効果の本質的理解のため簡単なモデルを用いて，考察してきたが，大気放射学という分野において正確な方程式に基づく精密な計算も行われている．図 2.9 や図 2.11 で見たように，赤外線の吸収はいろいろな気体ごとに，極めて複雑に波長に依存している．複雑に分布しさまざまな強度をもつ吸収線が何万本，何十万本と集まって，実際の吸収がなされている．また，前節で述べたように，圧力拡幅の効果も考えなくてはならない．一方，赤外線吸収気体は赤外線を吸収するだけではなく，放射する．既述のように，ある波長の赤外線を吸収する能力がある気体はその波長の赤外線を放射する能力がある．キルヒホッフの法則によると，ある温度，ある波長でのある物体からの放射の強度はプランク関数とその物体の吸収能力を表す吸収係数の積で表現される．したがって温度が低いためプランク関数が 0 に近い波長域では，いくら吸収能力がある気体でも，光を放射することはできない．これらのことをすべて考慮した方程式を用い，複雑な数値計算を行うことによって，赤外線，可視光によるエネルギー輸送が求められ，最終的には定常状態に達した温度分布が計算される．これを放射平衡温度という．ここで平衡とは単に定常という意味である（以下で出てくる放射対流平衡でも同様である）．

　図 2.12 に地球の放射平衡温度の計算結果が示されている．この結果を見ると，水蒸気と二酸化炭素とオゾンを考慮した場合は地表面温度が 330 K に達し，現実の平均値 288 K から高い方にかけ離れてしまっている．これは計算が間違っ

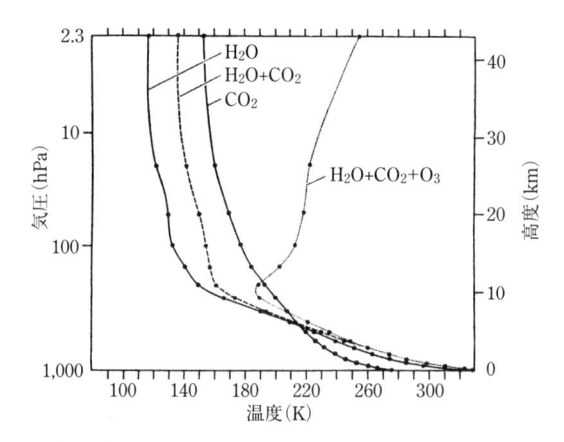

図 2.12 地球の放射平衡温度分布 (Manabe and Strickler, 1964)：温度分布に添えられている分子名は計算において考慮されている赤外線吸収気体を意味する.

ているわけではない．放射の計算としてはこれで正しいのである．現実には，ここで考慮していない対流が生じ，熱を地表面付近から上方に輸送し，地表面付近の温度を下げ，上部対流圏の温度を上げる働きをするのである．この対流については第3章で詳しく説明するが，この効果を考慮すると現実的な結果が得られる（3.7節参照）．

さらに図 2.12 は，オゾンを考慮しないと成層圏では上の方が温度が高いことが再現されないことを示している．この温度上昇は成層圏でのオゾンによる紫外線の吸収に起因しているからである．これがなければ，成層圏の温度は高さとともに緩やかに下降し等温に近づくことがわかる．下部対流圏では，オゾンを除外し水蒸気と二酸化炭素のみを考慮した温度分布はオゾンも考慮したそれと一致し，オゾンの有無は地表面温度にほとんど影響しないことがわかる．

図 2.12 は，水蒸気のみの場合でも地表面温度は 330 K に近いが，二酸化炭素だけだと地表面温度は 280 K 以下になってしまうことを示している．つまり，水蒸気のみによってほぼ地球の温室効果が担われていることがわかる．地球の温室効果に関しては水蒸気の方が二酸化炭素より圧倒的に重要であることが再確認された．

図 2.12 の放射平衡温度分布をよく見ると，どの曲線も大気下層で地表に近づくに従い，急激に温度が高くなっていることがわかる．これは地球大気における最重要の赤外線吸収気体である水蒸気の密度や分圧が図 2.3 に示されているように，地表面に近づくに従って，他の気体以上に急激に増加するためである．

そのため，温室効果が地表面に近づくに従い急激に高まり，温度も上昇する．このことには，さらに上に述べた圧力の拡幅効果も寄与している．つまり，地表面に近づくに従い気圧が増大し，その結果，水蒸気と二酸化炭素の圧力拡幅による実質的な赤外線吸収能力も地表面付近で急激に増大するはずだからである．この2つの効果により，放射平衡における温度も地表に近づくに従い急激に高くなる，と考えられる（このような温度分布により対流が生じることは第3章で説明したい）．

2.11 金星の温室効果

金星の温室効果は地球と比べて，どのような特徴があるだろうか．金星の有効放射温度 (T_e) は約 220 K であるが，図 1.1 が示すように，地表面温度 (T_s) は 730 K もある．この差が温室効果によるものだと考え，式 (2.51) を使い，黒体と見なせる層の数を逆算すると，$N = 100$ 程度になる．つまり，黒体と見なせる層が地球の 100 倍もあれば，その効果によって，地表では途轍もない高温が維持されることになる．金星の地表面気圧は 92 気圧あり，膨大な大気が存在しているが，そのほとんどは赤外線吸収気体である二酸化炭素である（表 1.3 参照）．前節で，二酸化炭素は水蒸気と異なり，特定の波長でのみ赤外線の吸収が強いが，それ以外ではほとんど吸収できない，と指摘した．この指摘は二酸化炭素が微量成分でしかない地球の状況では正しいが，金星のように地球の 10 万倍以上の二酸化炭素が存在している状況には当てはまらない．地球の状況では無視できた赤外線の弱い吸収が無視できなくなり，すべての波長域で二酸化炭素の赤外線吸収が重要となってくる（特定の波長域だが図 2.9 参照）．金星大気下層の高圧による拡幅効果も重要である（これについても図 2.9 参照）．また，金星下層の温度が高いため，そこではホットバンドといわれる励起されたエネルギー準位間の遷移に伴う赤外線の吸収も無視できなくなってくる．そのように考えると，金星大気で N が 100 となるのも不思議ではない．

2.8 節の多層モデルによる議論は，地球のように太陽光がほとんど地表で吸収されるという仮定に基づいていた．ところが，金星には高さ 45 km から 70 km の間に濃硫酸の液滴からなる全天を覆う雲が存在し，さらにその上にも，もや層が存在している．そのため，太陽光は大部分，雲層で反射される（アルベード 78%）だけではなく，その残りもそこでほとんど吸収されてしまう．結局，

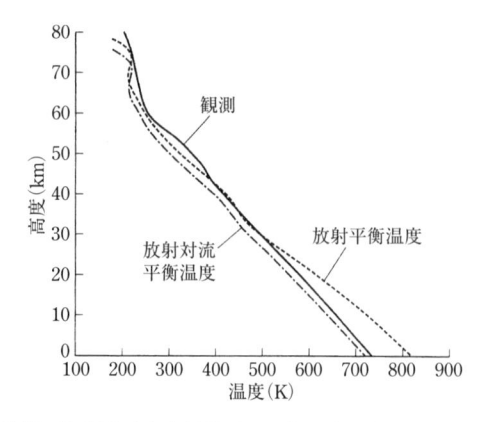

図 2.13 金星の放射平衡温度分布と放射対流平衡温度分布 (Takagi et al., 2010)：放射対流平衡については次章参照．

地面まで到達し，そこで吸収される太陽光は金星が吸収する太陽エネルギーの十数%に過ぎない（金星軌道での太陽光エネルギーの数%）．地表面での太陽光吸収は地表面温度を高めようという温室効果にとって根本のエネルギー源である．次節の議論で示すように，大気上層で吸収された太陽エネルギーは地表付近の温室効果には役立たない．それでは，このようなわずかなエネルギーを基にして，温室効果により地表の高温を本当に維持できるのだろうか．

地球のようにはまだ正確に計算できていないが，金星の放射過程についても精密なモデルによる数値計算が試みられている．図 2.13 に筆者らのグループが計算した放射平衡温度分布を示した．この計算では，何万本という二酸化炭素や水蒸気の吸収線を考慮し，圧力やドップラー効果による拡幅効果も考慮した．その結果によると，（対流の効果を考えない場合は）温室効果により地表面温度が 800 K を超える．地球の場合と同様，対流の効果により地表面温度が低下し，観測されている 730 K に近づく．このように，わずかな地表面での太陽光吸収でも，温室効果により地表面での高温が維持できることがわかった．この結果は二酸化炭素による赤外線吸収が極めて強力であることを意味する．2.8 節で説明した半定性的な多層モデルで考えると，地面での太陽光吸収が大気全体のそれの 10%程度なので，それを補うために黒体と見なせる層の数 N は 100 のさらに 10 倍程度の大きさにならなくてはならない．また，精密な計算によると，二酸化炭素には比べられないが，微量成分である水蒸気による温室効果も無視できないこと，雲による温室効果は水蒸気に比べても大きくないことが指摘さ

表 2.3 地球型惑星の放射特性

惑星名	アルベード	反射物体	太陽光の吸収場所	有効放射温度 (K)
金星	0.78	雲	大部分は雲層 一部は地面	224
地球	0.30	雲と地表面	大部分は地表面 一部は雲	255
火星	0.25	地表面とダスト	地表面とダスト	210

平均地表面温度 (K)	温室効果の強弱	最重要赤外線吸収気体	他の赤外線吸収物体
730	極めて強い	CO_2（大量）	H_2O（微量） 雲粒
288	中程度	H_2O（小量）	CO_2（微量） O_3（微量）
220	弱い	CO_2（小量）	ダスト

れている.

　火星大気の温室効果についても簡単に触れておきたい．現在の火星大気は，水蒸気の量は非常に少なく，二酸化炭素も少ないので（といっても，主成分なので地球よりは多い），温室効果は弱い．火星ではダストが重要であり，大気中に浮遊するダストによる太陽光の直接吸収の効果が無視できない．その分，太陽光が大気を加熱することになり，大気の上部を比較的高温にしている．

　最後に，地球と金星の温室効果をまとめると，以下のように言える．地球で，大部分の太陽光が地表面で吸収されるのはその温室効果にとって有利である．温室効果をになう主要な気体は水蒸気であり，二酸化炭素やオゾン，メタンは補助的な役割を担っている．金星で，太陽光がわずかしか地表面で吸収されないのは，温室効果にとって大変不利である．それにもかかわらず，圧倒的な量の二酸化炭素により，極めて強力な温室効果が働き，地表面付近の非常な高温が維持されている．水蒸気は補足的な役割しか担っていない．

　金星と地球と火星の放射特性，つまり太陽光の反射と温室効果の特徴を表 2.3 にまとめておいたので，参考にして頂きたい．

2.12* 太陽光が大気中で吸収される場合の温室効果

金星の場合,太陽光が地表面までわずかしか到達せず,ほとんどが大気中で吸収されてしまう.この場合,温室効果はどのように働くのだろうか.2.8 節の多層モデルを修正することによって,考察してみよう.

大気による太陽光吸収がある場合は,第 i 層での太陽光吸収を Q_i とすると,各層でのエネルギー収支を表す式 (2.42)〜(2.45) は次のように修正される.

収入　　　　　支出

第 1 層　　　　　$\sigma T_2^4 + Q_1 = 2\sigma T_1^4$ 　　　　　(2.52)

第 2 層　　　$\sigma T_1^4 + \sigma T_3^4 + Q_2 = 2\sigma T_2^4$ 　　　　(2.53)

. . . .

第 N 層　$\sigma T_{N-1}^4 + \sigma T_{N+1}^4 + Q_N = 2\sigma T_N^4$ 　(2.54)

地面　　　　　$\sigma T_N^4 + Q_{N+1} = \sigma T_{N+1}^4$ 　　　　(2.55)

再び,これらの式を次のように書き換えてみる.

$$\sigma T_1^4 - (\sigma T_2^4 - \sigma T_1^4) = Q_1 \tag{2.56}$$

$$(\sigma T_2^4 - \sigma T_1^4) - (\sigma T_3^4 - \sigma T_2^4) = Q_2 \tag{2.57}$$

. . . .

$$(\sigma T_N^4 - \sigma T_{N-1}^4) - (\sigma T_{N+1}^4 - \sigma T_N^4) = Q_N \tag{2.58}$$

$$(\sigma T_{N+1}^4 - \sigma T_N^4) = Q_{N+1} \tag{2.59}$$

これらの式 (2.56)〜(2.59) 全部の両辺をそれぞれ足し合わせると,左辺の σT_1^4 以外の項は打ち消し合い,

$$\sigma T_1^4 = \Sigma Q_k = 全吸収エネルギー$$

となる.全吸収エネルギーは 2.8 節での S に等しい.

したがって,$T_1 = T_e$ である.つまり,太陽光がどこの層で吸収されようと問題ではなく,最上層の温度は全吸収エネルギーのみに依存する有効放射温度

2.12* 太陽光が大気中で吸収される場合の温室効果

T_e になる．式 (2.56)〜(2.59) を上から i 番目まで，両辺をそれぞれ足し合わせ，$\sigma T_1^4 = \sigma T_e^4$ を使い，両辺の符号を変えると

$$-\sigma T_e^4 + (\sigma T_{i+1}^4 - \sigma T_i^4) = -\sum_{k=1}^{i} Q_k \tag{2.60}$$

が得られる．この式の両辺を $i=1$ から $i=I-1$ まで足し合わせると，

$$\begin{aligned}
&-(I-1)\sigma T_e^4 + \sigma T_I^4 - \sigma T_1^4 \\
&= -(Q_1 + (Q_1+Q_2) + (Q_1+Q_2+Q_3) + \cdots \\
&\quad + (Q_1+Q_2+Q_3+\cdots+Q_{I-1})) \\
&= -((I-1)Q_1 + (I-2)Q_2 + (I-3)Q_3 + \cdots + Q_{I-1})
\end{aligned}$$

となるが，$(I-1)\sigma T_e^4 + \sigma T_1^4 = I\sigma T_e^4 = I(Q_1+Q_2+Q_3+\cdots+Q_{N+1})$ なので

$$\begin{aligned}
\sigma T_I^4 &= Q_1 + 2Q_2 + 3Q_3 + \cdots + (I-1)Q_{I-1} \\
&\quad + IQ_I + IQ_{I+1} + \cdots + IQ_{N+1}
\end{aligned} \tag{2.61}$$

が得られる．この式は何を意味するのだろうか．第 L 層でのみ，太陽光が吸収されるという特殊な場合を考えてみよう．つまり，

$$Q_i = \begin{Bmatrix} Q(i=L) \\ 0(i \neq L) \end{Bmatrix}$$

とすると，

$$\begin{aligned}
&\sigma T_1^4 = Q, \quad \sigma T_2^4 = 2Q, \quad \sigma T_3^4 = 3Q, \cdots \\
&\sigma T_L^4 = LQ, \quad \sigma T_{L+1}^4 = LQ, \cdots \sigma T_{N+1}^4 = LQ,
\end{aligned}$$

したがって

$$\begin{aligned}
&T_1 = T_e, \quad T_2 = \sqrt[4]{2}T_e, \quad T_3 = \sqrt[4]{3}T_e, \cdots \\
&T_L = T_{L+1} = \cdots = T_s = \sqrt[4]{L}T_e
\end{aligned} \tag{2.62}$$

という解が得られる．つまり，加熱層（上から L 番目の層）より上では，下にいくに従い，温度が高くなるが，加熱層より下では等温となる（図 2.14 参照）．

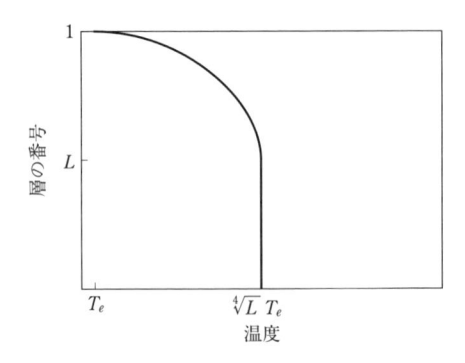

図 2.14 大気中の特定の層（第 L 層）にのみ太陽光加熱がある場合の放射平衡温度分布：横軸が温度，縦軸が上から数えた層の番号で示した高さである．

したがって，太陽光が雲層ですべて吸収されてしまい，それより下に届かないとすると，雲層より下は等温層になるはずである．雲層下で太陽光がまったく射さないにもかかわらず，温度が絶対零度にならないのは，雲層から下に赤外線が放射され，雲層以下の大気はそれを吸収するためである．

式 (2.62) は放射平衡の下では同じエネルギー量でも下層で吸収されるほど，大気全体の温度（平均温度）を高くすることを示している．言い換えると，金星の雲層のように高い高度で吸収された太陽エネルギーは，地表面温度を高温に維持する温室効果には寄与しない．したがって，金星の地表面付近の温室効果を考える際には，地表面で吸収される太陽光エネルギーだけを考慮すべきである．そうすると，再び 2.8 節の結果が使える．式 (2.51) から

$$\sigma T_s^4 = (N+1)S$$

であるが，この場合の S は金星の太陽光吸収量全部ではなく，地表面に限定すべきである．そうすると，その量は 1/10 程度になってしまう．それにもかかわらず，T_s が同一であるためには，$N+1$ が 10 倍程度になる必要がある．太陽光が全部地表面で吸収されるとしたときの見積もりでは，$N = 100$ だったので，現実の金星では，$N = 1000$ が必要である．つまり，太陽光が全部，地表で吸収される場合に比べて，おおよそ 10 倍程度の赤外線吸収気体が必要ということになる．

第3章

大気の鉛直構造II——鉛直対流の効果

前章において，光（可視光，赤外線）によるエネルギー輸送に基づき，どのような鉛直温度分布（放射平衡温度分布）が実現するかを調べた．本章では，この温度分布が力学的に安定か不安定かを検討し，不安定の場合，どのような空気の運動が生ずるか，またその結果どのような温度分布が実現するかを学び，対流圏が生成する条件を考える．

3.1 流体の安定性と乾燥断熱減率

前章において，地球大気などの放射平衡温度分布が必ずしも観測されている平均的な温度分布と一致しないことを確認した．これは，（放射過程によって）決められた温度分布が必ずしも力学的に安定とは限らないからである．安定でない場合は，空気の運動が起こり，その結果，異なった温度分布が実現される．ここではまず，与えられた温度分布に対して流体が力学的に安定か否かを議論してみよう．

わかりやすい例として，水の場合から考えてみよう．水は圧縮性がないと見なせるので，その密度は圧力に依存しない．つまり，密度は温度のみによって決まると仮定できる．温度が高いと膨張し，密度が小さくなり，反対に，温度が低いと収縮し，密度が大きくなる．当然，水の温度 T の高さ z への依存性 $T = T(z)$ が与えられれば，密度 ρ の高さ分布 $\rho = \rho(z)$ がわかる．上の方にある水の温度が高く，水が軽い場合，つまり密度 ρ が z とともに減少，$d\rho(z)/dz < 0$ の場合は安定である．逆に，上の方にある水の温度が低く，水が重い場合，つまり $d\rho(z)/dz > 0$ の場合は不安定である．後者の場合，軽い水の上に重い水があるので，これを入れ替えた方が安定する．その方が水全体の重心が下がり，位

置エネルギーが減少するからである．この密度の異なる流体の入れ替えが対流に他ならない．

　この水の場合の安定・不安定は直観的に明らかなので，これ以上の説明を要しないが，以下の議論の準備として，パーセル法という方法で安定性を議論しておきたい．高さ z にある密度 $\rho(z)$ の水の塊が，何かのはずみでわずかな距離 Δz だけ上に持ち上がったとする．断熱的とすると，この水塊の温度も密度も変化しない（上に行ったので周囲の圧力は減少するが，水は圧縮性がないとしているので密度は変化しない）．周囲の水の密度は $\rho(z+\Delta z)$ である．上の水の方が密度が大きい場合は，この下からきた水の塊の方が周囲の水よりも軽く，これに浮力が働く．そのため，自発的に上昇する．自発的に上昇した後も，周囲より軽く，さらに上昇する．つまり，最初の変化が一方的に拡大してしまい，不安定となる．反対に，上の水の方が密度が小さい場合は，下からきた水塊の密度の方が周囲より大きく，下に戻ろうとする．この場合は最初の変化が打ち消され，安定である．

　次に，空気の場合の安定性を考えてみよう．空気の場合は圧縮性があり，密度が温度だけではなく，圧力にも依存するので複雑であり，安定性を直観的には判断しにくい．水の場合は水塊が断熱的に上昇しても温度は変化しなかったので，$dT/dz = 0$ の温度分布が安定・不安定の境目になった．それでは，空気の場合，空気塊が断熱的に上昇したとき，空気塊の温度はどのように変化するのだろうか．熱力学を用いて考察してみたい．

　熱力学の第1法則は着目している物体についてのエネルギー保存則の一種で，次のように書ける．

$$\Delta U = \Delta Q - p\Delta V \tag{3.1}$$

ここでは質量1 kgの気体を考え，ΔQ は外部からその気体に加えられた熱量であり，ΔU は気体の内部エネルギーの増加分，p は気体の圧力，ΔV は気体の体積 V の増加分である．$p\Delta V$ は気体の体積の膨張にともなって，気体が外部にした仕事である．したがって，式 (3.1) は外部から加えられたエネルギー ΔQ と仕事として外部に受け渡したエネルギー $p\Delta V$ の差が，内部エネルギーの変化をもたらすということを述べている．つまり，内部エネルギーというものを考えることにより，エネルギー保存則が成り立っていると考えるわけである．$\Delta(pV) = p\Delta V + V\Delta p$ なので，式 (3.1) は次のように変形される．

$$\Delta Q = \Delta(U + pV) - V\Delta p$$

気体が理想気体であると仮定すると，この式は

$$\Delta Q = C_p \Delta T - V \Delta p \tag{3.2}$$

と書ける．ここで C_p は単位質量当たりの定圧比熱（単位は $\mathrm{J\,K^{-1}\,kg^{-1}}$）である．

今，高さ z にある空気塊が高さ $z + \Delta z$ へ上昇したとする．外部から熱が加わらない，つまり断熱過程とすると，式 (3.2) で $\Delta Q = 0$ である．式 (3.2) の両辺を Δz で割ると，

$$0 = C_p \frac{\Delta T}{\Delta z} - V \frac{\Delta p}{\Delta z} \tag{3.3}$$

ここで Δp は空気塊の圧力変化であるが，空気塊の圧力は周囲の圧力に等しい（空気塊は周囲と圧力を及ぼし合っているので，圧力差があっても瞬時に解消されるからである）．したがって，$\Delta p/\Delta z$ は周囲の大気の圧力の高さによる変化率と等しい．その場合は，静水圧近似の式 (2.12) より，$\Delta p/\Delta z = -\rho g$ である．また，質量 1 kg の気体について考えているので，$V = 1/\rho$ である．結局，式 (3.3) から

$$\frac{\Delta T}{\Delta z} = -\frac{g}{C_p} \tag{3.4}$$

が得られる．

ここで示されたことは，上昇流があると空気塊の温度は一定の温度減率 g/C_p に従い，高さとともに低下するということである．この温度減率を乾燥断熱減率と言う．下降流であっても同じ議論が成り立つので，大気中に上下の運動があると（つまり鉛直対流があると），大気の温度減率として乾燥断熱減率が実現することがわかった．

次に，ある時ある場所での大気の温度減率が乾燥断熱減率と異なる場合，その大気の安定性をパーセル法を用いて考えてみよう．図 3.1 に乾燥断熱減率より小さな温度減率をもった温度分布 A と，より大きな温度減率をもった温度分布 B が，乾燥断熱減率をもった温度分布（乾燥断熱線）C とともに示されている．

現実の温度分布が A だとしよう．高さ z にあった空気塊が大気のゆらぎにより高さ $z + \Delta z$ まで上昇したとする．その空気塊の温度は乾燥断熱線に沿って減少するので，高さ $z + \Delta z$ で T_C となる．周囲の温度は T_A である．$T_\mathrm{C} < T_\mathrm{A}$，つまり下から上昇してきた空気塊の温度の方が周囲より低く，（圧力は等しいので）密度が大きい．したがって，この空気塊は下降，つまり元の位置に戻ろうとするので，安定である．

今度は現実の温度分布が B だとしよう．同様の議論をすると，高さ $z + \Delta z$

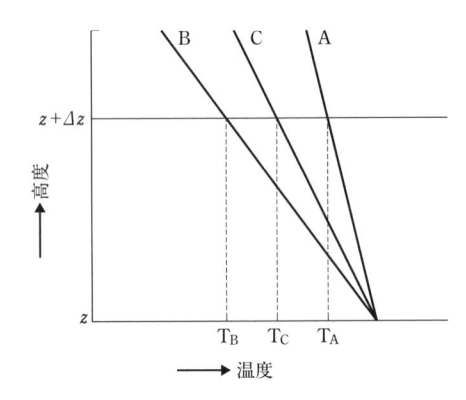

図 3.1 大気の安定と不安定：直線 C は乾燥断熱減率をもつ温度分布（乾燥断熱線）を示す．直線 A は安定な温度分布，直線 B は不安定な温度分布である．

で $T_B < T_C$ なので，下から上昇してきた空気塊の温度の方が周囲より高く，密度が小さい．したがって，この空気塊は自発的に上昇しようとして，最初の位置から離れていき，不安定である．つまり，

$$\frac{dT}{dz} > -\frac{g}{C_p} \text{の場合は安定,}$$

$$\frac{dT}{dz} < -\frac{g}{C_p} \text{の場合は不安定}$$

であることがわかった．

つまり，安定と不安定の境目は $dT/dz = -g/C_p$ であり（これを中立ということがある），これよりも温度の高さによる減少が激しい場合は不安定であり，減少が緩やかな場合は安定である（図 3.1 参照）．もちろん，等温や高さとともに温度が上昇するような温度分布は安定である．同じ安定の場合でも，等温や高さとともに昇温する場合のように dT/dz の値が $-g/C_p$ からかけ離れている場合は安定性が非常に強く，図 3.1 の温度分布 A のように $-g/C_p$ に近い場合は安定性が比較的弱い．温度減率の大きさは別として，高さとともに温度が減少するのが地球対流圏において普通である．温度が高さとともに増大する層を特に逆転層という．表 3.1 に主要な惑星での乾燥断熱減率 g/C_p の値を示した．地球の場合は，9.8 K/km である．

あるときの大気の温度分布が $dT/dz > -g/C_p$ で，安定だったとしよう．その場合は，自発的な運動は起こらず，その温度分布が維持される．それに対して，$dT/dz < -g/C_p$，つまり，温度減率が g/C_p より大きい場合は不安定であ

表 3.1 惑星大気の乾燥断熱減率 (K/km)

金星	地球	火星	木星	土星	天王星	海王星	タイタン
7.4	9.8	4.6	2.1	0.84	0.87	1.1	1.4

り，大気運動のゆらぎが自発的に拡大し，大きな大気の運動が生ずる．これが鉛直対流である．この運動のかき混ぜ効果により下方から上方に熱が輸送されて，温度減率は小さくなる．しかし，温度減率が g/C_p を超えている限りは鉛直対流が持続する．さらにかき混ぜられて，温度減率が g/C_p まで減少すると，不安定ではなくなり，鉛直対流は終息していく．つまり，不安定な大気の温度分布があると，鉛直対流が生じ，その熱輸送効果により乾燥断熱減率が実現される，と考えられる．逆に言って，乾燥断熱減率に近い温度減率の大気層があったら，鉛直対流が生じているか，生じていた可能性が大きい．

そのようなわけで，鉛直温度分布を予測する（過程を含む）大気の数値モデルでは，ある場所での大気の温度減率が（乾燥）断熱減率を超えたら，それが（乾燥）断熱減率になるように温度分布を瞬時に変更する，という操作がなされることがある．この操作を対流調節といい，鉛直対流の効果を簡単に取り入れる手法として広く用いられてきた．

3.2* 大気の振動数

これまでの議論で大気の鉛直安定性の基準が明らかになった．本節では同じ問題を，より定量的に議論し，空気塊がどのように運動するのか具体的に調べてみたい．それにより，大気の振動数という非常に重要な概念が得られる．

やはり，パーセル法を使って考えてみよう（図 3.2）．大気の圧力分布 $p(z)$，密度分布 $\rho(z)$，温度分布 $T(z)$ が与えられているとし，それらは理想気体の状態方程式と静水圧の関係式を満たしているとする．高さ z にある空気塊を考える．風船（パーセル）をイメージするとわかりやすい．その圧力と密度は周囲の圧力 $p(z)$ と密度 $\rho(z)$ と一致している．この空気塊がわずかな距離 Δz だけ上にずれたとき，どうなるかを考える．高さ $z + \Delta z$ での周囲の空気の圧力と密度は $p(z+\Delta z)$ と $\rho(z+\Delta z)$ である．風船の外側と内側では圧力がつり合わなくてはならないので，風船の中の圧力が瞬時に周囲の圧力に順応するように，風船はすみやかに膨張または収縮する．一方，風船の内外で密度が等しくなる必要はない．

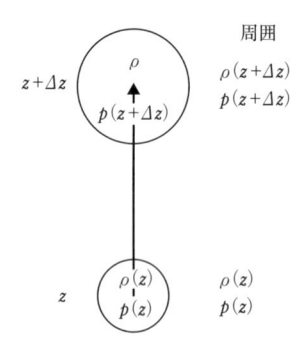

図 3.2 の位置に図があります：大気中のパーセルの運動を示す模式図で、高さ z の位置にある密度 $\rho(z)$、圧力 $p(z)$ の風船が、高さ $z+\Delta z$ の位置に上昇し、そこでは密度 ρ、圧力 $p(z+\Delta z)$ となる様子と、周囲の密度・圧力 $\rho(z+\Delta z)$, $p(z+\Delta z)$ および $\rho(z)$, $p(z)$ が示されている。

図 3.2 大気中のパーセルの運動

外から熱が加わらない断熱過程を考えているので，風船の中の圧力を p，体積を V とすると，熱力学で学んだように pV^γ は保存する．つまり，断熱過程で p や V の値は変化しても，pV^γ の値は一定に保たれる．ここで，C_p を定圧比熱，C_V を定積比熱（ともに単位質量当たり）とすると，

$$\gamma = \frac{C_p}{C_V} \tag{3.5}$$

である．風船の中の空気の質量は変化しないので，風船の中の空気の密度 ρ は V に反比例する．故に，$p\rho^{-\gamma}$ も保存する．したがって，高さ z で周囲の密度 $\rho(z)$ と等しい密度の空気からなる風船が $z+\Delta z$ に断熱的に上昇した場合を考えると，

$$p(z)(\rho(z))^{-\gamma} = p(z+\Delta z)\rho^{-\gamma} \tag{3.6}$$

が成り立つ．ここで，単に ρ と書いた変数は高さ $z+\Delta z$ での風船の中の空気の密度である．既に注意したように，風船の中の圧力は周囲の圧力に等しいので，高さ z では $p(z)$，高さ $z+\Delta z$ では $p(z+\Delta z)$ である（図 3.2）．

式 (3.6) を ρ について解き，数学の 2 つの近似公式，

$$f(z+\Delta z) \approx f(z) + \frac{df(z)}{dz} \cdot \Delta z$$

$$(1+\epsilon)^\alpha \approx 1 + \alpha\epsilon$$

を使うと（ここで Δz と ϵ は十分小であるとする），以下のように書ける．

$$\rho = \left(\frac{p(z+\Delta z)}{p(z)}\right)^{1/\gamma} \rho(z)$$

$$\approx \left(\frac{(p(z)+dp(z)/dz \cdot \Delta z)}{p(z)}\right)^{1/\gamma} \rho(z)$$

$$\approx \left(1 + \frac{1}{\gamma}\frac{1}{p}\frac{dp}{dz} \cdot \Delta z\right)\rho(z) \tag{3.7}$$

ここで $\frac{1}{p(z)}\frac{dp(z)}{dz}$ を $\frac{1}{p}\frac{dp}{dz}$ と記した（以下同様）．高さ $z+\Delta z$ での周囲の密度は近似的に

$$\rho(z+\Delta z) \approx \rho(z) + \frac{d\rho}{dz} \cdot \Delta z \tag{3.8}$$

と書ける．式 (3.7) で与えられる風船の中の密度と式 (3.8) で与えられる周囲の密度の大小関係により，風船が自発的にさらに上昇しようとするか（不安定），下降しようとするか（安定）が決まる．もちろん，$\rho < \rho(z+\Delta z)$ の場合が不安定，$\rho > \rho(z+\Delta z)$ の場合が安定である．

式 (3.7) – 式 (3.8) を計算すると，

$$\rho - \rho(z+\Delta z) = \Delta z \rho(z)\left(\frac{1}{\gamma}\frac{1}{p}\frac{dp}{dz} - \frac{1}{\rho(z)}\frac{d\rho}{dz}\right) \tag{3.9}$$

が近似的に成り立つ．空気は理想気体としてよいので，$p = \rho RT$ が成り立つ．この式の両辺の自然対数を取ると，

$$\ln p = \ln \rho + \ln R + \ln T$$

である．この両辺を z で微分すると，

$$\frac{1}{p}\frac{dp}{dz} = \frac{1}{\rho}\frac{d\rho}{dz} + \frac{1}{T}\frac{dT}{dz}$$

が得られる．この式を使い，式 (3.9) から $(1/\rho(z))(d\rho/dz)$ を消去すると，

$$\rho - \rho(z+\Delta z) = \Delta z \rho(z)\left(-\left(1-\frac{1}{\gamma}\right)\frac{1}{p}\frac{dp}{dz} + \frac{1}{T}\frac{dT}{dz}\right)$$

と変形できる．熱力学の公式，$C_p - C_V = R$ を使って，$1 - 1/\gamma = R/C_p$ と書けるので，

$$\rho - \rho(z+\Delta z) = \Delta z \rho(z)\left(-\frac{R}{C_p}\frac{1}{p}\frac{dp}{dz} + \frac{1}{T}\frac{dT}{dz}\right) \tag{3.10}$$

となる．また，静水圧近似の式，$dp/dz = -\rho g$ と理想気体の状態方程式，$p = \rho RT$ を使うと，式 (3.6) は

$$\rho - \rho(z+\Delta z) = \frac{\Delta z \rho(z)}{T}\left(\frac{g}{C_p} + \frac{dT}{dz}\right) \tag{3.11}$$

となる．したがって，

$$\frac{dT}{dz} > -\frac{g}{C_p} \text{の場合は安定,}$$

$$\frac{dT}{dz} < -\frac{g}{C_p} \text{の場合は不安定}$$

という前節と同じ結論が得られた．

ここまではパーセル法により安定性を議論したが，実際に風船の運動がどうなるか，運動方程式を立てて議論してみよう．風船の中と周囲の密度差は式 (3.10) で与えられるが，これは単位体積当たりの質量の差である．今，風船で囲んだ空気の質量を 1 kg と仮定すると，その体積は $1/\rho$ であり，それに働く浮力は

$$-g(\rho - \rho(z + \Delta z))\frac{1}{\rho}$$

である．したがって，風船に対する（質量）・（加速度）＝（働く力）という運動方程式は

$$1 \cdot \frac{d^2 \Delta z}{dt^2} = -g(\rho - \rho(z + \Delta z))\frac{1}{\rho}$$

と書ける．この式の右辺に式 (3.10) を代入すると，

$$\frac{d^2 \Delta z}{dt^2} = -g\Delta z \left(-\frac{R}{C_p}\frac{1}{p}\frac{dp}{dz} + \frac{1}{T}\frac{dT}{dz} \right) \tag{3.12}$$

が近似的に得られる．この式の右辺の括弧の中は

$$-\frac{R}{C_p}\frac{1}{p}\frac{dp}{dz} + \frac{1}{T}\frac{dT}{dz} = -\frac{R}{C_p}\frac{d\ln p}{dz} + \frac{d\ln T}{dz}$$

$$= \frac{d\ln\left(T\left(\frac{p_s}{p}\right)^{R/C_p}\right)}{dz} \tag{3.13}$$

と変形できる．p_s は地表面気圧で定数である．ここで，

$$\theta = T\left(\frac{p_s}{p}\right)^{R/C_p} \tag{3.14}$$

という温位といわれる量を導入する．温位の物理的意味については次節で説明するが，これを使うと，式 (3.12) は

$$\frac{d^2 \Delta z}{dt^2} = -g\left(\frac{d\ln\theta}{dz}\right)\Delta z \tag{3.15}$$

と簡単に書ける．さらに，$d\ln\theta/dz$ が正のとき，

$$N^2 = g\left(\frac{d\ln\theta}{dz}\right) \tag{3.16}$$

と置くと，式 (3.15) は

$$\frac{d^2\Delta z}{dt^2} = -N^2 \Delta z \tag{3.17}$$

と書ける．$d\ln\theta/dz$ が正のときは，式 (3.14), (3.13), (3.10) より大気が安定の場合である（このことは次節でも示す）．式 (3.17) は力学でおなじみの振動数が N の単振動の方程式に他ならない．したがって，大気が安定の場合は，風船は式 (3.16) で定義される振動数で上下に振動することがわかった．この振動数 N をブラント・ヴァイサラ振動数という．この振動数の地球対流圏での平均的な値は 0.01/s 程度であり，周期にすると 10 分程度である．

　一般に振動現象は復元力が働くことによって生ずる．バネに付いたおもりの単振動は，フックの法則で記述されるような伸び縮みしたバネの復元力によって作られる．大気が振動するのは，大気が安定成層している場合，重い空気の上に軽い空気が乗っているため，復元力が働くことによる．下の方にあった空気塊が（たとえば外からの力で）上に持ち上げられると，周囲の空気より重いので，次の瞬間には下方に運動しようとする．勢いがあるため，元の位置を越えて，それより下までいくと，今度は周囲よりも軽いので，上方に戻ろうとする力が働く．つまり，浮力が復元力となって振動が生ずるのである．この振動のもっとわかりやすい例は，池の水面の振動である．水の上にそれよりも軽い空気が乗っているので，水面が静止状態の元の位置から盛り上がったりすると，次には落下しようとし，振動が生ずる．水面の場合，水から空気へと密度が不連続的に減少しているが，大気の場合は連続的に変化している．前者の安定成層を不連続成層，後者のそれを連続成層という．

　ある部分が振動すると，流体は連続的に存在しているので，その影響が波として周囲に広がっていく．池に石が落下すると，その落下点を中心に波が広がっていくのが，そのわかりやすい例である．この波を（水面，大気中共に），重力波という．大気中の重力波は安定成層している大気中の浮力が復元力として作用して生ずる波である．

3.3 温位

　式 (3.14) で温位という量を天下り式に導入した．気象学においては，温位は

温度以上に重要な意味をもっているので，本節でその意味を考えてみたい．

断熱過程における空気塊では，以下の値が一定に保たれることは既にみた．

$$p\rho^{-\gamma} = 一定$$

両辺の $1/\gamma$ 乗を取ると，

$$p^{1/\gamma}\rho^{-1} = 一定$$

となる．ただし，ここで「一定」という意味は断熱過程において左辺の値が変化しないということであり，上の式と「一定」の値が同じであるということではない．以下同様である．理想気体の状態方程式より，$\rho^{-1} = RT/p$ なので，

$$RTp^{1/\gamma - 1} = 一定$$

$1 - 1/\gamma = R/C_p$ なので，

$$T\left(\frac{1}{p}\right)^{R/C_p} = 一定$$

と書ける．地表面の気圧を p_s（一定）とすると，この式に $(p_s)^{R/C_p}$（一定）をかけて，

$$T\left(\frac{p_s}{p}\right)^{R/C_p} = 一定 \tag{3.18}$$

が得られる．この式の左辺が式 (3.14) で定義された温位に他ならない．したがって，断熱過程では温位の値は変化しないことが示された．

ある高さ z にある空気塊の圧力が p，温度が T であったとしよう．この空気塊を気圧が p_s の地表まで断熱的に持ってきたとき，示す温度を T_s とする．明らかに，$p < p_s$ なので，この過程は断熱圧縮であり，空気塊の温度は T よりも高くなる．式 (3.18) より，高さ z にあったときの温位と地表面での温位は等しいので，

$$\theta = T\left(\frac{p_s}{p}\right)^{R/C_p} = T_s\left(\frac{p_s}{p_s}\right)^{R/C_p} = T_s. \tag{3.19}$$

つまり，高さ z にある空気塊の温位は，その空気塊を断熱的に地表面にもってきたとき示す温度に他ならない．

地球の対流圏の温度は，不安定の場合はもちろん，安定な場合でも高さとともに減少するのが普通である．それでは温位の高さ分布はどうなっているのだろうか．式 (3.13) の右辺と左辺を逆にして書き直すと，

$$\frac{d\ln\theta}{dz} = -\frac{R}{C_p}\frac{1}{p}\frac{dp}{dz} + \frac{1}{T}\frac{dT}{dz} \tag{3.20}$$

となる．式 (3.10) を式 (3.11) に変形したときのように，静水圧近似の式と理想気体の状態方程式を使うと，式 (3.20) は

$$\frac{1}{\theta}\frac{d\theta}{dz} = \frac{1}{T}\left(\frac{g}{C_p} + \frac{dT}{dz}\right) \tag{3.21}$$

と書ける．したがって，

　　　大気が安定である $dT/dz > -g/C_p$ の場合は $d\theta/dz > 0$
　　　大気が不安定である $dT/dz < -g/C_p$ の場合は $d\theta/dz < 0$

となる．つまり，大気の温度減率が乾燥断熱減率 g/C_p を超えないで大気が安定な場合は，温位は高さとともに増大している．逆に，不安定の場合は，温位は高さとともに減少する．安定・不安定の境界は，もちろん，等温位の場合，$d\theta/dz = 0$ である．水の場合は等温の場合，$dT/dz = 0$ が安定・不安定の境界だったが，大気の場合は，温度の代わりに温位で考えればよいことがわかった．同じ安定の場合でも，温位が高さとともに急激に増大する場合は，式 (3.16) よりブラント・ヴァイサラ振動数 N が大きくなる．

　それでは，地球大気での温位の分布はどうなっているのだろうか．図 3.3 に北半球の温位の分布が示されている．すべての緯度で，高さとともに温位が単調に増大していることがわかる．つまり，以上で議論してきた意味においては，大気は安定であることになる．この図では，対流圏と成層圏の境界である対流

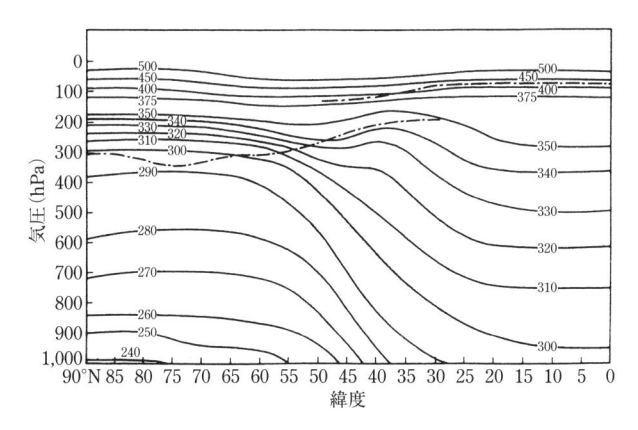

図 **3.3** 地球の北半球の温位の分布図 (Dutton, 1976)：南北–鉛直断面内での平均温位の分布図で，横軸が緯度，縦軸が気圧である．

圏界面が一点鎖線で示されている．この対流圏界面は低緯度で高く，高緯度で低い．成層圏では，等温位線の間隔が狭まり，高さとともに急激に温位が増大している．これは，対流圏では高さとともに温度は低下するが，下部成層圏では等温，それより上では高さとともに温度が増大することの反映である．したがって，成層圏はブラント・ヴァイサラ振動数が大きく，対流圏より安定な大気層である．

3.4　水蒸気を含んだ対流

前章の図 2.12 に正確な計算による地球の放射平衡温度分布が示されている．仮に対流が一切ないとすると，これに近い温度分布が実現されると思われる．地表面温度が約 330 K にも達しているが，地表面近くで高さとともに急激に温度が低下しているのが特徴である．高さ 10 km で約 190 K なので，温度減率はおおよそ，$(330\,\mathrm{K} - 190\,\mathrm{K})/10\,\mathrm{km} = 14\,\mathrm{K/km}$ である．この値は地球の乾燥断熱減率 $9.8\,\mathrm{K/km}$ をかなり超えているので，明らかに不安定である．その結果，対流が生じ，3.1 節で説明したように，大気の温度減率が乾燥断熱減率になるはずである．しかし，図 1.3 に示した観測結果によると，対流圏の平均的な温度減率は $6.5\,\mathrm{K/km}$ で，明らかに乾燥断熱減率より小さい．この違いは何によるのだろうか．

一般に，地球の対流圏では上昇流において，空気塊に含まれていた水蒸気が凝結することがあり，これに伴う凝結熱の放出を無視することができない．この熱放出が温度減率に関係しているのである．そこで，改めて水蒸気が十分含まれている空気塊が上昇するとき，何が起こるかを検討してみよう．

まず，図 3.4 に飽和水蒸気圧が示されている．空気中に含むことのできる水蒸気量には限界がある．この限界を超えた水蒸気は凝結して液体になる．この限界の水蒸気の分圧を飽和水蒸気圧，密度を飽和水蒸気密度という．図 3.4 に示されているように，飽和水蒸気圧（および密度）は強く温度に依存する．もちろん，一定の空気塊は温度がより高い方がより多くの水蒸気を含みうる．したがって，水蒸気を含む空気を冷却して，温度を下げていくと，いつかは飽和に達する．飽和に達する温度を露点温度という．それを超えてさらに温度を下げれば，過剰になった水蒸気が凝結し，水または氷となる．その際，凝結に伴い凝結熱が放出される．気象学ではこの凝結熱を潜熱ということが多い．

現実においては，温度が露点温度以下になっても凝結しないことがある．こ

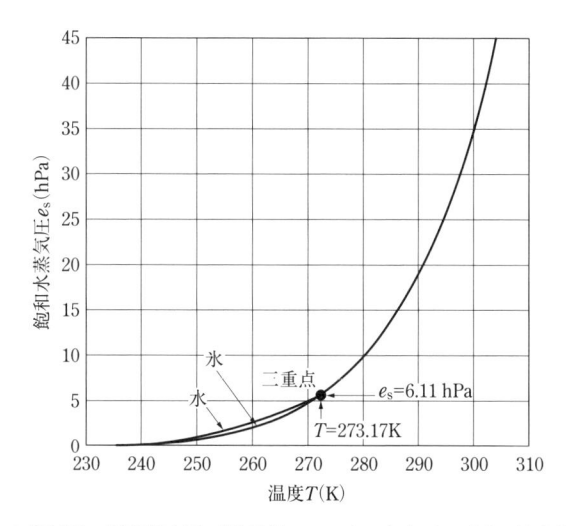

図 3.4 飽和水蒸気圧の温度依存性（浅井他，2000）：氷点下では水（上側）と氷（下側）に対する飽和水蒸気圧が示されている．

れを過飽和という．エアロゾルが凝結核となり，それに水蒸気が凝結するのが普通であり，凝結過程にはエアロゾルの存在が重要である．

　このことを念頭において，水蒸気を含んだ空気塊が上昇するときの振る舞いを考えてみよう．既に述べたように，外部から加熱・冷却されていない空気塊が上昇すると，周囲の気圧は下がるので，断熱膨張により温度が低下する．したがって，その空気塊が含みうる水蒸気の限界量も低下する．もし含まれていた水蒸気がこの限界量よりまだ少なかったならば，凝結は起こらない．しかし，さらに上昇すると，さらなる断熱膨張によりさらに温度が低下して，いつかは含まれていた水蒸気が飽和に達する．これ以上，上昇すれば，水蒸気は凝結し始める．そのとき，凝結に伴い凝結熱が放出されるので，この熱により空気塊は加熱される．そのため，断熱膨張による温度低下が緩和される．このときの温度減率を湿潤断熱減率という．明らかに，湿潤断熱減率は乾燥断熱減率より小さい．

　湿潤断熱減率がいくつになるか定量的に吟味するのは後回しにして，3.1 節で述べた大気の鉛直安定性を考え直してみよう．図 3.5 には，乾燥断熱減率を温度減率とする乾燥断熱線と湿潤断熱減率を温度減率とする湿潤断熱線が示されている．空気塊が飽和していないときは，上昇する空気塊の温度は乾燥断熱線に沿って低下し，飽和しているときは湿潤断熱線に沿って低下する．湿潤断熱

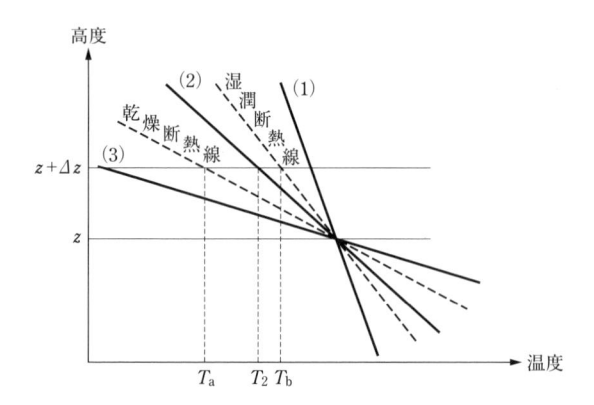

68　第 3 章　大気の鉛直構造 II——鉛直対流の効果

図 3.5　大気の安定性：横軸が温度，縦軸が高さ．乾燥断熱線と湿潤断熱線の他に大気の鉛直温度分布 (1)〜(3) が模式的に示されている．本文参照．

減率＜乾燥断熱減率なので，湿潤断熱線の方が高さによる温度の低下は緩やかである．この 2 つの断熱線によって，大気の鉛直温度分布は 3 つの場合に分類できることになる．

　現実の温度分布が図 3.5 の (1) の場合，その高さによる温度低下は最も緩やかであり，その温度減率は湿潤断熱減率よりも小さい．つまり，

　(1) 大気の温度減率＜湿潤断熱減率＜乾燥断熱減率

である．(2) の大気の温度減率は湿潤断熱減率と乾燥断熱減率の中間である．

　(2) 湿潤断熱減率＜大気の温度減率＜乾燥断熱減率

一方，(3) の大気の温度減率は非常に大きい．すなわち

　(3) 湿潤断熱減率＜乾燥断熱減率＜大気の温度減率

　(2) の場合の安定性を考えてみよう．まず，大気が水蒸気をほとんど含んでいないか，含んでいても飽和に達さないとする．その場合は，空気塊の上昇は単純な断熱過程であり，空気塊の温度は乾燥断熱線に沿って低下する．高さ z にあった空気塊が $z+\Delta z$ に上昇したときの温度は T_a であるが，その周囲の温度は T_2 である．明らかに，$T_a < T_2$ であり，空気塊の密度の方が大きいので，下降しようとし，安定である．これは 3.1 節で記述した通りである．一方，空気塊が飽和していると，上昇する空気塊の温度は湿潤断熱線に沿って低下していくので，高さ $z+\Delta z$ において，空気塊の温度は T_b で，周囲の温度 T_2 より高く，空気塊の密度は周囲の密度より小さい．この場合は空気塊は自発的にさらに上昇しようとするので，不安定である．つまり，温度分布が (2) の場合は，空気塊が飽和していなければ安定，飽和していれば不安定ということになる．こ

れを条件付き不安定という.

(1) と (3) の場合も同様に議論することができる. 結論のみを記すと, (1) の場合は, 空気塊が飽和していてもしていなくても安定であり, 絶対安定という. (3) の場合は, 空気塊が飽和していてもしていなくても不安定であり, 絶対不安定という.

3.5* 湿潤断熱減率

前節の説明により, 湿潤断熱減率は乾燥断熱減率より小さいことがわかったが, 具体的に湿潤断熱減率を求めてみよう.

空気中の水蒸気の量を混合比で表すと便利なことがある. ρ_d を空気から水蒸気を取り除いた乾燥空気の密度, ρ_V を水蒸気の密度とすると, 混合比 w は

$$w = \frac{\rho_V}{\rho_d} \tag{3.22}$$

と定義される. ある体積の空気塊を考えれば, 混合比はその空気塊に含まれる水蒸気の質量と乾燥空気の質量の比である. 混合比と水蒸気の分圧の関係を導いてみよう. e を水蒸気の分圧とすると, 水蒸気に対する理想気体の状態方程式は

$$e = R_V \rho_V T \tag{3.23}$$

と書け, 乾燥空気に対する理想気体の状態方程式は

$$p - e = R_d \rho_d T \tag{3.24}$$

と書ける. ここで, R_V は水蒸気の気体定数であり, R_d は乾燥空気の気体定数である. 式 (3.23) を式 (3.24) で割ると,

$$\frac{e}{p-e} = \frac{R_V}{R_d} \frac{\rho_V}{\rho_d}$$

となるので,

$$w = \frac{R_d}{R_V} \frac{e}{p-e} \tag{3.25}$$

と書ける. M_V を水蒸気の分子量, M_d を乾燥空気の平均分子量とすると,

$$\frac{R_d}{R_V} = \frac{M_V}{M_d} = \frac{18}{28.96} = 0.622$$

なので，結局，混合比と水蒸気分圧の関係は

$$w = \frac{0.622\,e}{p-e} \approx \frac{0.622\,e}{p} \tag{3.26}$$

となる．ここで，e は p に比べて小さいので（e の上限である飽和水蒸気圧を示した図3.4参照），$p - e \approx p$ とした．

今，高さ z にある乾燥空気 1 kg と飽和している水蒸気からなる空気塊を考える．このときの飽和水蒸気圧を e_s とする（添字 s は飽和 (saturation) を意味する）．また，このときの混合比を飽和混合比といい，w_s で表す．混合比の定義により，この空気塊に含まれる水蒸気の質量は w_s kg である．e_s と w_s の間には，式 (3.26) により，

$$w_s = \frac{0.622\,e_s}{p} \tag{3.27}$$

という関係がある．

空気塊が高さ $z+\Delta z$ に上昇したとき（そこでの圧力は $p+\Delta p$ とする，$\Delta p < 0$）の飽和水蒸気圧を $e_s + \Delta e_s$，飽和混合比を $w_s + \Delta w_s$ と書く．ここで Δz, Δp, Δe_s, Δw_s すべて微少量である．上昇すれば空気塊の温度は下がるので，飽和水蒸気圧も飽和混合比も小さくなる，つまり $\Delta e_s < 0$, $\Delta w_s < 0$ である．やはり両者の間には式 (3.26) により

$$\begin{aligned}w_s + \Delta w_s &= \frac{0.622(e_s + \Delta e_s)}{p + \Delta p} \\ &= 0.622\frac{e_s}{p}\frac{1 + \Delta e_s/e_s}{1 + \Delta p/p}\end{aligned} \tag{3.28}$$

の関係が成り立つ．単位質量当たりの凝結熱を L J/kg とすると，空気塊が Δz だけ上昇する間に，$L\,(-\Delta w_s)$ だけの凝結熱が放出される．式 (3.28) から (3.27) を差し引いて Δw_s を求めると，

$$\Delta w_s \approx \frac{0.622\,e_s}{p}\left(\frac{\Delta e_s}{e_s} - \frac{\Delta p}{p}\right) \tag{3.29}$$

が得られる．ただし，$1/(1 + \Delta p/p) \approx 1 - \Delta p/p$ を使い，$(\Delta e_s/e_s)(\Delta p/p)$ の項などは微少量同士の積なのでより小さいとして無視した．e_s は（圧力に依存せず）温度だけの関数なので，$\Delta e_s = (\Delta e_s/\Delta T)\Delta T$ である．結局，放出される凝結熱 $\Delta Q = -L\Delta w_s$ は

$$\Delta Q = -L\,0.622\frac{1}{p}\left(\frac{\Delta e_s}{\Delta T}\right)\Delta T + Lw_s\frac{\Delta p}{p} \tag{3.30}$$

と書ける．

一方，Δz だけ上昇する間における空気塊の加熱量 ΔQ，温度変化 ΔT，圧力変化 Δp は，熱力学第 1 法則である式 (3.2) によって関係付けられる．

$$\Delta Q = C_p \Delta T - \frac{1}{\rho} \Delta p \tag{3.31}$$

今，乾燥空気 1 kg に対してそれに含まれる水蒸気の質量は小さいので，$V = 1/\rho$ とした．水蒸気の凝結に伴う凝結熱の放出により空気塊が加熱されると考え，式 (3.31) の左辺に式 (3.30) を代入する．さらに，両辺を Δz で割り，$\Delta T/\Delta z$ について解くと，

$$\left(0.622 L \frac{1}{p} \frac{\Delta e_\mathrm{s}}{\Delta T} + C_p\right) \frac{\Delta T}{\Delta z} = \left(\frac{1}{\rho} + \frac{L w_\mathrm{s}}{p}\right) \frac{\Delta p}{\Delta z}$$

となる．静水圧平衡の式，$\Delta p/\Delta z = -\rho g$ を使うと，

$$\frac{\Delta T}{\Delta z} = -\frac{g}{C_p} \frac{1 + \dfrac{L w_\mathrm{s}}{R_d T}}{1 + 0.622 \dfrac{L}{C_p p} \dfrac{\Delta e_\mathrm{s}}{\Delta T}} \tag{3.32}$$

が得られる．ただし，$p \approx p - e = \rho_d R_d T \approx \rho R_d T$ という近似を用いた．この式が凝結熱の放出を考慮したときの上昇する空気塊の高さによる温度変化であり，湿潤断熱減率に他ならない．g/C_p は乾燥断熱減率であり，湿潤断熱減率は乾燥断熱減率より小さいので，物理的には式 (3.32) の右辺の g/C_p にかかる分数は 1 より小さいはずであるが，数学的にそうであるかはこのままではわからない．

この分数は $(1+A)/(1+B)$ という形をしているので (A も B も正)，それが 1 より小さいのは $A < B$ の場合である．これを確かめるためには，分母にある飽和水蒸気圧が温度とともに変化する割合，$\Delta e_\mathrm{s}/\Delta T$ を熱力学でよく知られているクラウジウス・クラペイロンの式によって与える必要がある．

$$\frac{\Delta e_\mathrm{s}}{\Delta T} = \frac{L e_\mathrm{s}}{R_V T^2} \tag{3.33}$$

これを使うと，

$$\frac{A}{B} = \frac{\dfrac{L w_\mathrm{s}}{R_d T}}{0.622 \dfrac{L}{C_p p} \dfrac{\Delta e_\mathrm{s}}{\Delta T}} = \frac{R_V}{R_d} \frac{C_p T}{L} \sim \frac{C_p T}{L} \tag{3.34}$$

これは空気の熱容量と凝結熱の比である（気象学では顕熱と潜熱の比と表現される）．$C_p = 1004\,\mathrm{J/K\,kg}$, $L = 2.5\times 10^6\,\mathrm{J/kg}$ なので，通常の温度では $C_p T/L < 1$ であり，式 (3.32) の右辺の g/C_p にかかる分数は 1 より小さいことが確認された．

また，大気の温度が低く，飽和水蒸気量が少なければ，w_s も e_s も小さくなるので，式 (3.32) の今議論した分数の分子も分母も 1 に近づき，湿潤断熱減率も乾燥断熱減率に近づくことがわかる．つまり，湿潤断熱減率は乾燥断熱減率のような定数ではなく，温度により異なった値を取る．熱帯のような大気下層の暖かい空気の場合には湿潤断熱減率はおおよそ $4\,\mathrm{K/km}$ であるが，対流圏中層の代表的な値は $6\sim 7\,\mathrm{K/km}$，上層や高緯度では温度が低く含みうる水蒸気量が少ないので，乾燥断熱減率に近い．対流圏全体の平均値はおおよそ $6.5\,\mathrm{K/km}$ である．

3.6 現実大気の安定性（エマグラム）

以上，水蒸気が飽和していない場合としている場合の両方の過程を調べたので，それに基づいて，現実大気の安定性を議論してみよう．図 3.6 にはエマグラム（断熱図）といわれる図が示されている．横軸は温度であり，縦軸には高さの代わりに圧力の対数が示されている．圧力 p と高さ z はおおよそ式 (2.16) で表されるので，圧力の対数はほぼ高さに比例する．エマグラムには乾燥断熱線と湿潤断熱線と等飽和混合比線が書き込まれている．乾燥断熱線は直線で表されるが，湿潤断熱線は左上にいくに従い，乾燥断熱線の傾きに近くなっている．その理由は既に説明した通りである．

等飽和混合比線とは，与えられた水蒸気の混合比をもった空気塊が飽和するような温度と圧力の組み合わせである．この混合比は乾燥空気 1 kg に含まれる水蒸気の質量が g（グラム）を単位として，図中に書き込まれている．飽和水蒸気圧は温度だけで決まるが，飽和混合比は温度と圧力の両方に依存する．しかし，図中の等飽和混合比線が垂直に近いことからもわかるように，飽和混合比は圧力よりも温度に敏感に依存する．もちろん，混合比の大きい等飽和混合比線ほど右側に来ている．

それでは，上昇する空気塊の振る舞いを理解するのに，このエマグラムをどのように利用するのか，実例で示したい．910 hPa の高さに，温度 7°C，相対湿度 50%の空気塊があったとする（相対湿度とは，その空気塊に実際に含まれている水蒸気の質量を，その温度でその空気塊が飽和に達する水蒸気質量で割っ

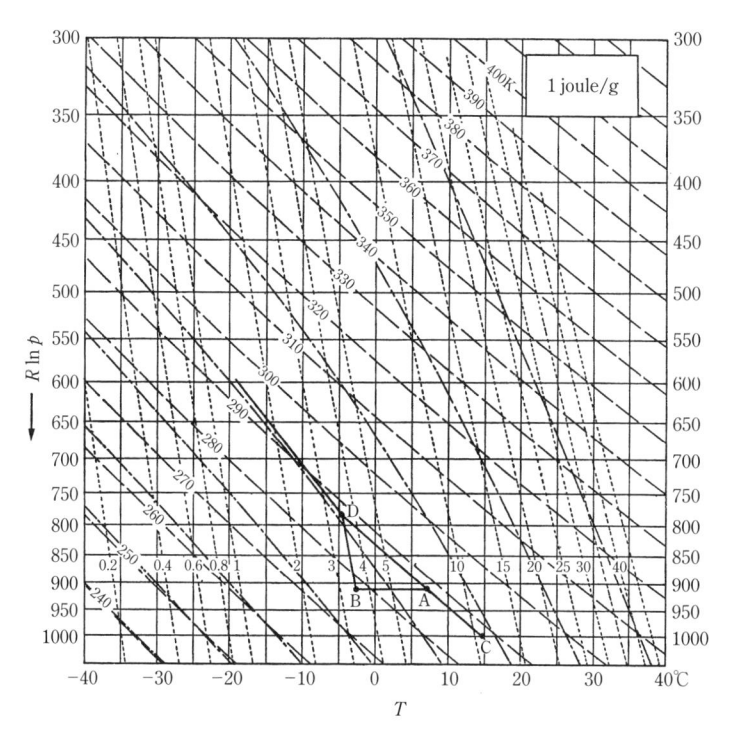

図 3.6 エマグラム (山本, 1976)：横軸が温度，縦軸が圧力（高さ）であり，乾燥断熱線，湿潤断熱線，等飽和混合比線が破線，鎖線，点線で示されている．本文参照．

た値である）．圧力と温度の値により，図中に 1 点 A がプロットできる．飽和していないので，この空気塊は上昇させられたとすると，この点を通る乾燥断熱線に沿って上昇するはずである．これにより，この空気塊の圧力（高さ）と温度の関係がわかる．この乾燥断熱線が 1000 hPa（地表面気圧）の横線と交わる点 C の温度がこの空気塊の温位である．3.3 節で述べたように，空気塊を断熱的に地表に持ってきたときの温度が温位だからである．

高さとともにこの空気塊の相対湿度は増大し，ある高度で飽和するはずである．その高度はどのようにして求まるのだろうか．まず，圧力 910 hPa，温度 7°C の点を通る飽和混合比線を求めると，7 g/kg の飽和混合比線であることがわかる（7 g/kg は乾燥空気 1 kg 中に 7 g の水蒸気が存在することを意味する）．相対湿度は 50% だったので，この空気塊の水蒸気の混合比は 7 g/kg × 0.5 = 3.5 g/kg となる．次に，3.5 g/kg の等飽和混合比線を選ぶ．この空気塊はこの等飽和混

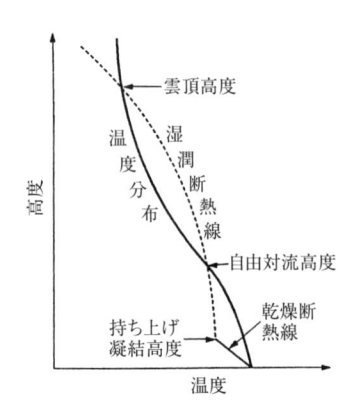

74　第3章　大気の鉛直構造 II——鉛直対流の効果

図 3.7　断熱線と温度分布（小倉，1999）：乾燥断熱線と湿潤断熱線，ある時点での温度の鉛直分布が模式的に示されている．

比線上で飽和しているはずである（その線より右側ではより温度が高いので未飽和，左側では過飽和である）．したがって，この線と先に選んだ乾燥断熱線の交点 D が，この空気塊が飽和に達する点を示す．その高さ（圧力），約 780 hPa からは，この点を通る湿潤断熱線に沿ってこの空気塊は温度が低下していく．この高さを（持ち上げ）凝結高度という．点 B は点 A から圧力（高度）を変えずに，空気塊の温度を低下させていったとき，飽和に達する点であり，その横軸の値が露点温度を与える．

　図 3.7 に，上昇する空気塊がそれに沿って温度変化する乾燥断熱線と湿潤断熱線，さらにある時点での典型的な大気の鉛直温度分布が模式的に示されている．空気塊の温度と周囲の大気の温度のどちらが高いかにより，空気塊が自発的に上昇するか否かが判断できる．下層の大気では空気塊の温度の方が低く，密度が大きいので，強制的に上昇させないと持ち上がらない．山の斜面を吹き上げられる上昇流や低気圧や前線に伴う上昇流などによって，空気塊が強制的に持ち上げられる．持ち上げ凝結高度で飽和に達するので，それより上では余分な水蒸気が凝結し続ける．したがって，持ち上げ凝結高度がほぼ雲底の高度に相当する．しかし，自由対流高度に達すると，今度は空気塊の温度の方が周囲の大気の温度より高くなり（密度が小さくなるので），空気塊は自発的に上昇することができる．

　しかし，湿潤断熱線は上層にいき，温度が低くなると傾きが乾燥断熱線に近くなり，その結果，大気の温度分布の曲線と再び交差する．それより上では周囲の温度の方が高いので大気は安定であり，空気塊が自発的に上昇できなくな

る．この高さが雲頂高度である．

3.7 地球と火星の放射対流平衡温度分布

　水平方向の変化を無視した大気の鉛直1次元温度分布は放射と対流（乾燥または湿潤）による鉛直熱輸送によって支配されている．平均した太陽光吸収量につり合う定常の鉛直温度分布を気象学では放射対流平衡温度分布ということが多い．地球の全球で平均した大気状態に対して計算した結果が図3.8に示されている．前章の図2.12に示されている放射平衡温度分布に対流の効果を付け加えて得られた温度分布である．

　対流の効果は以下のような方法で計算することがある．適当な温度分布から出発して，放射の効果による温度変化を計算し次の段階の温度分布を求める．そのとき，温度分布が対流不安定の条件を満たしていなかったら，そのまま次の段階の放射の計算に進む．もし不安定の条件を満たしていたら，つまり温度減率が乾燥または湿潤断熱減率を超えていたら，対流が起こると考える．一旦対流が起こると空気がかき混ぜられるわけであるから，極めて効率的に熱が輸送される．その結果，瞬時にして乾燥または湿潤断熱減率が実現されると考え，不安定の条件を満たす層が乾燥または湿潤断熱減率を持つように温度分布を決

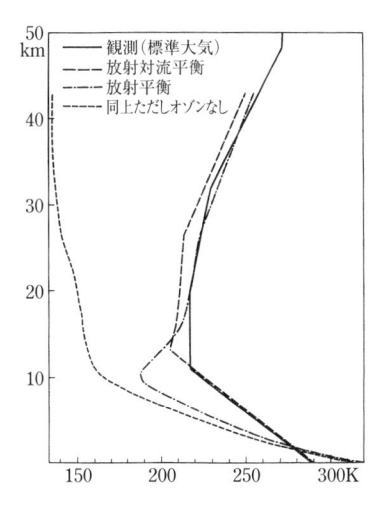

図 **3.8**　地球の放射対流平衡の鉛直温度分布 (Manabe and Stricker, 1964)：地球の平均的条件の下での放射過程と対流の効果を含む鉛直1次元大気モデルの計算結果．

定する．この手続きを対流調節という．次に，この温度分布に対して同様の計算を繰り返す．この操作を続けていき，温度分布が定常状態に達したら，それを放射対流平衡温度分布とするわけである．ただし，図 3.8 の計算では湿潤断熱減率を 6.5 K/km と仮定して計算してある．3.5 節で学んだように，湿潤断熱減率は温度に依存して変動する．また，水蒸気が飽和していない場合は対流が生じたとしても乾燥断熱減率が実現するはずである．このように，実現される温度減率は場所や季節，時刻に依存して値が変わるものである．それを全球，全季節で平均すると，結果として対流圏の温度減率の平均値である 6.5 K/km が得られるはずである．しかし，1 次元モデルではそのような計算は不可能なので，最初から平均的な湿潤断熱減率として 6.5 K/km を仮定したのである．対流調節の妥当性については以下で議論する．

　観測値を仮定したのだから，対流圏の平均温度減率を再現できるのは当然であるが，地表面温度や対流圏の厚さなどはほぼ正しい値が計算によって得られている．地表面温度は，放射平衡温度分布では約 330 K だったものが，約 290 K となっていて現実の平均値を再現している．それと同時に，対流圏上層の温度が上がっている．これは湿潤対流の結果，熱が地表面付近から対流圏上部に輸送されたためである．

　この計算では太陽光の吸収量の時間変化によってもたらされる温度の日変化は無視されている．平均的な鉛直温度分布を今は問題にしているので，この近似は正当化されるが，少なくとも地上付近では夜と昼で温度がかなり異なるのも事実である．温度の日変化が顕著な地面に接した大気層を境界層または混合層と言う．地球の境界層については 3.8 節で議論したい．

　次に，火星の放射と対流の鉛直熱輸送によって作られる鉛直温度分布を見てみよう．火星の大気には水蒸気があまり含まれていないので，水蒸気の凝結の効果は無視でき，断熱減率としては乾燥断熱減率のみを考えればよい．図 3.9 に放射と対流の効果を考慮して計算した温度分布が示されている．(a) は火星大気中に浮遊しているダストの効果を無視して計算して得られた温度分布である．観測値（＋印）から（特に上層で）大きくずれている．

　(b) はダストの効果を考慮した計算結果であり，観測結果と重なっている．ダストによる太陽光の直接吸収と赤外線吸収の効果が重要であることがわかる．ダストの効果により 5 km 以上の温度が，ダストがない場合と比べて，高くなっている．等温に近づいたともいえるので，ダストが大気の安定性を強くする効果を持つことがわかる．

3.7 地球と火星の放射対流平衡温度分布

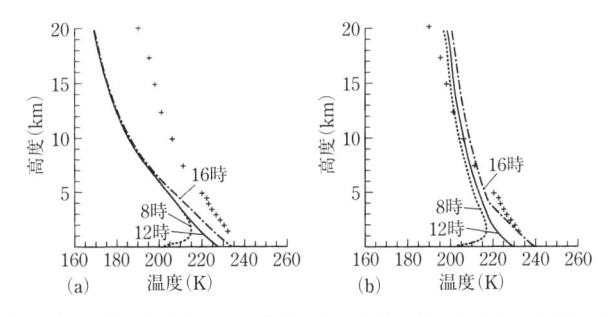

図 3.9 放射と対流の効果を取り入れた計算による火星の鉛直温度分布（小高・高橋, 2005）：8 時，12 時，16 時の温度分布を示す．＋印は観測結果．(a) ダストの放射の効果を考慮しなかった場合．(b) ダストの放射の効果を考慮した場合．

　この計算では平衡温度分布ではなく，温度分布の 1 日の変化が求められている（火星の 1 日はほぼ地球と同じ長さ）．この図に示されているように，温度の日変化は 5 km 以上にも及んでいる．これは火星の大気量が地球の 100 分の 1 程度なので，その熱容量も小さく，大気の温度が変化しやすいためである．しかし，この図を見ると，地表付近で温度が 12 時より 16 時の方が高くなっている．火星は熱容量が小さく，熱しやすく冷めやすい状態にあるので，日射強度（正確には太陽光吸収量）の時間変化にすぐ順応して，正午の 12 時で最高温度となり，夕方の 16 時では既に温度が低くなっていてよさそうである．実際，小高ら (2012) の計算によると，地表面温度は 12 時過ぎに最高になっている．図 1.4(a) も同様の観測結果を示している．これは，単純に地面と大気の熱容量が小さいので，温度が最高となる時刻はほぼ正午と考えてよいことを示している．

　それでは，なぜ大気の温度もそのように振る舞わないのだろうか．地面が 12 時過ぎに最高温度になるのだから，そこから熱が運ばれて，大気も 12 時すぎに最高温度となってもよさそうである．図 3.9 や小高らによると，地面付近の温度分布は，夜中や朝では高さとともに高くなるが（逆転層），日中は高さとともに急激に減少し，乾燥断熱減率を超えている（つまり，不安定）．図 3.10 に火星の地表面と大気の温度の時間変化の観測結果が示されている．地表面は 12 時過ぎに最高となるのに，1000 m の高さでは 16 時を過ぎても温度が上昇しているので，計算結果とも定性的に一致している．16 時頃まではその瞬間で見ると温度が高さとともに急激に減少していることもわかる．火星の乾燥断熱減率は 4.6 K/km なので（表 3.1），それをはるかに超える温度減率が実現されている．

　地球の常識からすると，絶対不安定の条件が満たされているので，乾燥対流

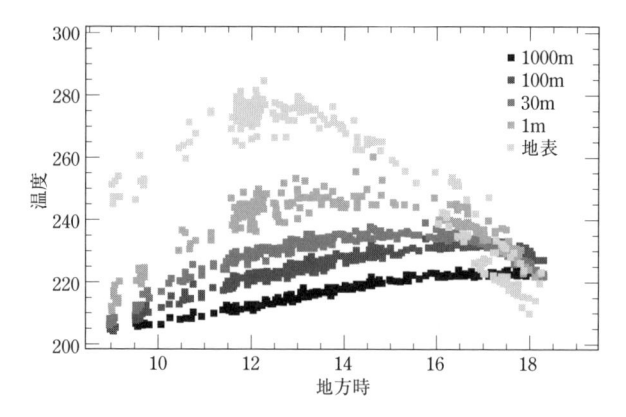

78　第 3 章　大気の鉛直構造 II——鉛直対流の効果

図 3.10　オポチュニティによって観測された火星の下層大気と地表面の温度の時間変化 (Smith *et al.*, 2006)：時期は北半球の夏 ($Ls = 75°\sim 105°$)．図の右上の数字は観測された大気の高さを，横軸は地方時を示す．

が生じ，大気がかき混ぜられ，熱が下から上に輸送され，その結果，断熱減率が乾燥断熱減率まですみやかに引き戻されるはずである（これを計算に取り入れたのが対流調節であった）．つまり，大気も 12 時過ぎに最高温度を記録するはずである．そうならないのは，火星は大気密度が薄く，空気の熱容量が小さいので，対流が生じても熱が十分効率的に運べないためと思われる．そのため，下から上に熱を運ぶのに時間がかかり，乾燥断熱減率を超えた不安定な状態を解消するのに 16 時までかかり，1000 m の大気温度がそれまで上がり続けるものと思われる．ただし，これは 1 つの解釈であり，完全な原因の解明は今後の研究の発展に期待したい．いずれにしても，対流調節の考えが妥当するのは，地球のように空気の密度が十分濃い場合に限られるということに注意してもらいたい．

3.8　地球の大気境界層

　前節では，火星の温度の日変化を議論した．この節では地球の地面付近の温度の日変化を調べてみよう．地球の地面付近の温度が 1 日のうちで顕著に変化することは，我々の毎日経験しているところである．図 3.11 に下層大気全体の温位の日変化を示した．これを見ると，温度変化をする範囲は，火星の約 5 km よりかなり小さく，おおよそ 1 km 程度であることがわかる．
　地表面に接する大気を（大気と地面の境界という意味で）大気境界層という．

3.8 地球の大気境界層 79

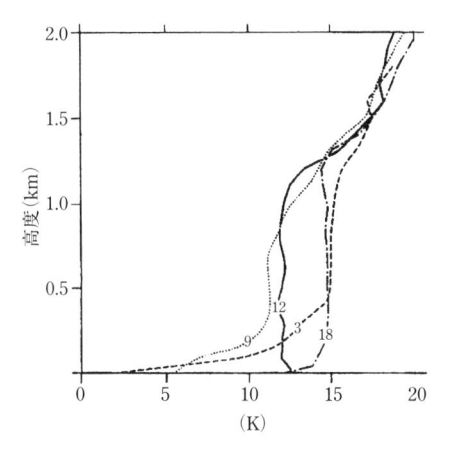

図 3.11 地球の境界層の温位の日変化 (Yamada and Mellor, 1975)：観測 (Wangara) における典型的な温位変化. 横軸は温位から 273 を引いた値, 図中の数字は時刻を示す.

普通，大気境界層は地面や海面のまさつや熱の影響を直接受ける層と定義されている．しかし，ここでは境界層を地表面での太陽光吸収や赤外線放射冷却の熱的影響により温度が日変化する層と考えて議論したい．大気境界層の力学的効果については，6.5 節で議論する．

図 3.11 には温度分布が温位で示されているが，高さとともに温位が増大していれば大気は安定，減少していれば不安定である．不安定の結果，対流が起こり空気がよくかき混ぜられれば，温位は一定となる．一般に，境界層内では水蒸気の凝結はないので，温位が高さに対して一定ということは温度減率が乾燥断熱減率となっているということである．朝 9 時の時点では温位が高さとともに増大していて，大気全体が安定成層していることがわかる．その後，地面の日射吸収により地面温度が上がり，地面から対流が発達する．そこでは対流によるかき混ぜ効果により，温位のみならず，水蒸気の混合比，さらには水平風速も一定となっている．この層を（対流）混合層という．この混合層は日中，時間とともに上方に成長していく．ここで注意して欲しいのは，混合層では上の方が相対湿度が大きくなることである．温位一定だと，上の方が温度が低い，つまり上の方が飽和水蒸気量が小さいので，水蒸気の混合比が一定だと，相対湿度は上の方が大きくなる．図には示されていないが，地表付近では 14 時頃に温度が最大になる．この最大温度の時刻が正午から数時間遅れるのは我々の経験とも一致し，地球大気の（火星に比べて）大きな熱容量によるものである．

12 時の温度分布をよく見ると，地面のすぐ近く（数十 m の範囲内）では，火

星と同じように，下の方が温位が高くなっている．この層は火星のそれよりははるかに薄いが，なぜ地球でも不安定な温度分布が実現されているのであろうか．この層は地面近くにあるので，火星のように空気密度が薄いことが原因であることはありえない．不安定な温度分布が解消されない理由は，不安定により対流が起こっているのだが，対流運動を担う渦が地面近くでは小さいためである．一般に，渦は大きいほど，それに伴う風速も大きく効率的に熱（温度）などを輸送できる．ところが，地面付近では地面までの短い距離に制約されて，小さな渦しか存在できない．それ故に，地面付近では効率的に温度を上方に運べず，不安定な温度分布が解消されないのである．

18時と3時の分布が示すように，夜になると下の方から温度が低下していく．これは地面が赤外線放射により冷却されるためである．その結果，地面付近では安定層，さらには逆転層が形成される．その上には温位一定の混合層の名残りがある．その状態で朝になり，太陽光が地面に吸収され，同じサイクルが繰り返される．

結局，大気下層では加熱（太陽光吸収），冷却（赤外線放射）は主として地面において1日周期でなされる．その温度変化が上空にも及ぶが，その影響にも限度があり，日変化の及ぶ層がここで述べた熱的な境界層である．地球の場合はその厚さはおおよそ1kmとなっている．

金星については2.11節で放射対流平衡温度分布を説明した．以上で火星と地球の鉛直温度分布の日変化を議論したので，本節の最後に，金星のそれについても簡単に触れておきたい．金星の雲層以下の下層大気に話を限定すると，1.1節で述べたように，その大気の圧力も密度も非常に大きい．したがって，対流による鉛直熱輸送効率も非常によいはずである．したがって，火星のように断熱減率を超えた温度勾配が生じることはありえず，対流調節の近似が地球以上に有効である．

それでは，金星の表面付近で温度の日変化はどのくらいの高さに及んでいるのだろうか．観測が乏しいので，推測してみる他ない．金星の1昼夜は117（地球）日あるので，温度変化が大きく深い混合層が発達するように思える．しかし，空気密度も表面付近で非常に大きく，したがって熱容量も2桁程度大きい．また，既に述べたように，金星では太陽光の大部分は雲層で吸収され，地面で吸収される太陽エネルギーは少ない．これらのことを考慮すると，温度の日変化は小さく，熱的境界層はそれ程厚くないと推測される．したがって，金星の大気では，地面付近の日変化を無視して，放射対流平衡温度分布を考えてもよ

さそうである．ただし，約 45〜70 km の雲層，特にその上部では，太陽光吸収も強いし，空気密度も小さくなっているので，温度の日変化を無視することはできない．雲層上部では夜昼間の温度差は数十度に達すると思われる．

3.9 暴走温室効果

第 1 章で見たように，地球と金星はその大きさなどがよく似た惑星である．しかし，地球には海があり，金星には海がないという顕著な相違がある．また，金星大気には地表面気圧にして 90 気圧という膨大な量の二酸化炭素があるが，地球大気では二酸化炭素は微量成分でしかない．しかし，地球大気にもかつて金星に匹敵する二酸化炭素があり，それが海に吸収され，最終的には石灰岩という形になったことも 1.1 節で述べたとおりである．つまり，主要な大気組成の相違も海の有無に帰着させられる．それではなぜ金星には海がないのだろうか．かつて海があったのだが，蒸発して消失したという説がある．それを説明する暴走温室効果というメカニズムがあるので，本節で説明したい．

前章では大気の成分や量が与えられ，固定されている場合の温室効果を説明した．海からの水の蒸発を考慮すると，海面の温度により大気中の水蒸気の量が変わりうる．この場合，温室効果はどのように働くのだろうか．たとえば，海面付近の温度が仮にわずかに上がったとする．そうすると，海面からの水の蒸発が増大するが，これは大気中の水蒸気量の増大をもたらす．その結果，温室効果が高まり，さらに海面付近の温度が上昇する．このようなポジティブ・フィードバックの可能性が存在する．もしこれが実際に作動し続けると，最終的には海の水が全部蒸発して，海が消失するところまでいくであろう．これが「暴走温室効果」の直観的イメージである．

つまり，海の水と大気中の水蒸気が共存しているときの放射対流平衡温度分布がどうなるかを考えるのが本節の課題である．海が存在しない惑星では，大気中の水蒸気などの温室効果気体を含む大気量が固定されていて，大気の赤外線吸収の能力も決定されている．そのため，地表面や大気の温度が高くなりさえすれば，惑星から宇宙空間へ向けた赤外線放射（惑星放射）はいくらでも大きくなりうる（惑星放射は宇宙空間から見える惑星からの赤外線放射である）．したがって，その惑星の太陽光吸収がいくら大きくても，それと等しい惑星放射が可能であり，定常状態が実現される．そのとき，宇宙空間へ赤外線を放射する高度の温度がほぼ有効放射温度であった．

しかし，海が存在して，海から水蒸気が自由に供給されうると，海面や大気の温度を高くしても惑星放射量を増やせないという奇妙な状況が生じうる．この場合，太陽光の吸収量が増大すると大気の温度も上昇し，その結果，飽和水蒸気密度も増大し，（相対湿度がそれほど変わらないとすると）海から水蒸気が大気に供給される．飽和水蒸気密度は温度とともに急激に増大するので（図 3.4 参照），水蒸気による赤外線吸収が強烈になり，地表面や下層大気から上向きに放射された赤外線は宇宙空間まで到達しにくくなり，惑星放射量が減少する．

もちろん，宇宙空間へ放射している高度の温度が高くなれば，赤外線放射は増大するので（黒体ならば温度の 4 乗に比例），惑星放射はいくらでも増大しうると考えられるかもしれない．しかし，温度が高くなると，飽和水蒸気密度が急激に増大して，（相対湿度が多少減少したとしても）水蒸気が増大して赤外線吸収が強力になり，大気の上向き赤外線放射が増大した以上に，水蒸気が赤外線をより多く吸収する．その結果，宇宙空間まで到達する惑星放射量が減少してしまう．このような理由により惑星放射に限界があることを，駒林 (Komabayashi, 1967) とインガソル (Ingersoll, 1969) が示したので，この限界値を駒林−インガソル限界という．

図 3.12 に地表面温度に対して放射対流平衡にある大気の惑星放射量が（比較的簡単なモデルによる計算結果により）示されている．地表面温度が低いときは飽和水蒸気密度が小さく，水蒸気の赤外線吸収がわずかなので，惑星放射は

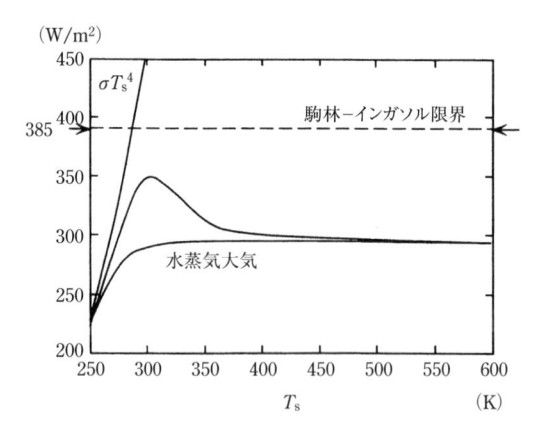

図 3.12 放射対流平衡を仮定した海がある大気における惑星放射量 (Nakajima *et al.*, 1992)：与えられた地表面温度（横軸）に対する惑星放射量（縦軸）が示されている．参考のために，黒体とした地表面の放射量 σT_s^4 が示されている．下の曲線は水蒸気のみの，ピークのある曲線は他の赤外線吸収気体を含む大気の惑星放射量である．

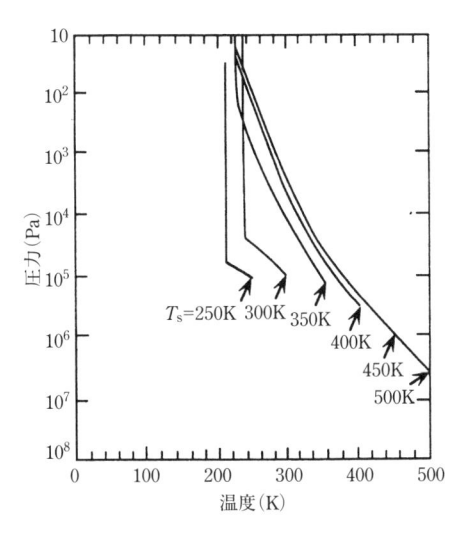

図 **3.13** 海がある大気における放射対流平衡温度分布 (Nakajima et al., 1992)：与えられた地表面温度 (T_s) に対して温度分布が示されている．縦軸は圧力により表示された高度．

地表面の黒体放射に近い．地表面温度が高くなってくると水蒸気量が増大して，惑星放射はピークを持ち，それから地表面温度がいくら大きくなっても，惑星放射は一定値に収束してしまう．したがって，太陽光吸収量がこの値より大きい場合，両者のつり合いは存在しなくなる．その場合は海がある限り定常状態はありえず，最終的には海が消失するものと思われる．

図 3.13 には，海がある場合の大気の放射対流平衡温度分布が与えられた地表面温度ごとに示してある．これも比較的簡単なモデルによる計算結果である．地表面温度が高くなるに従い，水蒸気量も多くなり，地表面気圧も増え，厚い大気となる．ただし，大気上層の温度はほとんど変わらない．したがって，上層から宇宙空間に放射される惑星放射量はあまり変化しないということになる．なぜなら下層の方の温度分布がどうであろうと，そこから放射される赤外線は大気上層にいくまでに吸収されるので，惑星放射には寄与しないからである．このことからも地表面温度が増大しても，惑星放射量が増えないことがわかるであろう．また，地表面温度が非常に高い場合は，高温の下層では大気中に含まれる水蒸気量が非常に多くなり，他の気体の存在は無視でき，図 3.13 の曲線は飽和蒸気圧曲線に一致する．このように，太陽光吸収量がある限界値より大きくなると，どのような地表面温度になっても，それにつり合うだけの惑星放

射を作れない．つまり，海という水蒸気供給源の存在を前提すると，惑星の太陽光吸収が一定の限界を超えると，水蒸気などの温室効果と対流の効果を考慮した大気では定常状態がありえないことになる．

地球の場合，太陽光吸収量はこの限界値を超えていないので，それと惑星放射がつり合い，暴走温室効果が作動せず，海が存続していると考えられている．一方，地球よりも太陽に近い金星では，過去において太陽光吸収量が限界値を超えてしまい，暴走温室効果が作動してしまい，海が消失してしまったと考える説もある．現在の金星は全天を覆う厚い雲のため，アルベードが 78% もあり，太陽光吸収量は地球よりも小さい．したがって，かつて金星で暴走温室効果が作動したとすると，その段階の金星のアルベードは小さかったと想定する必要がある．それに対して，地球よりも太陽から遠いところにある惑星では太陽光が弱いため，地表面の温度が低くなり，たとえ水があったとしても凍結してしまい，海としては存在できない．このように，太陽系内の限られた位置でしか海は存在できないことになる．

最近，太陽系以外にも多くの惑星が発見され，それとも関係して，ハビタブルゾーンという言葉が使われている．生命居住可能領域とも訳され，惑星または衛星上で生命が存在可能な環境となる宇宙の領域のことである．それはおおよそ海が存在できる領域と重なり，太陽系でいえば，地球の周囲の領域であり，現在の状態に照らすと金星と火星の軌道を含まない．しかし，第 1 章で述べたように，火星にもかつて液体の水が存在した気候があったと思われるので，太陽系のハビタブルゾーンを広く考えることも必要かもしれない．

3.10 鉛直対流の形態

本章では，鉛直対流による熱輸送効果を議論してきたが，その際，この対流が具体的にどのような運動のパターン（形態）を取っているのかには注意を払わなかった．本節では，鉛直対流がどのような運動のパターンをしているのかを考察し，水平対流を考察する次章への橋渡しとしたい．

従来，鉛直方向に熱を輸送する対流のモデルとして，次の 3 つが考えられてきた．

(i) ベナール対流，(ii) プリューム，(iii) サーマル．

下面での時間変化のない水平方向に一様な（上面よりも）高温の維持により作られる対流がベナール対流である．時間変化はないが空間的に局在化した加

熱により作られる対流がプリュームである．最後に，空間的に局在化しているだけではなく，時間的にも一時的な加熱により作られる対流がサーマルである．

まず，ベナール対流を説明する．水平な2つの面の間にある深さ d の流体層を考える．下面の温度を T_1，上面の温度を T_2 に固定する．流体が水の場合，$T_1 > T_2$ ならば，不安定で対流が生ずることは既に3.1節で述べた．しかし，室内実験の状況を考えると，水の粘性や熱伝導の効果が効き，実は $T_1 > T_2$ ならばすぐ対流が生ずるというわけではない．T_1 が T_2 よりあまり大きくない場合は流体が静止していて，下から上へ熱伝導により熱が輸送されている状態が安定的に存在する．

$\Delta T = T_1 - T_2$ がある程度以上大きくなって初めて対流が発生する．理論的考察によると，ΔT に比例するレーリー数，

$$Ra = \frac{\alpha g \Delta T d^3}{\kappa \nu} \tag{3.35}$$

が支配的なパラメータである．ここで，κ は流体の熱拡散率，ν は粘性係数（動粘性係数），α は体膨張率，g は重力加速度である．このレーリー数がある値（上面，下面ともにまさつが効く場合は1708）を超えると，図3.14に示されているようなパターンの対流が生ずる．図3.14に示されているのは，ある方向に一様なロール状の対流セルであるが，上から見て対流セルが六角形の形状をしている場合もある．これらがベナール対流である．その一般的特徴は，水平方向に無限に広がった流体層を考えても，水平方向にも一定の大きさの対流セルが現れ，1つの対流セルの横のサイズが流体層の深さ d の2〜3倍，一般的に言って，両者が同じオーダーであることである．図3.14を見ると，上昇流と下降流の領域が同じ程度であることもわかる．

ベナール対流は室内実験やそれに対する理論により詳しく研究されているが，現実の大気にも存在するのだろうか．室内実験では，ν や κ は流体の分

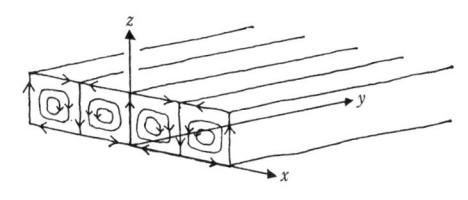

図 **3.14** ベナール対流の模式図（木村，1983）：y 方向に一様なロール状の対流セルが示されている．

子の不規則な運動によって作られる拡散効果によるものである．水は20°Cで $\nu = 1.0 \times 10^{-6}\,\mathrm{m^2/s}$, $\kappa = 1.4 \times 10^{-7}\,\mathrm{m^2/s}$, 空気は20°Cで $\nu = 1.5 \times 10^{-5}\,\mathrm{m^2/s}$, $\kappa = 2.2 \times 10^{-5}\,\mathrm{m^2/s}$ である．普通の室内実験では，d として数 cm, ΔT としては数 K を考えると，Ra は千から数万になる．それに対して，d つまり考えている流体の厚さが数 m から数 km である現実大気では，d の3乗に比例する Ra は途方もなく大きな値になる．これは式 (3.35) の分母が非常に小さいことと等価であり，現実の大気では分子運動による拡散の効果は無視できることを意味する．したがって，本節までの議論で空気分子の粘性などを無視して大気中の対流を考えてきたのは正しかったことになる．ただし，現実の大気を対象とした気象学の議論では，ν などは分子粘性などによる拡散効果ではなく，着目している現象よりも小スケールの対流や渦などによる拡散効果を表現したものと考えるのが普通である．これを渦粘性（係数）といい，定性的には分子粘性などと同じような効果を持つと仮定するが，値としてははるかに大きな値を採用する．κ についても同様である．

そのように粘性などを考え直せば，ベナール対流として捉えられる現実大気の現象があるだろうか．ベナール対流の条件は水平方向の一様性なので，地形や植生などが一様でない陸上よりも海上の方がベナール対流が現れやすいと考えられる．たとえば，冬の日本海の海上に見られる筋雲がベナール対流に関係していると考えられている．シベリアから温度の低い空気が，温度が（相対的に）高い海の上に吹き出してくると，ベナール対流の実験のように空気の下面の方が温度が高い状態が出現する．この場合のように，対流と無関係に風が吹いている場合は，風の吹く方向に図 3.14 のような長いロール状の対流が卓越することが理論的に知られている．筋雲のところがロール状対流の上昇域と考えられる．しかし，観測によるとこの対流セルは横幅が厚さの10倍程度あり，上

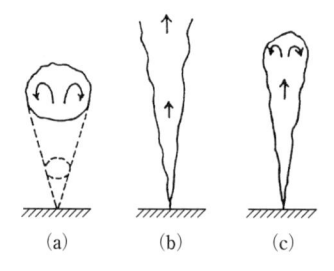

図 **3.15** サーマルとプリュームの模式図：(a) サーマル，(b) プリューム，(c) プリュームの初期状態．

で述べたベナール対流のパターンの特徴と異なっており,ベナール対流といえるのか疑問のところもある.

次に,(ii) プリュームと (iii) サーマルをまとめて説明したい.特に,陸上では地表面の加熱分布などが水平方向に一様ではない.そこで,ベナール対流と逆に,加熱(高温)の部分を局在化したモデルが考えられている.模式的な図を示すと,図 3.15 のようになる.(b) のプリュームは加熱が持続的な(高温が維持される)場合である.イメージとしてはたとえば煙突からの煙を考えれば

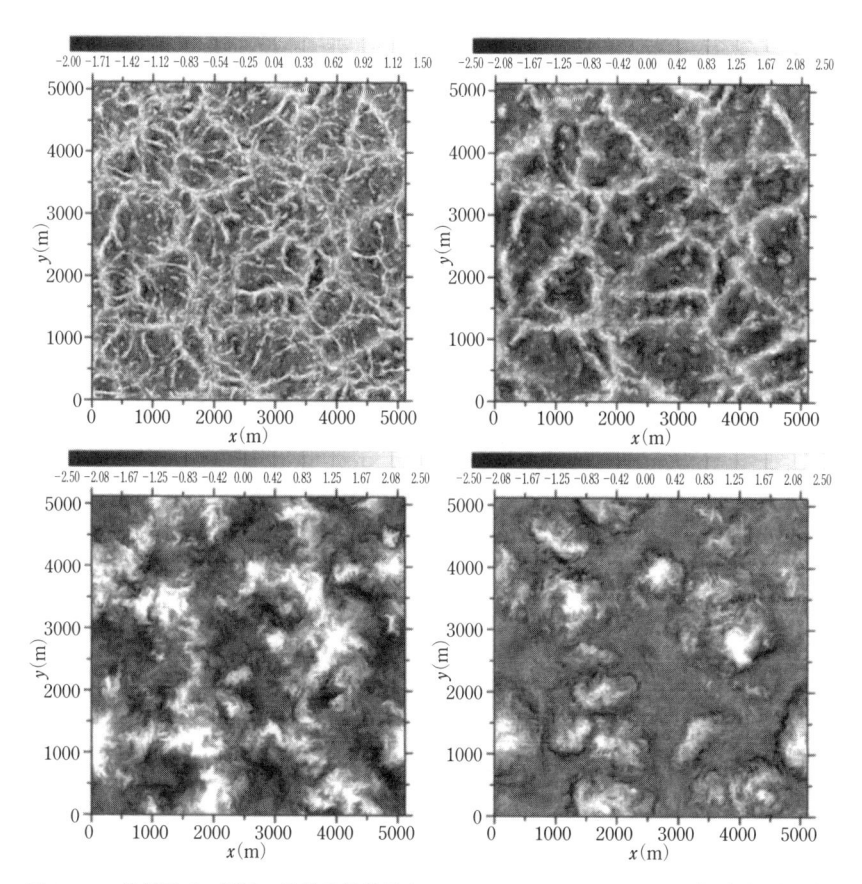

図 **3.16** 境界層での対流の数値計算結果 (Sullivan and Patton, 2011):水平断面内の鉛直流の分布が白(上昇),黒(下降)で示されている.層の厚さを d とすると,下面から左上の図は $0.04d$,右上は $0.1d$,左下は $0.5d$,右下は $0.9d$ の高さでの鉛直流速分布を示す.流速はそれぞれの図の上のバーの数値(単位は m/s)で示されている.

よい．(a) のサーマルは加熱が一時的な場合である．イメージとしては大きな爆弾の爆発に伴うキノコ雲を考えればよいかもしれない．(c) はプリュームの初期状態であり，両者の中間の特徴を有している．

この模式図からもわかるように，プリュームもサーマルも時間とともに大きくなっていく．これは周囲より温度が高い空気塊が上昇しながら，周囲の空気を引きずり込み，混合するためである．これをエントレインメントと言う．加熱分布などが水平方向に一様でない現実の地面の上の大気（混合層）ではベナール対流とプリュームなどが混在していると思われる．

図 3.16 に高分解能の数値実験により求めた，混合層内の対流の鉛直速度の水平面内の分布が示されている．図 3.14 のようなロール状の対流セルではなく，上の 2 つの図に示されているように，六角形の辺の近くで上昇し（白い線），中心付近で下降する（黒い部分）対流セルが下層では卓越している．しかし，中層（左下の図）や上層（右下の図）では，この六角形の頂点付近の上昇流がプリューム的に広がっていて（白い部分），それを取り巻いて下降流ができている（黒い線）．この数値実験では，下面の条件は水平方向に一様であるが，規則的なベナール対流とプリュームが共存しているような運動パターンになっている．今後，水平方向に非一様な条件での数値実験も発展するであろう．

第4章

水平対流

前章までは,大気の水平方向(南北,東西)は一様として(あるいは水平方向には平均した状態を考えて),鉛直方向の構造のみを考察してきた.本章からは水平方向の構造も考慮して,3次元大気がどのような温度分布,気圧分布をして,どのような風が生ずるかを議論していく.

まず,本章では水平方向に温度差があったとき,どのような気圧分布や風が生ずるかを考察する.気象学の最も基本的な問題はどのような風が吹くかであるが,本章で取り扱う水平対流はその最も重要な基礎である.

4.1 水平温度差によって作られる流れ

以降の章では,大気の運動(つまり風)を取り扱う.大気は気体から成り,液体とともに流体であるので,本来ならば,本書でも流体の運動を数学的に記述する流体力学の方程式を取り扱うべきである.しかし,本書ではなるべく方程式を扱わずに,直観的,定性的に流体現象を説明していきたい.

まず,どのようにして流体に運動が生ずるのか,考えてみたい.海にも水の流れである海流があるが,その中に風成循環といわれる風のまさつによって駆動される海流がある.日本の南岸を流れる黒潮などはその一例である.また,コップの中の水をスプーンでかき混ぜて,水の運動を起こすことができるし,扇風機によって部屋の中に風を起こすこともできる.これらの例では,力による強制が原因で流体の運動が発生している.現実の大気の中でも,既に吹いている風の影響で2次的に風が生ずる場合がある.たとえば,山に風がぶつかれば,その影響で2次的に擾乱や波が発生したりする.それでは,もし風が一切吹いていなかったら,どうして風は吹き始めるのだろうか.大気の場合,大気以外

の力学的な強制によって運動を起こすことはできない．実は，大気の運動つまり風は大気中の温度差による浮力が原因で生ずる．第3章では，上下方向に温度差がある場合，どのようなことが起こるか議論した．惑星上ではさまざまな理由により，水平方向にも温度差が生じる．この水平方向の温度差により，どのような大気の運動が生じるかを以下で詳しく説明したい．

惑星周辺のように常に重力が働いている空間では，周囲の流体より軽い物体には上向きの力が働く．これが浮力である．水の中に木片があれば，水よりも木の方が軽いので，木片に浮力が働く．流体同士でも同様である．周囲よりも密度が小さく，軽い流体の部分があれば，その部分に浮力が働く．逆に，周囲よりも密度が大きく，重い流体の部分に対しては，負の浮力（下向きの力）が働く．本書では，普通の意味の浮力（上向き）と負の浮力（下向き）を合わせて，浮力ということにする．

液体の場合は，外からかかる圧力による密度変化（圧縮性）が無視できるので，密度は温度のみによって決まる．これをさらに単純化して，密度 ρ と温度 T の関係を次のように表したものをブシネスク近似という．

$$\rho = \rho(1 - \alpha(T - T_0)) \tag{4.1}$$

ここで α を体膨張率という．この場合は，単純に温度が高ければ密度が小さく，温度が低ければ密度が大きいので，考えやすい．

空気の場合は，既に前章で見たように，密度は温度と圧力の両方の関数であり，圧力が一定の場合は，高温ほど密度が小さくなる．異なった高度，つまり異なった気圧の下にある2つの空気塊を比較する場合，温度の代わりに温位で考えた方がよいことも前章で述べた．

前章で扱った鉛直方向の温度差（正確には温位差）によって生じる対流を鉛直対流というのに対して，水平方向に密度差（温度差）がある場合に生ずる対流を水平対流という．ここでは1万km程度の惑星スケールから数十km程度の比較的小規模なスケールまでのさまざまな水平対流を議論する．地球対流圏の最も大きなスケールの大気の運動（これを大気大循環という）も極地方と赤道地方の間の温度差（数十K）により引き起こされる水平対流と考えられる．温度と風の関係が気象学の根本であり，水平対流こそ気象学の基本である．

それでは，流体中で水平方向に温度差があると，いかなる流体の運動が生じるのだろうか．図4.1に水平対流の模式図が示されている．左の方の流体の温度が高く，右の方の流体の温度が低いとする．第3章で見たように，地球の対

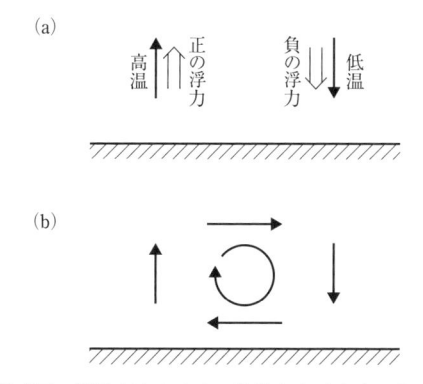

図 4.1 水平対流の模式図：縦軸が高さ方向，横軸が水平方向である．(a) 左の方が高温，右の方が低温とした場合の浮力（太矢印）と流体の動き（細矢印）．(b) 形成された時計回りの循環．それに働くまさつのトルクは反時計回りである．

流圏では上にいくほど温度は低下するが，ここでは同じ高さで比較して，左の方が高温，右の方が低温という意味である．当然，同じ高さで見て，左の方が密度は小さく，右の方が密度は大きいので，左の方では正の浮力，右の方では負の浮力が働く．この浮力によって，左側では上昇流が，右側では下降流が生じる（図 4.1(a)）．

上昇流と下降流だけでは，図の左上の部分と右下の部分に流体がたまってしまう．実際には，図 4.1(b) に示したような下層で左向き，上層で右向きの流れが生じて，流体が特定の部分にたまることなく，循環する．この循環が水平対流である．

図 4.1(a) に太矢印で書き込まれているような反対方向の力の組み合わせを，一般に偶力とかカップルとかトルクという．トルクは回転を生ぜしめるような力であり，これにより回転するような流れ，つまり渦が生じる．図 4.1(a) でいうと，時計回りの回転を生じさせるようなトルクによって，図 4.1(b) に示した時計回りの渦が生じる．

これが水平対流の基本であり，スケール（大きさ）に無関係に，水槽の中でも，惑星スケールの大気中でも水平方向に温度差があれば，このような構造の流れが生じる．流体の運動を記述する流体力学の方程式が，どのようなスケールに対しても適用できることを反映している．

もし図 4.1(a) で左右の温度差が維持されるとすると，正負の浮力も維持される．このトルクにより，流体の回転，つまり渦が加速され続け，時間とともに，

いくらでも循環の速度が速くなりそうである．しかし，実際にはそうではなく，一定の速度の状態，つまり時間変化のない定常な状態に落ち着く．これは「粘性」が働くためである．

「粘性」とは流体の粘る（ネバネバした）性質であり，流体の各部分で速度の向きや大きさが異なると，それを均して一様にするように働く．図 4.1(b) では，上層と下層で水平方向の，右側と左側でも上下方向の流れの向きが反対である．したがって，この流れをつぶすように粘性が働く．この場合，粘性は循環（流体の回転）を止めようとするまさつ力のようなものとして作用する．図 4.1(b) のような時計回りの循環に対しては，粘性によって反時計回りのトルクが働くと考えてよい．したがって，その大きさは流体の回転速度（循環の速度）に比例する．その比例係数が粘性係数に関係している．非常にネバネバした流体の粘性係数は大きく，水のように比較的粘り気の小さい流体は粘性係数が小さい．

何も運動がない状態から考えると，まず，浮力のトルクによって時計回りの循環が作られ，それが徐々に速くなる．その結果，粘性の反時計回りのトルクも徐々に大きくなり，最終的には，それが時計回りの浮力のトルクとつり合うようになり，定常状態に落ち着く．つまり，定常状態では浮力の時計回りのトルクと粘性による反時計回りのトルクがつり合っているわけである．

4.2 水平対流と圧力分布

前節では，水平方向に温度差があるとき，水平対流が形成されることを見たが，このとき，圧力分布はどうなっているのだろうか．気象学では気圧は最も重要な概念なので，圧力分布という観点から水平対流を再検討したい．

静水圧平衡については第 2 章で説明したが，ここでも静水圧平衡の式

$$\frac{dp}{dz} = -\rho g \tag{4.2}$$

が成り立っていることを前提する．この式では，圧力 p が高さ z の関数と考えられている．$p = p(x, y, z)$ である（x と y は水平方向の座標）．つまり，まず水平位置 (x, y) を決めて，次に高さを指定して，そこでの圧力が何 hPa であるかを記述する．式 (4.2) の右辺は常に負であるから，圧力 p は高さ z の単調減少関数である．つまり，p と z は一対一に対応するので，どちらをどちらの関数と考えても差し支えない．気象学ではよく高さ z を圧力 p の関数と考えて，そ

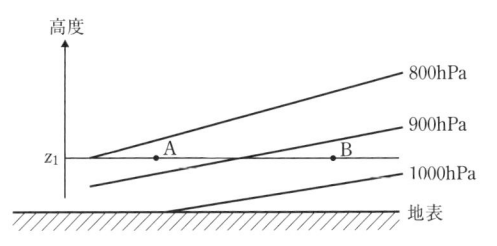

図 4.2 等圧面高度と高気圧・低気圧：800, 900, 1000 hPa の等圧面高度が示されている．

れを等圧面高度という．たとえば，ある水平位置での 500 hPa の等圧面高度とは，気圧は高さとともに単調に減少していくが，その水平位置で気圧が 500 hPa にまで下がる高さである．500 hPa で観測された風や温度，等圧面高度を記入した天気図を 500 hPa の高層天気図という．気象学で等圧面高度の考えがよく使われるのには理由がある．1 つは，上空において圧力計により圧力を決める方が高さを決めるよりはるかに簡単であり，正確に観測された圧力に対して温度や風速を記述した方がよかったからである．もう 1 つの理由は，気象学で用いる流体力学の方程式が高さではなく圧力を独立変数にすると大分，簡単になることである．

圧力 p_1 の等圧面高度を z_1，圧力 p_2 の等圧面高度を z_2 とする．$p_1 > p_2$ とすると，$z_1 < z_2$ である．式 (4.2) を z_1 から z_2 まで積分すると，

$$p_1 - p_2 = g \int_{z_1}^{z_2} \rho dz \tag{4.3}$$

となる．右辺の積分は z_1 と z_2 の間にある（単位面積当たり）の空気の質量を意味し，それはこの式によると，$(p_1 - p_2)/g$ なので，密度 ρ や等圧面高度 z_1，z_2 が変化しても，p_1 と p_2 が決まっていれば時間変化しない．等圧面高度の差 $z_2 - z_1$ を圧力 p_1 と圧力 p_2 の間の層厚という．温度が高くなると空気が膨張して層厚は厚くなり，温度が低くなると空気が収縮して層厚は薄くなる．

それでは，等圧面高度が高い所は高気圧なのだろうか，低気圧なのだろうか．図 4.2 を見て頂きたい．右の方が等圧面高度が高くなっている．高気圧，低気圧というのはあくまで，同じ高さに属する 2 地点での圧力の比較である．高さ z_1 で，点 A と点 B を比較すれば，800, 900, 1000 hPa の等圧面高度が低い所にある A 点の圧力は 900 hPa 以下で低く，等圧面高度が高い所にある点 B の圧力は 900 hPa 以上で高い．A 点の方が低気圧，B 点の方が高気圧ということになる．明らかに，等圧面高度が周囲より高い所が高気圧，等圧面高度が周囲

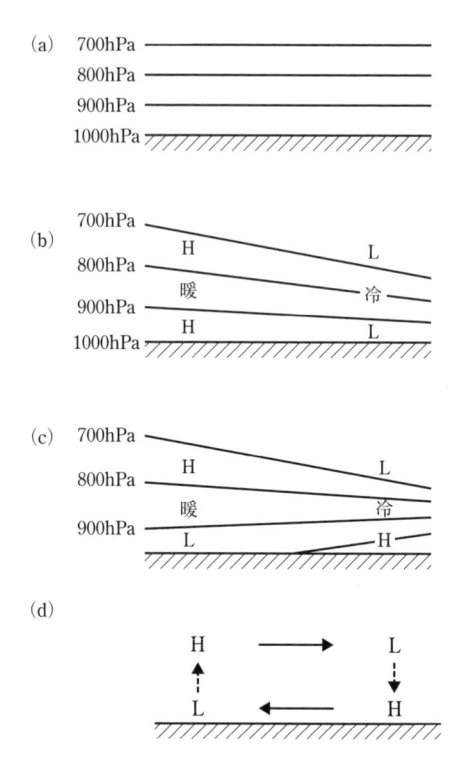

図 4.3 気圧分布と水平対流：(a) 水平方向に温度が一様な場合の等圧面高度．(b) 左の領域が加熱され温度が高くなり，右の領域が冷却され温度が低くなった場合の等圧面高度．左側が高気圧 (H)，右側が低気圧 (L)．(c) 左から右に空気が移動した後の等圧面高度．上下で高気圧 (H) と低気圧 (L) が逆転している．(d) 最終的な気圧分布と水平対流．

より低い所が低気圧である．

次に，図 4.3(a)〜(d) を見ながら，等圧面高度の観点から水平対流の生成を議論したい．まず，加熱冷却もなく，水平方向に温度が一様な場合は，(a) に示されているように，等圧面高度も水平方向に一様である．水平方向に気圧の差もないので，運動も起こらない．次に，(b) に示されているように，左側の領域が加熱され，右側の領域が冷却されたとすると，当然，左側の領域の方が右側より温度が高くなる．地表面気圧が $1000\,\mathrm{hPa}$ であることは，地面の上に乗っている空気の全質量で決まり，温度と無関係なので，変化はない．左側の領域では空気が膨張し層厚が厚くなり，各等圧面高度が上昇するが，下からの積み上げなので，上層ほど等圧面高度の上昇が顕著である．右側の領域では，空気が収

縮し，逆のことが起こる．結局，(b) に示してあるように，上層にいくほど等圧面高度の傾きが激しくなる．等圧面高度が周囲より高い領域が高気圧だったので，左右を比較すると，(地表を除く) すべての高度で左の方が右より気圧が高く，しかも上層にいくに従い気圧差は大きくなる．

　気圧の高い所から気圧の低い所へ向かって働く力を気圧傾度力という．左右の圧力差による気圧傾度力によって，空気塊が左から右に加速され，動き出す．特に，上層において気圧傾度力が大きいので，空気塊が大きく動く．そうすると，右の領域に空気が流れ込むので，左の領域よりも (単位面積当たりの) 空気の質量が多くなるはずである．それを反映して，右の領域では地表付近の気圧は増大し，左の領域より高気圧となるはずである．一方，上層ではもともと左と比べて非常に気圧が低かったので，低気圧の程度が弱まるくらいで，左より高気圧になるまでには至らない．左の領域では空気が抜けるので，下層では低気圧となるが，上層では高気圧の程度が弱まるにとどまる．結局，(c) のような等圧面高度の分布，気圧配置となる．繰り返しになるが，ここで高気圧 (H)，低気圧 (L) というのは同じ高さで左右を比較したときの相対的な気圧の大小であって，上下の比較ではない．気圧分布が，高気圧と低気圧が上下で入れ替わる2階建て構造になっていることに注意してもらいたい．

　最終的には，(d) に示されているように，上層と下層で高気圧から低気圧に向けて水平風が吹く．空気が1ヵ所にたまることはできないので，左の領域で上昇流が，右の領域で下降流ができる (静水圧平衡を前提すると，鉛直流は直接は議論できず，補償流として理解される)．

　ここで運動量保存とエネルギー保存の観点から水平対流の生成を再考してみよう．前節と本節で無風状態から出発して，水平対流が形成されることを確認した．無風状態では，明らかに運動量も運動エネルギーも0であるが，風が吹き出せば，運動量も運動エネルギーも0ではありえない．これは力学で学習した運動量保存，エネルギー保存に矛盾しないのだろうか．

　水平対流が形成された状態の模式図である図 4.3(d) を見ると，水平方向，鉛直方向ともに反対方向の流れがある．したがって，それが打ち消し合って，今考えている流体全体では正味の運動量 (全運動量) が0となるので，運動量保存則には矛盾しない (以下参照)．

　一方，大気の全運動エネルギーは $1/2 \times$ 密度 $\times$ (速度)^2 を考えている領域で積分したものなので，風がある限り常に正であり，打ち消し合うことはできない．このエネルギーはどこから来たのだろうか．実は，水平対流に伴い位置エ

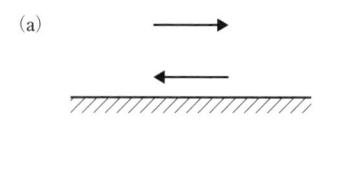

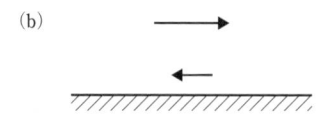

図 4.4 水平対流に伴う水平流：(a) 地面まさつが作用する前の水平流．(b) 地面まさつが下層の流れに作用した結果の水平流．

ネルギー（ポテンシャルエネルギー）から運動エネルギーにエネルギー転換が行われている．図 4.1 に示されているように，水平対流では密度が小さい所で上昇流が，密度の大きい所で下降流が存在している．そのため，軽い空気が上に移動し，重い空気が下に移動する．つまり，考えている空気全体の重心が下がることになる．そのため，空気全体の位置エネルギーが減少し，その減少分が運動エネルギーに転換されるわけである．

　上の説明では，運動エネルギーは生成されるが，正味の運動量は作られないということであった．しかし，大気の下層で地面のまさつが風に作用すると，正味の運動量が大気中に生成される．まさつの効果を考えないと，図 4.4(a) のように上層と下層で反対方向の運動量を持った流れができるだけで，正味の運動量は 0 であった．しかし，地面に接する下層の風のみに地面まさつが働き，その風が弱くなると，反対方向の運動量は完全には打ち消し合わず，図 4.4(b) のように右向きの正味の運動量が残る．厳密に言えば，左向きの運動量の一部は地面に受け渡され，地面をわずかに動かすが，固体地球の質量は大気に比べて巨大なので，地面の動きは無視できる．

　このように，元々運動量が 0 であっても，反対方向の運動量の対生成のメカニズムと地面まさつの組み合わせによって，（外部から正味の運動量注入がなくても）大気に正味の運動量を生成することができる．この仕組みは惑星大気全体が東向きまたは西向きの正味の運動量を持つ仕組みとして重要なので，次章以降でも再論したい．

　以上では，1 つの高温域と 1 つの低温域による水平対流のみを考えたが，複数の高温域・低温域を考えると，図 4.5 のような構造になる．この場合にも，上

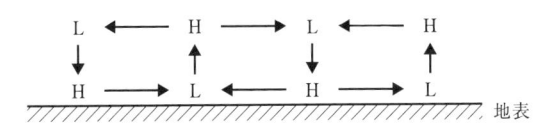

図 4.5 複数の高温域，低温域がある場合の水平対流の模式図

層と下層で高気圧 (H) と低気圧 (L) が入れ替わるという 2 階建て構造が維持されている．

下層にある低気圧には空気が周囲から集まってきて（収束），その空気は上昇し，上層で周囲に発散する．下層にある高気圧からは空気が発散し，それを埋めるために下降流が生じる．温暖な海洋上であったりすると，下層の低気圧には水蒸気を大量に含んだ空気が集まってくる．そのような場所でなくても，一般に空気は水蒸気を含んでいる．その空気が上昇すると，第 3 章で見たように，断熱膨張による温度低下によって水蒸気の凝結が起こり，雲が形成される．つまり，天気が悪い．それに対して，下降流がある所では断熱圧縮により温度が上昇し，水滴や氷晶があっても蒸発して雲が消滅する．つまり，天気がよい．

そういうわけで，下層の低気圧の領域では天気が悪く，下層の高気圧の領域では天気がよい．これは日常生活での気象の常識であるが，このような水平対流の構造を背景として理解される．ただし，温帯低気圧の場合の低気圧と上昇流の位置関係については，第 7 章を参照していただきたい．

4.3 海陸風と斜面風

以上で得られた水平対流の概念によって，身近な現象である海陸風を考察してみよう．

海陸風とは海岸地方で海と陸の温度差に起因して吹く風のことである．まず，昼間の場合を考えてみよう．日中，太陽光により海も陸も加熱されるが，陸の温度上昇の方が大きい．その理由としては，次のことが考えられる．

1. 太陽光加熱により日中温度が上昇する陸と海水の層の厚さが異なる．陸では，太陽光は地面の表面で吸収され，その熱は熱伝導により地下に伝わるが，日中に昇温する深さは数十 cm に過ぎない．それに対して，太陽光はそれよりはるかに深い海水にまで及び，そこの海水を加熱する（風の影響で海水が攪拌される場合は，さらに深い海水まで吸収された熱が拡散する）．

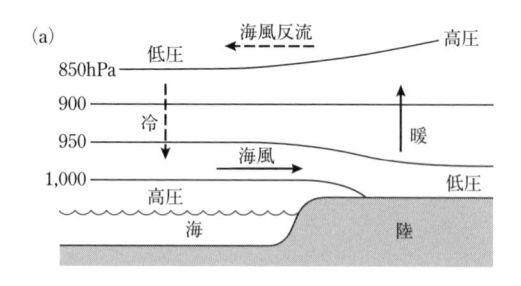

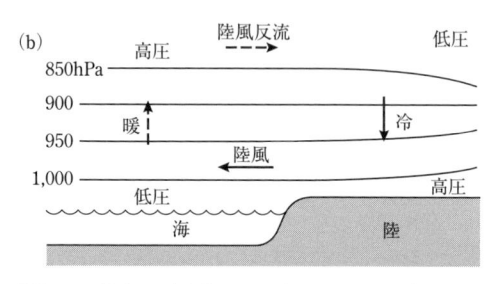

図 4.6 海陸風の模式図（小倉，2000）：(a) 昼の状態．(b) 夜の状態

2. 水の方が土よりも比熱が大きい．
3. 海上では海水の蒸発により，蒸発熱が奪われ，その分温度上昇には寄与しない．

このような理由で，海の温度は日中でもあまり変化せず，それを反映して海上の空気の温度の日変化は小さい．それに対して，陸では日中，かなり温度が上昇することは，日常経験しているところである．したがって，昼間は陸上で高温，海上で低温を想定してよいであろう．そうすると，図 4.6(a) のような水平対流が生じると考えられる．下層で海から陸に吹き込む風を海風，上層の逆方向の流れを海風反流という．海風の生成にとって昼間の太陽光による陸の加熱が重要なので，冬よりも夏，天気の悪い日よりも晴天の日の方が海風は強くなると考えられる．

夜間の場合は赤外線放射により，陸も海も冷却されるが，やはり海の温度低下が小さいのに対して，陸では顕著に温度が低下する．その結果，図 4.6(b) のような水平対流が生じる．下層で陸から海に向かって吹く風が陸風である．

このように，海岸地方で生ずる海陸風を本章で学んだ水平対流の一例として考えることができる．しかし，海陸風は 1 日の中で海風と陸風が交代することからわかるように時間変化するのが特徴であるが，前節まで考察した水平対流

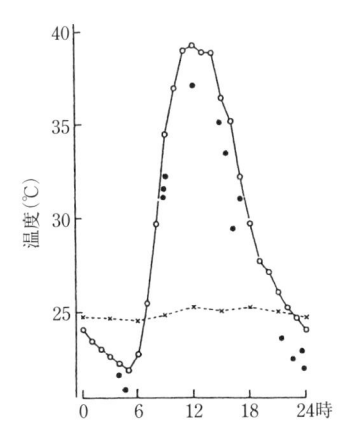

図 **4.7** 相模湾沿岸域での海面水温（×印と破線）と陸上の地表面温度（○印と実線）の日変化 (Fujibe and Asai, 1984)：4日間の平均．黒丸は飛行機観測から求めた地表面温度．

は時間変化のない定常な循環であった．したがって，現実の海陸風は単純に定常の水平対流という概念のみでは理解できない．そこで，この時間変化する現実の海陸風を日本付近の観測データに基づいて議論してみたい．

図 4.7 に，相模湾沿岸域での海面水温と陸上の地表面温度が示されている．上で考察した通り，海の温度はほとんど日変化しないのに対して，陸上の温度は大きく変化し，昼では陸が，夜では海の温度が相対的に高くなっていることがわかる．さらに，昼の方が夜よりも温度差が大きいことも読み取れる．これから海陸風は海陸間の温度差によって作られるのだから容易に，昼に吹く海風の方が夜に吹く陸風よりも強いことが予想される．実際，海風の最大風速は 5～6 m/s，陸風のそれは 2～3 m/s であり，それが観測される高度は海風が 200～300 m，陸風が 50～100 m である．海風は速いだけではなく，厚さが厚いことがわかる．

図 4.8 に東京湾周辺地域の風系の時間変化の概略が示されている．早朝は，まだ陸風が卓越しているが，9時過ぎには海風が現れ，まだ残っている陸風との間に前線（破線で示されている）が見られる．その後，海風が陸の内部まで進行して，夕方には海風のみとなる．21時過ぎには陸風が陸の内部で生じ，夜半には陸風のみとなる．この図からもわかるように，午前中に，陸風から海風に交替するのは，すべての場所で一斉に図 4.6(b) の状態から図 4.6(a) の状態に変化するのではなく，まず海の方で海風が吹き始め，それが徐々に内陸の方に押

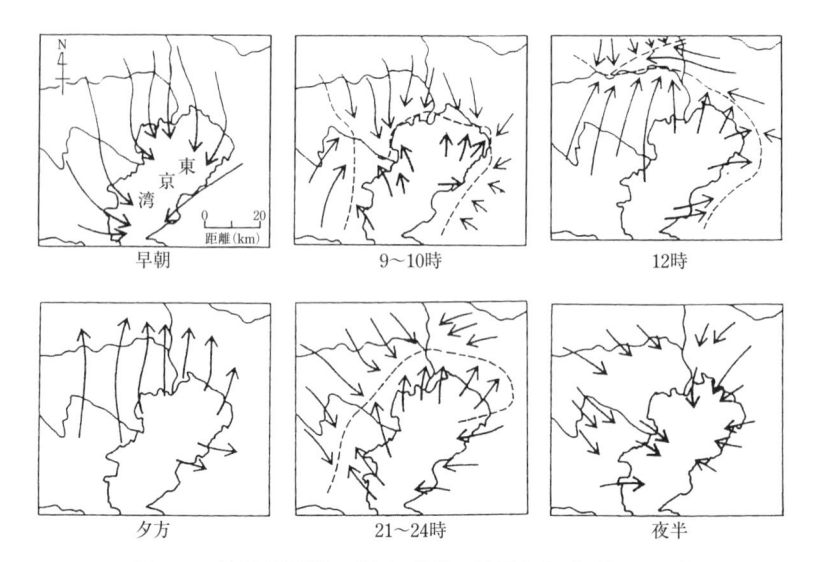

図 4.8 東京湾周辺域の海風・陸風の時間変化（河村，1975）

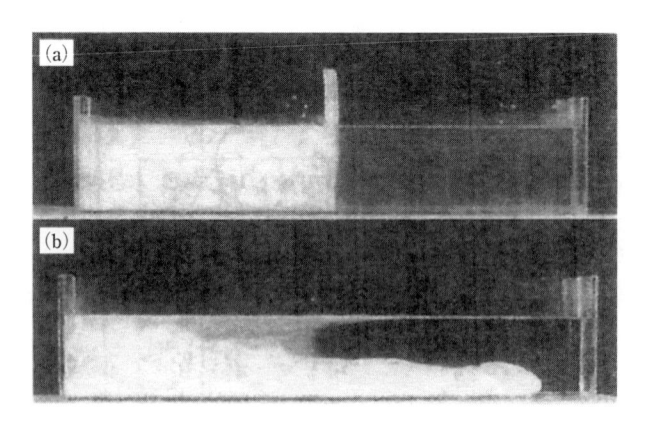

図 4.9 重力流の室内実験（日本気象学会，1998）

し寄せていき，最終的にすべての場所で海風が吹くようになる．このときの海風が吹いている領域の陸風と接する先端を海風前線という（陸風前線も同様に定義される）．

この海風前線（正確には面）を境にして，風や温度が不連続に変化している．この海風前線は重力流（密度流）の前面に類似している．重力流というのは図 4.9 に示してあるように，密度を異にする流体が水平方向に接しているとき，生

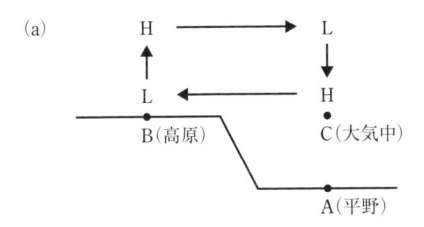

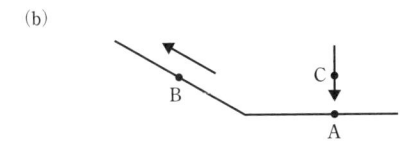

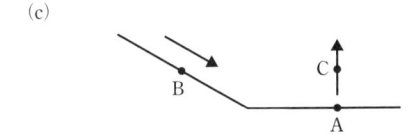

図 4.10 地面に高度差がある場合の風：(a) 高原と平野が接している地域での昼間の循環の模式図．平野の地点 A，高原での地点 B，A の真上にあり B と同じ高度の大気中の点 C の昼間の温度をそれぞれ T_A，T_B，T_C とすると，一般に，$T_C < T_A = T_B$ である．(b) 平野に接している斜面での昼間の循環．斜面が太陽光により加熱され，$T_C < T_B$ となり，斜面に沿って上昇流が生ずる．(c) 夜間の場合は斜面が赤外線放射で冷却され，$T_C > T_B$ となり，斜面に沿って下降流が生ずる．

ずる流れである．(a) は左側の密度の大きい流体と右側の密度の小さい流体が板によって仕切られている状態である．(b) は仕切りの板を取り除いた後の状態であり，左側の密度の大きい流体が下層で右側に押し寄せている．この先端部（前線）を持った流れが重力流である．海の上の冷たい空気（密度大）が陸の上の暖かい空気（密度小）の方に下層で押し寄せる海風の前線をこのような重力流をモデルとして理解することができる．結局，現実の海陸風は水平対流の側面と重力流の側面の両方を持っていると言えよう．

海陸風に続いて，山谷風（斜面風）を説明したい．それを説明する準備として，太陽光が吸収される高度の違いの効果を議論したい．太陽光の大気による吸収は比較的少なく，その大部分は地面で吸収される（図 2.10 参照）．したがって，図 4.10(a) において平野にある地表面 A と高原にある B での太陽光吸収量はほぼ同じであり，それを反映して，A と B における地表面温度およびそれに

接する大気の温度もほぼ等しい。$T_A = T_B$ である．ただし，Bの高度がAよりもかなり高いと，Bでの空気密度がAでのそれよりも小さいという効果が利いてきて，Bの方が大気温度が昇温しやすい（加熱する熱量が同じならば，密度の小さい空気の方が温度が上昇しやすい）．この場合は，$T_A < T_B$ である．一方，対流圏では高さとともに温度が減少し，$T_A > T_C$ なので，$T_B > T_C$ となる．したがって，同じ高さのBとCの空気の間で温度差が生じるので，この温度差に起因する水平対流が生じうる．その場合の水平対流の理論から期待される気圧配置も図 4.10(a) に示されている．次節の議論で必要になるので，高原の上空に太陽光加熱により高気圧が形成されることを記憶しておいて欲しい．

以上では高原の地点Bと平野の地点Aの上にある点Cの間の温度差を考えたが，同様のことは図 4.10(b) に示されている斜面上の点Bと同じ高さの点Cの間でも成り立つ．そうすると，空気は斜面から離れることはできないので，斜面に沿って上昇する流れが生ずる．これが（上昇する）斜面風である．

今までは太陽光の加熱効果，つまり昼間の場合を考えてきたが，夜間の場合は逆のことが起こる．夜間は斜面が赤外線放射により冷却され温度が低下する．斜面に接する空気の温度も低下し，（同じ高さの周囲の空気に比べて）重くなるので斜面に沿った下降流が生じる（図 4.10(c)）．この場合の方が直観的にはわかりやすいかもしれない．

以上の説明で，斜面があるとその斜面の加熱・冷却により，斜面に沿った上昇流・下降流が生じることがわかった．昼間の加熱により生ずる斜面を上昇する流れを谷風といい，夜間の冷却により生ずる斜面を下降する流れを山風という．ただし，狭い意味では，斜面というより谷筋に沿った昼間の上昇流を谷風，谷筋に沿った夜間の下降流を山風という．

4.4 モンスーン

モンスーンとは季節風のことを意味する．つまり，季節により風向きが逆転するような風のことである．より具体的には，地球規模に準ずる広い地域で，夏と冬で風向がほぼ反転するような卓越する風系のことである．広い意味では，季節風に伴う雨期を含めていうことがある．

図 4.11 に 1 月と 7 月の風系と降水量が示されている．これらが 1 月と 7 月の間であまり変化しない地域がある．赤道地方，特に太平洋地域では共に東風（偏

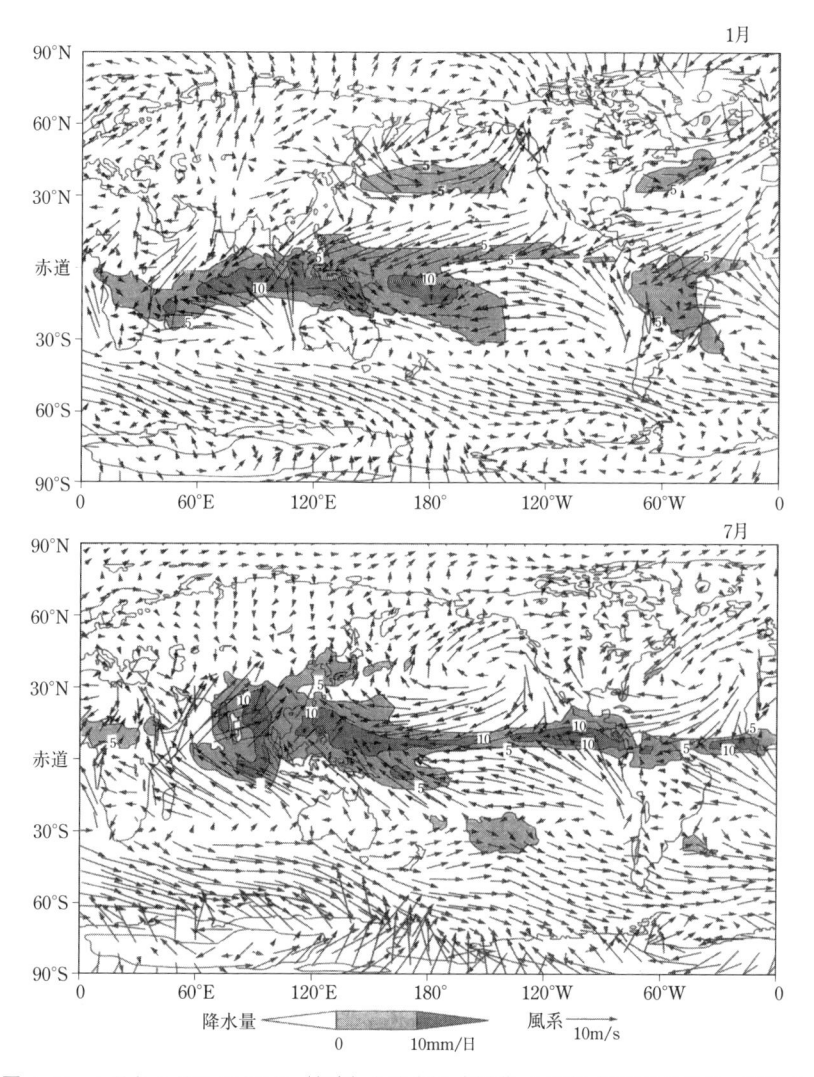

図 4.11　1月と7月における風（矢印）と降水量（陰影）の分布（日本気象学会, 1998a）

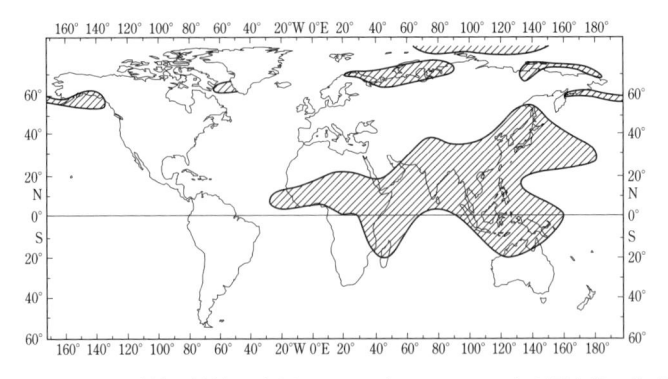

図 4.12 モンスーン地域が斜線で示されている（Khromov による図を基に作成）：斜線の領域では 1 月と 7 月のよく出現する風の方向が 120°以上異なっている．

東風または貿易風という）が吹いている．また，南半球の高緯度地方では常に西風（偏西風という）が吹いている．それに対して，風向が顕著に変化する地域が南アジアと東アジアである．大雑把に言えば，冬は北風が，夏は南風が吹いているので，この地域はモンスーン地域といえる．降水量の多い地域を見てみると，1 月ではアフリカ，インド洋から赤道と南緯 15 度の間の西太平洋の地域で降水が顕著である．7 月ではインド洋から赤道と北緯 30 度の間の西太平洋の地域，東太平洋では赤道から北緯 15 度までの地域で顕著である．したがって，インドや東南アジアは夏が雨期ということになる．インドについてより正確にいうと，5 月下旬に雨量が増大し始め，6 月にピークに達する．ピークは南から北に移動していく．

　風向きの季節的変化に注目して，地球上のどこがモンスーン地域に該当するかを示したのが図 4.12 である．斜線部のアフリカとオーストラリアの一部，ニューギニアおよび高緯度地方の比較的狭い地域を別にすると，南アジアと東アジア，つまりインド洋と西太平洋に接するアジアがモンスーン地域に該当することが示されている．

　それでは，このモンスーン地域における風向の季節変化をどのように理解したらよいであろうか．前節で海陸風や山谷風について学んだが，これらと関連付けて議論してみよう．アジアでも最も顕著なインドのモンスーンを念頭において，村上 (2003) による南北–鉛直 2 次元の模式図である図 4.13 を見てみよう．この 3 つの図はすべて北半球が夏の場合を想定している．モデル (a) は陸地モデルであり，表面はすべて陸地と仮定されている．それでも，夏の北半球

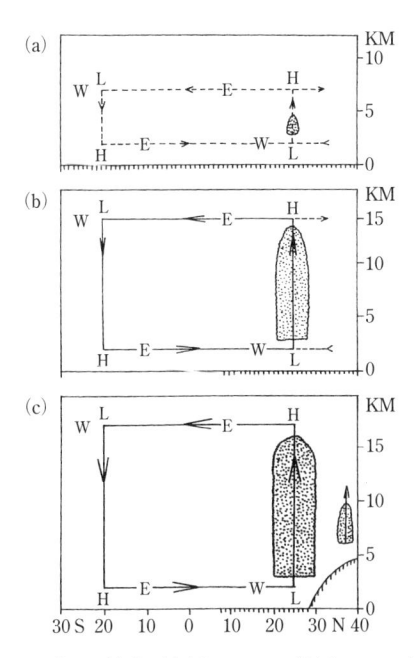

図 **4.13** モンスーンの 2 次元（南北–鉛直）モデル（村上，2003）：子午面内での気圧分布，風が示されている．E と W はそれぞれ東風と西風，陰影部分は水蒸気の凝結域を示す．(a) 陸地のみのモデル．(b) 海洋（8°N 以南）—陸地（8°N 以北）モデル．(c) 海洋—陸地—山岳（30°N 以北）モデル．

と冬の南半球では温度差があり，その温度差により赤道をまたぐ水平対流が励起される．もちろん，夏の北半球は高温で上昇流，冬の南半球は低温で下降流が見られる．高気圧 (H) と低気圧 (L) の分布も水平対流の説明で述べた通りである．すべて海洋だと仮定しても，同様な水平対流が得られるが，その強度は弱い．海洋では，夏/冬による温度変化が小さいからである．このことから，モンスーンが生じるためには陸地の存在が必要（少なくとも有利）であることがわかる．なお，南風が卓越している下層の南半球側で E（東風），北半球側で W（西風）と記されているが，これは南風に第 5 章で学ぶコリオリ力が作用してできる風である（モデル (b)，(c) でも同様）．

モデル (b) では北緯 8 度以北のみが陸地で，それ以南が海洋と仮定されている．もちろん，それぞれインド亜大陸，インド洋を表している．北半球が夏，南半球が冬であることにより作られる南北温度差に加えて，今度は夏である北半球での海洋，陸地間の温度差が水平対流を強化する．これは昼間の海陸風の

アナロジーから理解できるであろう．ただし，海陸風での昼間がここでの夏に相当し，それに対応して空間スケールも大きくなっている．この海陸のコントラストの効果により，水平方向の温度差も気圧差も風速もモデル (a) に比べて，かなり強くなる．界面から蒸発する水蒸気が下層の南風によりインドに吹き寄せられ，それが上昇流のところで凝結し，潜熱（凝結熱）を放出する．これに伴う降水により陸地に雨期がもたらされる．凝結に伴う加熱効果により，さらに上昇流，ひいては水平対流全体が強化される．

インドの北側，北緯 30 度以北には高さ 4000 m 以上のチベット高原が存在している．モデル (c) では，この山岳の効果が付け加わっている．北半球の夏においては，このチベット高原が加熱される．そこでは周囲の高度よりも空気が高温になり，膨張する．その結果上空（対流圏上部）に高気圧が形成される．これがチベット高気圧である．前節で述べたように高度の高い所が熱せられると，そこが熱源になり上昇流ができる（図 4.10(a) 参照）．斜面の場合は斜面に沿った上昇流（谷風）が生成される．この場合も，前節の山谷風の説明における昼間を夏に読み替える必要がある．この効果によりインドの平野部と山岳で上昇流が強化され，凝結熱の放出も増大する．インドのモンスーン（雨期）はモデル (c) により説明されると思われる．つまり，季節と海洋・陸地のコントラストと山岳の効果の複合の結果である．

4.5 地球規模の高気圧と低気圧

4.3 節では，水平対流の考えを数十 km から数百 km のスケールの現象である海陸風に適用し，4.4 節ではモンスーンに適用した．次に，それを地球全体にわたる大規模な現象に適用してみよう．まず，東西方向は一様として，南北間の温度差によって生ずる水平対流を考えてみよう．1735 年にハドレーは図 4.14(a) に模式的に示されているような水平対流が生ずることを予想した．しかし実際には，このような水平対流は図 4.14(b) に示されているように，緯度約 35 度より赤道側に押し込められた形で対流圏に存在している．これをハドレー循環という．

このハドレー循環で空気が周囲から集まってきて上昇する領域を熱帯収束帯という．北緯 5～10 度付近に中部太平洋から東太平洋にかけてほぼ 1 年中存在していて，ここでは雲量と雨量が多い（季節により赤道の南側に収束帯が一時

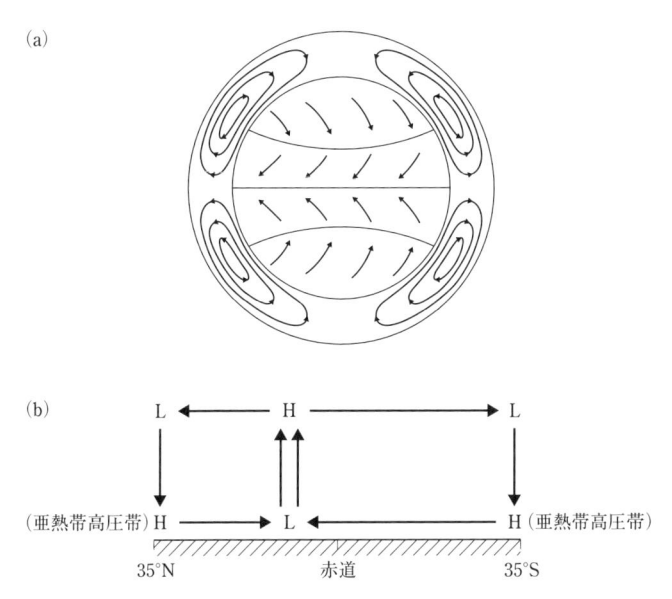

図 **4.14** ハドレー循環の模式図：(a) ハドレー (1735) の想像図．子午面内の水平対流が高緯度まで広がっていることに注意．(b) 緯度・高度断面でのハドレー循環の模式図．北半球が夏の場合が示されている．

的に存在することがあり，南太平洋収束帯といわれる）．熱帯収束帯は赤道上にはなく，循環は赤道に対して南北対称ではない．一方，亜熱帯域は下降域であり，地表付近は高気圧となっているが，これを亜熱帯高圧帯という．ここでは天気がよく，砂漠が形成されている．中高緯度の東西方向に平均した循環に対してもハドレー循環と同様な議論ができそうであるが，それができない理由は第6章で説明したい．

次に，海陸風と同様の議論を地球上の大陸と海洋に適用してみよう．ただし，4.4節と同様に海陸風よりも空間スケールが大きくなったので，時間スケールも夜昼の1日の変化から夏冬の季節変化に拡大して考える．夏では，大陸上のほうが海洋上よりも温度が高くなる．その理由は海陸風で昼間，陸の方が海よりも温度が高い理由と同様である．熱容量の関係で，大陸の方が夏の強い太陽光により昇温しやすく，海洋はなかなか温度が上がらない．それに対して，冬では，大陸の方が冷えやすく，温度が大幅に低下するが，海洋は冷えにくい．

その結果，夏では大陸上で低気圧が形成され，海洋上で高気圧が形成されるはずである（もちろん，下層での気圧分布で，上層では逆の気圧分布が予想さ

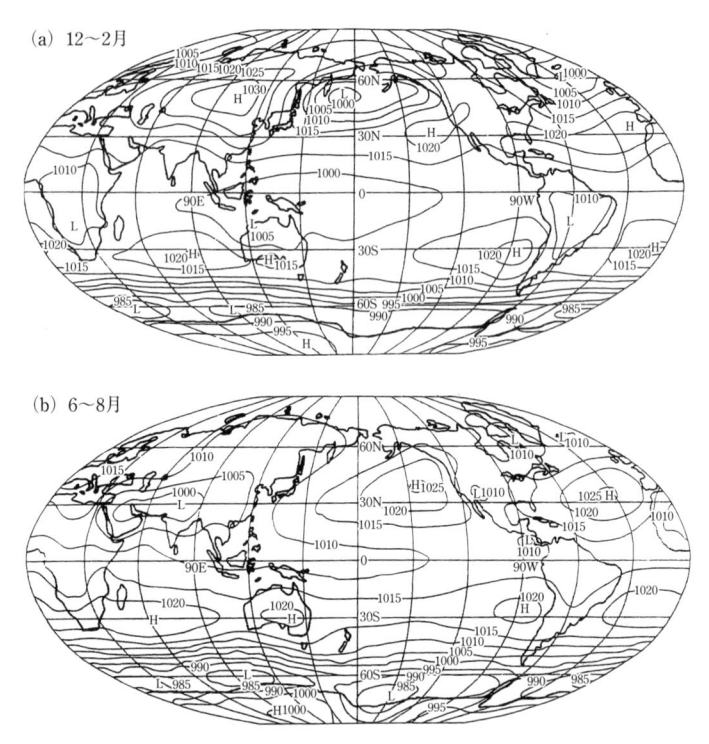

図 **4.15** 季節ごとの地表面気圧の分布 (Manabe and Holloway, 1975)：(a) 12〜2 月の平均値．(b) 6〜8 月の平均値．

れる）．それに対して，冬の下層では大陸上に高気圧が形成され，海洋上に低気圧が形成されるはずである．それでは，現実の気圧分布を見てみよう．図 4.15 に，観測により得られた夏/冬の 3 ヵ月平均の地表面気圧分布が示されている．

(a) は北半球が冬であるが，シベリア高気圧が顕著な発達を見せている．北太平洋には低気圧（アリューシャン低気圧）が存在している．このとき夏である南半球では，南アメリカとアフリカで低気圧，東太平洋とインド洋に高気圧が見られ，予想通りである．(b) は北半球が夏であるが，インドの北側に低気圧（4.4 節の議論参照），太平洋と大西洋に高気圧が見られる．冬である南半球ではオーストラリアに高気圧が見られるが，南アメリカとアフリカでは（(a) で見られた低気圧は解消しているが），はっきりとした高気圧は見られない．海洋上にも顕著な低気圧は見られない．このように，ほとんどが海である南半球でははっきりしない面もあるが，特に北半球ではおおよそ予想と一致した気圧分

布となっている．

　したがって，水平対流に基づく議論は気圧分布のおおよその説明としては妥当する．しかし，第6章で述べるように，中高緯度の大規模な現象では，（海陸風のような比較的小さいスケール，短時間の現象では無視できた）地球の自転効果によるコリオリ力が重要になるので，それを考慮しない議論は不正確である．故に，第6章でコリオリ力を学んだうえで，中高緯度の地球規模の気圧分布を議論していきたい．

4.6　金星の夜昼間対流

　以上，地球大気に対して水平対流を当てはめたが，他の惑星大気においても水平対流は重要である．金星では，夜昼間対流といわれる惑星規模の水平対流が考えられている．金星は自転周期が243日，公転周期が225日，自転と公転の向きは逆なので，1太陽日は117日となっている．ここで日は地球の1日，24時間を意味する（以下同様）．いずれにしても，これらの周期は地球の常識からすると非常に長い．そこで，第1近似として惑星の回転効果を無視して，本章の水平対流の考えで，金星の惑星規模の大気の流れを予想してみよう．

　予想される温度分布が図4.16(a)に図示されている．金星から見た太陽の動きが無視されているので，太陽に照らされている昼側の中心である太陽直下点で温度が最も高く，夜側にあるその真裏の点で温度が最も低いとしてある．したがって，太陽と太陽直下点とその真裏の点を結ぶ直線に対して温度分布は軸対称となっている．このような温度分布に相当する大気の流れが図4.16(b)に図示されている．高温の昼側で大気が上昇し，そこから上層で四方八方に広がり，夜側で集まり，そこで下降し，さらに下層で四方八方に広がり，再び昼側に集まる．そういった夜と昼の間の水平対流が形成されると予想される．当然，この大気の流れのパターンも太陽直下点とその真裏の点を結ぶ直線に対して軸対称である．この水平対流こそ，惑星上で考えられる最大の規模の水平対流であろう．

　実際には，ゆっくりとはいえ金星の地面に対して太陽は動いているので，図4.16のパターンがあまり形を変えずに，太陽とともにゆっくり動いていくことが想定される．現実の金星大気においては1.1節で述べたように，高さ80 km以下では夜昼間対流ではなくスーパーローテーションといわれる高速の東風が

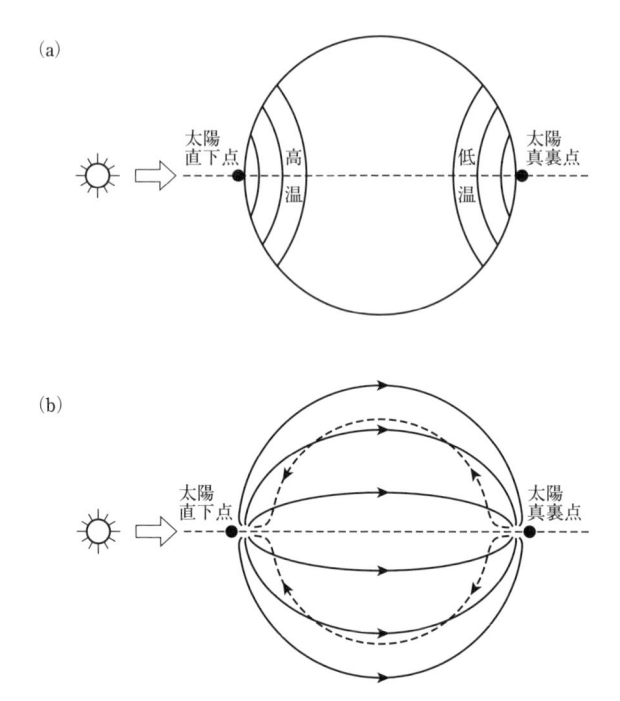

図 4.16 金星の夜昼間対流の模式図：(a) 温度分布. (b) 空気の流れ.

卓越している（図 1.2 参照）．金星の自転の方向は地球と逆で東から西なので，東風は金星の自転の方向と同じである．高さ 60 km 付近で 100 m/s の風速に達するので，そこでは金星の自転（赤道での自転速度は約 1.5 m/s）の 60 倍で大気が回転していることになる．なぜ夜昼間対流ではなく，高速の東風が金星大気で卓越するのかは，惑星気象の大きな謎である．この謎解きについては最後の章で述べたい．

しかし，金星の熱圏（高さ 110 km 以上）では，夜昼間対流が卓越していることが観測から示されている．やはり，金星大気に対する夜昼間対流の予想は決して完全に誤りというわけではなさそうだ．高さ 70 km と熱圏の間では，スーパーローテーションと夜昼間対流が共存しているようであるが，時間変動もありそうでまだよくわかっていない．また理論的な研究から，高さ 45〜70 km の雲層においても，高速の東風に弱い夜昼間対流が重なっているのではないかと推測されている．

第5章

熱機関としての惑星大気

前章で水平対流の本質を学び,それを海陸風を初めとするさまざまな現象に適用してみた.惑星規模の大気の流れ(これを大気大循環という)を水平対流として簡単な理論で理解しようとする試みがある.本章ではこの試みを検討してみたい.前章での議論が定性的な議論に留まっていたのに対して,本章での議論はある程度,定量的である.本章では水平対流に伴う風速,温度差がどのくらいになるか見積もられる.といっても,計算機上で動く複雑な数値モデルによるのではなく,簡単な数式で本質を表現しようとするものなので,半ば定性的である.したがって,難しい方程式を扱うわけではないが,初心者には直観的な議論はかえって難しい面もあるので,最初の読者はこの章を飛ばして,後続する章をまず読んで,それから本章を読んでもらう方がよいかもしれない.

前章の最後で金星の雲層(45〜70 km)では水平対流(夜昼間対流)ではなく,スーパーローテーションが卓越していることを見た.しかし,本章の議論は,金星に関しては主として大気の質量が大部分集中している地表面付近の下層大気を念頭に置いていることを注意しておきたい.

5.1 局所的放射平衡

第2章においては,惑星全体で水平方向には平均した状態を想定し,鉛直方向1次元の問題として放射平衡の問題を議論した.そこでは吸収される太陽光エネルギーは全球平均値を使ったが,各緯度で吸収される太陽光エネルギーを用いて,各緯度ごとに放射平衡を考えることもできる.実際には,異なった緯度の間には,水平対流などによる熱の輸送があるのだが,これを無視して,それぞれの場所(本章の議論では緯度)で放射平衡が成り立つという仮定を局所

的放射平衡の仮定という．

局所的放射平衡を前提すると，その緯度で単位時間，単位面積当たり吸収する（昼夜間で平均した）太陽光エネルギー，$Q(\theta)$（θ は緯度）はその緯度で宇宙空間に放射する赤外線のエネルギーと等しくなる．その緯度の有効放射温度を $T_e(\theta)$ とし，赤外線について黒体放射を仮定すると，$Q(\theta) = \sigma T_e(\theta)^4$ であり，$T_e(\theta) = \sqrt[4]{Q(\theta)/\sigma}$ と書ける．冬の極域では太陽がまったく射さないので，$Q = 0$，つまり，$T_e = 0$ である（実際には，中緯度からの熱輸送があるので，冬の極域といえども絶対零度になることはない）．一方，赤道域では Q が大きく，中高緯度への熱輸送を考慮しない局所的放射平衡では，その分 T_e も大きくなる．つまり，局所的放射平衡を考えると，南北の温度差は実際の温度差よりも大きくなるはずである．

図 5.1(a) に地球の各緯度ごとに吸収される太陽エネルギー（破線）と，その緯度で赤外線放射の形で宇宙空間に出ていくエネルギー（実線）が示されている．前者の方が極・赤道間の差が大きく，後者の方が相対的に平坦である．この図は地球の観測値に基づくもので，もちろん，局所的放射平衡は成り立っていない．それが成り立っていれば，2 つの曲線は完全に一致するはずである．それが一致しないのは，温度の高い低緯度から温度の低い高緯度へ南北方向に熱輸送がなされているからである．この熱輸送量は 2 つの曲線の間の面積に相当する．この熱輸送のため，低緯度で宇宙空間に放射されるエネルギーが局所的放射平衡の場合より減り，高緯度ではそれが増えている．したがって，局所的放射平衡が破れ，それぞれの緯度で熱の過不足が生ずるのは惑星規模の水平対流，つまり大気大循環の結果ともいえる．もちろん，大気大循環によって，低緯度と高緯度の熱の過不足が解消されるという表現も誤りではない．

どのような惑星においても，これらのことは定性的には常に成り立つはずであるが，定量的にはかなり異なった場合がありうる．図 5.1(b) は 2 つの曲線がほとんど重なっている場合である．この場合は，大気が局所的放射平衡に近い場合であり，それぞれの緯度ごとに吸収される太陽エネルギーと赤外線の放射エネルギーがほとんどつり合っていて，南北間のエネルギー輸送が非常に少ない場合に相当する．当然，極・赤道間の温度差は大きい．一方，図 5.1(c) はどの緯度でも温度がほとんど一定な場合である．この場合は，惑星から出ていく赤外線放射もほぼ一様である．こうなるためには，多くのエネルギーを水平対流などで，低緯度から高緯度へ効率よく輸送する必要がある．

図 5.1 の (a)，(b)，(c) はそれぞれ全球でのエネルギーバランスを満たしてい

5.1 局所的放射平衡　113

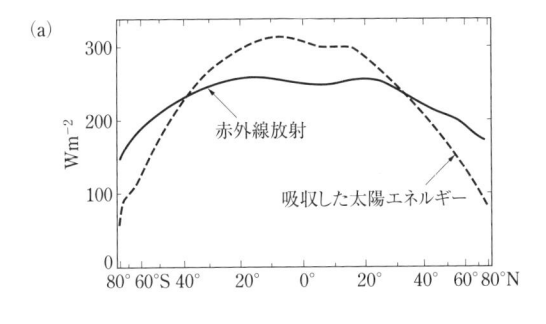

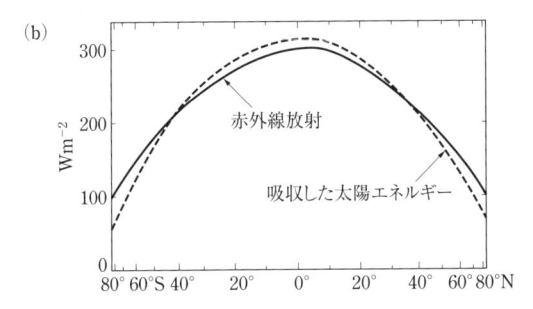

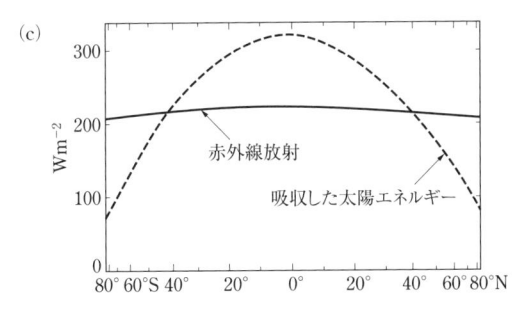

図 5.1　惑星の各緯度で吸収される太陽光エネルギーと各緯度で宇宙空間に放射される赤外線のエネルギー：低緯度での 2 つの曲線の間の面積が低緯度から水平熱輸送により高緯度へ受け渡すエネルギー量であり，高緯度でのそれが低緯度から高緯度が受け取るエネルギー量である．(a) 現実の地球の場合 (Vonder Haar and Suomi, 1969)．(b) 各緯度でほとんど局所的放射平衡が成り立っている場合．(c) 温度分布が等温に近い場合．

る．2つの曲線の間の面積（低緯度と高緯度における熱の過不足量）が等しければよいわけである．それでは，現実に存在する惑星大気（たとえば，地球の対流圏）で，この3つの場合のどれが選択されるのだろうか？　また，その選択は何によって左右されるのだろうか？　本章では，この問題に答えてみたい．従来の地球のみを対象とする気象学は，地球の状況が固定されていて，このような問いが提出されることはなかった．しかし，このような問題を考えることにより，地球の気象の理解も深まるであろう．

5.2　熱機関としての大気

第4章では水平方向に温度差があるときできる水平対流の構造を定性的に議論した．水平対流は水平方向に空気を交換する，つまりかき混ぜることにより，高温の領域から低温の領域に熱を運び，温度差を小さくしようとする．その結果，高温の領域の温度は低下し，低温の領域の温度は上昇する．それでは，最終的には高温域と低温域の温度差は何度くらいになり，この水平対流に伴う風の速度はどのくらいになるのだろうか？　もちろん，ここで問題にしている水平対流は惑星の大気全体にわたる大気大循環である．異なった状況下にある色々な惑星の大気大循環を見積もるために，大気全体を熱機関として考察してみたい．以下の考察は主として旧ソ連のゴリツィンという学者の研究に基づく (Golitsyn, 1970)．

以下では，水平対流のイメージをはっきりさせるために，極・赤道間（南北間）の温度差によって作られる水平対流を念頭において議論したい（4.6節で説明したような夜昼間の対流に対しても本章の議論は適用できる）．この状況での水平対流の模式図を図 5.2 に示した．低緯度では（太陽光吸収）＞（赤外線放射）なので，宇宙空間から放射によりエネルギーを獲得し，逆に高緯度ではエネルギーを失う．その分のエネルギーの過不足が水平対流により低緯度から高緯度に運ばれることを模式的に示している．

大気の温度は赤道から極に向けて連続的に減少していくが，ここでは熱機関の考えを大気に適用するために，地球を面積の等しい低緯度地方と高緯度地方に分割し，低緯度地方の温度をその平均温度 T_1 で代表させ，高緯度地方の温度をその平均温度 T_2 で代表させる．低緯度地方での平均太陽光吸収量を Q_1，高緯度地方での平均太陽光吸収量を Q_2 とする．全球の平均に対する，太陽光吸収＝赤外線放射の式，$Q = \sigma T_e^4$ を低緯度地方と高緯度地方の和で表現すれば，

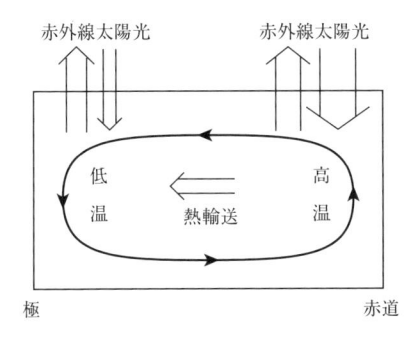

図 5.2　極・赤道間の水平対流の模式図：赤道地方と極地方で吸収される太陽光エネルギーと赤外線放射エネルギーおよび低緯度から高緯度への熱輸送が模式的に示されている．

$Q_1 + Q_2 = \sigma T_1^4 + \sigma T_2^4$ が得られる．ここで，σT_1^4 と σT_2^4 はそれぞれ低緯度と高緯度での赤外線放射である（簡単のために赤外線放射について黒体放射を仮定した）．もちろん，$Q = (Q_1 + Q_2)/2$，$\sigma T_e^4 = (\sigma T_1^4 + \sigma T_2^4)/2$ であるが，局所的放射平衡は仮定しないので，$Q_1 = \sigma T_1^4$，$Q_2 = \sigma T_2^4$ は成り立たない．本章で出てくる記号の意味や単位を表 5.1 にまとめておいたので，それを参照しながら本文を読んで頂きたい．

　低緯度地方では宇宙空間との間の放射によるやりとりにより，単位時間，単位面積当たり $Q_1 - \sigma T_1^4$ のエネルギーが正味で得られる．この余剰のエネルギーが低緯度地方から高緯度地方へ運ばれる．大気単位質量当たりの獲得エネルギーは，M を単位面積の地表面に乗っている大気質量 (kg/m^2) として，$q_1 = (Q_1 - \sigma T_1^4)/M$ である．同様に，高緯度地方で単位時間に放射で失う正味のエネルギーは単位面積当たり $\sigma T_2^4 - Q_2$，単位質量当たり $q_2 = (\sigma T_2^4 - Q_2)/M$ である．この不足分は低緯度地方から輸送される．もちろん，宇宙空間と惑星の間の放射によるエネルギーのやり取りは正味で 0 なので，$q_1 = q_2$ である．この式から，上の $Q_1 + Q_2 = \sigma T_1^4 + \sigma T_2^4$ が再現される．

　このとき，大気全体を温度 T_1 の高熱源と温度 T_2 の低熱源に接触する熱機関と見なす．つまり，温度 T_1 で宇宙空間から（大気単位質量当たり）q_1 をもらい，温度 T_2 で宇宙空間に（大気単位質量当たり）q_2 を捨てる熱機関と見なす．この場合，取り出せる仕事 W は熱力学が教えるところによると，

$$W = k \frac{T_1 - T_2}{T_1} q_1 \tag{5.1}$$

と書ける．ここで $\eta = k(T_1 - T_2)/T_1$ はこの熱機関の効率である．係数 k は

表 5.1 本章で使われる記号の一覧

記号	説明
Q	太陽光吸収量（単位時間，単位面積当たり）の全球平均値 $(\mathrm{J/(m^2\,s)})$
Q_1	低緯度での太陽光吸収量（単位時間，単位面積当たり）の平均値 $(\mathrm{J/(m^2\,s)})$
Q_2	高緯度での太陽光吸収量（単位時間，単位面積当たり）の平均値 $(\mathrm{J/(m^2\,s)})$
T_e	惑星全体の有効放射温度 (K)
T_1	低緯度での温度の平均値 (K)
T_2	高緯度での温度の平均値 (K)
M	単位面積当たりの大気の質量 $(\mathrm{kg/m^2})$
$q_1 = (Q_1 - \sigma T_1^4)/M$	単位質量の大気が低緯度で放射により正味で得るエネルギーの平均値 $(\mathrm{J/(kg\,s)})$
$q_2 = (\sigma T_2^4 - Q_2)/M$	単位質量の大気が高緯度で放射により正味で失うエネルギーの平均値 $(\mathrm{J/(kg\,s)})$
W	熱から転換される運動エネルギー $(\mathrm{J/(kg\,s)})$
ε	単位時間に，単位質量当たりの大気に注入される運動エネルギー $(\mathrm{J/(kg\,s)})$
F	太陽光エネルギー・フラックス（単位時間，単位面積当たり）$(\mathrm{J/(m^2\,s)})$
A	惑星のアルベード
a	惑星の半径 (m)
$\delta T = T_1 - T_2$	水平方向の代表的温度差 (K)
U	代表的風速 (m/s)
c_p	空気の定圧比熱 $(\mathrm{J/(K\,kg)})$
σ	ステファン・ボルツマン定数 $(\mathrm{J/(s\,m^2\,K^4)})$

$k \leq 1$ で，$k = 1$ となるのは可逆的な熱機関に対してである．空気が高温熱源から熱量 q_1 をもらっても，それを全部仕事に変えることはできず，廃熱 q_2 を低温熱源に捨てざるをえないので，式 (5.1) が意味するのは仕事として取り出せるエネルギーは最大でも q_1 に $(T_1 - T_2)/T_1$ をかけたものであり（可逆機関の場合），実際にはさらにそれに k をかけたものになる，ということである．したがって，低緯度と高緯度の温度差 $T_1 - T_2$ が大きいほど，効率よく運動エネルギーに転換できる．大気との対応を考えると，W は熱から仕事に転換されたエネルギーで，その仕事により大気が駆動されると考えればよい．つまり，W は大気の運動エネルギーになる分である．

5.3 乱流としての大気の運動

式 (5.1) は熱から運動エネルギーへの単位時間当たりのエネルギー転換を表現するが，これだけでは大気中に運動エネルギーが増え続けてしまう．この運動エネルギーはどこに行くのだろうか？ ゴリツィンは惑星の大気の運動は乱流状態であると考え，乱流理論（正確には3次元の乱流理論）を大気に適用した．

大気は非常に乱れた複雑な運動をしていて，大小さまざまな大きさの渦に満ちている（図 5.3 参照）．乱流理論では，まず大きな渦が外的要因により作られると考えられる．当面の問題でいえば，極・赤道間の温度差により極・赤道間の惑星規模の大きな渦が作られる（ビーカーの中の乱流でいえば，たとえば，棒を使って水をかき混ぜることにより，まずビーカー大の渦が作られる）．そこからは，この渦自身によってそれよりも少し小さな渦が作られる．そして，作られた渦同士の相互作用によりさらに小さな渦が作られる．このようにして，だんだんとより小さな渦が作られていく．運動エネルギーの流れでいうと，外部から一番大きな渦に与えられた運動エネルギーが次々により小さな渦の方に移っていくことになる．これをエネルギー・カスケードという．最終的には，流体の粘性が利くような小さなスケールの渦まで運動エネルギーが移っていき，そこでまさつにより熱エネルギーに転換される．したがって，定常性が維持されるためには，外部から最大の渦にエネルギーが注入され続けなくてはならない．

以上のような乱流の見方がコルモゴロフの（3次元）乱流理論である．したがって，この理論では外部から単位時間当たりどのくらいの運動エネルギーが最大の渦に注入されるかが重要な量である．ε を単位時間当たり，単位質量の流体に外部から注入される運動エネルギーとする．定常性を仮定すると，この量は運動エネルギーが粘性により消散して熱エネルギーに変換する量と等しい

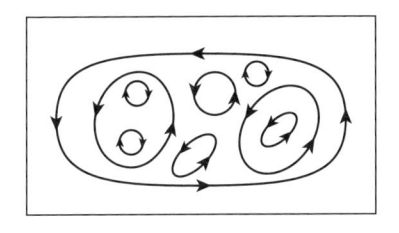

図 **5.3** 乱流運動の模式図：大小の渦が重なり合って，運動している．

はずである．そうでないと，考えている流体全体の運動エネルギーが増大もしくは減少してしまい，定常でなくなってしまう．簡単に，前者を運動エネルギーの生成率，後者を消散率と呼ぶことにする．定常状態では，運動エネルギーの生成率＝運動エネルギーの消散率，である．

ε は単位時間，単位質量当たりの運動エネルギーの生成（消散）なので，その単位は，$J/(s\,kg) = kg\,m^2\,s^{-2}/(s\,kg) = m^2\,s^{-3}$ である．ここで J はエネルギーの単位ジュールで，$kg\,m^2\,s^{-2}$ であることはいうまでもない．コルモゴロフの乱流理論によると，運動エネルギーが外部から注入される大きなスケールと粘性が利いて運動エネルギーが消散する小さなスケールの間の中間のスケールでは，大きなスケールでの特徴（大きなスケールの実際の長さとか，温度差から大きな渦が作られたか，力学的なかき混ぜによって大きな渦が作られたか，とかいった特徴）とも流体の粘性の大きさとも無関係に，ε の大きさのみによって渦の性質が特徴付けられる．このスケールを慣性領域という．

慣性領域の範囲ではさまざまな大きさの渦が共存しているが，L の大きさを持つ渦の流速の代表的な大きさ（オーダー）は L と ε のみで決まることになる．ε の単位は $m^2\,s^{-3}$ であった．長さ L の単位は m である．この 2 つの量から単位 $m\,s^{-1}$ を持つ速度を構成しようとすると，$(\varepsilon L)^{1/3}$ しかない．したがって，L の大きさをもつ渦に伴う流速 $U(L)$ は

$$U \simeq (\varepsilon L)^{1/3} \tag{5.2}$$

と書ける．ここで $\simeq$ はおおよその値，オーダー（桁数）が等しいことを示す記号とする．このように，与えられた方程式（この問題では流体力学の方程式）を実際に解かないで，単位（次元）から答えを予想する手法を次元解析という．

大気を熱機関と見なすことによって式 (5.1) が，そしてコルモゴロフの乱流論から式 (5.2) が得られたので，これを大気の極・赤道間の水平対流に適用してみよう．ε は単位時間，単位質量当たり大気に注入される運動エネルギーなので，式 (5.1) で表される W に他ならない，つまり $\varepsilon = W$ である．

式 (5.1) の右辺の q_1 は $q_1 = (Q_1 - \sigma T_1^4)/M$ であった．$Q_1 > \sigma T_1^4$ であるが，図 5.1 を見てもわかるように，Q_1 も σT_1^4 もその差も同じオーダーであり，おおよそ σT_1^4 で見積もられると考えられる（ただし，局所的放射平衡の状態に非常に近く，Q_1 と σT_1^4 が接近している図 5.1(b) のような場合は成り立たないが，地球型惑星の対流圏はこの場合に該当しない）．さらに，$\sigma T_e^4 = (\sigma T_1^4 + \sigma T_2^4)/2$ だったので，σT_1^4 を σT_e^4 により近似する．結局，$q_1 \simeq \sigma T_e^4/M$ という近似が得

られる．

$Q = \sigma T_e^4$ であり，F を太陽放射フラックス（単位時間に，単位面積をよぎるエネルギー量），A を太陽光の反射率（アルベード），a を惑星の半径とすると，$Q = \pi a^2 (1-A) F / (4\pi a^2) = (1-A)F/4$ なので，

$$\frac{\sigma T_e^4}{M} = \frac{(1-A)F}{4M} \tag{5.3}$$

と書ける．故に，式 (5.1) は

$$\varepsilon \simeq \eta \frac{(1-A)F}{4M} \tag{5.4}$$

となる．ここで，$\eta = k\delta T/T_1$ は太陽エネルギーから運動エネルギーへの転換効率であった（$\delta T = T_1 - T_2$ であり，水平方向の代表的温度差）．地球の場合は，ε の値や δT などがわかっているので，逆算すると $k = 0.1$ が得られる．地球大気の ε はおおよそ平均 10^{-4} J/(kg s) と見積もられている．

5.4　大気運動による南北の熱輸送

次に，水平対流によって赤道地方から極地方にどのくらいの熱が輸送されるか，見積もってみたい．5.2 節で述べたように，赤道地方から極地方に $Q_1 - \sigma T_1^4$ の熱量が輸送されている．ここで，大気の運動による熱の輸送量は運ばれる空気の熱容量 ρc_p（ρ は空気の密度，c_p は定圧比熱）に比例するが，さらに風速と温度の傾きの両者に比例するとしてみよう．風または温度差がなければ，熱は運ばれないので，この仮定は少なくとも定性的にはもっともらしい．温度の南北方向の傾きは $\delta T/a$（極地方と赤道地方の間の距離を惑星の半径 a で近似した）で見積もり，代表的な風速を U とすると，

$$Q_1 - \sigma T_1^4 \simeq M c_p U \frac{\delta T}{a} \tag{5.5}$$

と書ける．ここでは鉛直方向に積分した量を考えているので，単位体積当たりの質量である密度 ρ が単位表面積の上に乗っている空気の全質量である M に置き換わっている（流体の熱力学の式を知っている者は式 (5.5) の右辺がその温度移流の項，$\rho c_p \boldsymbol{V} \cdot \mathrm{grad} T$ を書き換えたものであることを理解されると思う）．

式 (5.4) を導いたのと同様な考えにより，式 (5.5) の左辺は $\sigma T e^4$ で近似できるので，式 (5.5) は結局

120　第5章　熱機関としての惑星大気

$$Mc_pU\frac{\delta T}{a} \simeq \sigma T_e^4 \tag{5.6}$$

と書ける．つまり，

$$U\delta T \simeq \frac{\sigma T_e^4 a}{Mc_p} \tag{5.7}$$

であり，代表的風速 U と低緯度地方と極地方の温度差 δT は別個に決まらないが，その積 $U\delta T$ は求めることができた．

5.5　惑星大気大循環の外部パラメータ依存性

以上，大気全体を熱機関と見なし (5.2節)，大気の運動は乱流状態と見なし (5.3節)，南北方向の熱輸送が水平対流（の移流効果）によってなされる (5.4節) として，それぞれ式 (5.4), (5.2), (5.7) を得ることができた．ただし，式 (5.2) の L には a を代入する（惑星規模の渦に伴う風速を知りたいので）．この3つの方程式において，未知数は代表的風速 U, 水平方向の温度差 δT, 運動エネルギーの生成率 ε の3つであり，それ以外の大気質量 M, 太陽光フラックス F, 惑星のアルベード A などの量は惑星大気の大循環に対して外から与えられる外部パラメータである．つまり，3つの方程式を連立させることにより，U や δT を外部パラメータで表現できる．

実際に求めてみると，

$$\delta T \simeq \frac{((1-A)F/4)^{9/16}}{k^{1/4}\sigma^{1/16}c_p^{3/4}}\left(\frac{a}{M}\right)^{1/2} \tag{5.8}$$

$$U \simeq \frac{k^{1/4}\sigma^{1/16}((1-A)F/4)^{7/16}}{c_p^{1/4}}\left(\frac{a}{M}\right)^{1/2} \tag{5.9}$$

が得られる．さらに，E を大気全体が持っている運動エネルギーとすると，

$$\begin{aligned}E &= \frac{1}{2}(4\pi a^2 M)U^2 \\ &\simeq 2\pi\frac{k^{1/2}\sigma^{1/8}((1-A)F/4)^{7/8}}{c_p^{1/2}}a^3\end{aligned} \tag{5.10}$$

が得られる．

水平方向の温度差 δT, 代表的風速 U, 全運動エネルギー E ともに，太陽光の平均吸収量 $(1-A)F/4$ が大きいほど，大きくなっている．風速や全運動エ

5.5 惑星大気大循環の外部パラメータ依存性

ネルギーは当然としても，温度差も太陽光の吸収量とともに大きくなるようである．ただし，依存性は正比例するわけではない．一方，単位表面積当たりの大気の質量 M に着目すると，

$$\delta T, U \propto \frac{1}{\sqrt{M}} = \frac{1}{\sqrt{p_s/g}}$$

である．静水圧近似を仮定すると，p_s を地表面気圧として $M = p_s/g$ であった（式 (2.9)）．つまり，水平方向の温度差も風速も大気の質量（または地表面気圧）が大きくなるほど小さくなることがわかる．逆に言えば，大気量が小さい惑星ほど，温度差も風速も大きくなる傾向があることになる．これはなぜであろうか．式 (5.5) または (5.6) から理解できるであろう．風によって温度傾度に比例して熱が輸送されるが，同じ風速であっても，空気の質量が大きいほど熱容量も大きく，多くの熱が輸送される．逆に，空気の質量が小さいと，強い風が吹いても，運ばれる熱容量は多くはない．このことは式 (5.5) の右辺，式 (5.6) の左辺に M がかかっていることで表現されている．その結果，式 (5.7) に示されているように，風速と温度差の積が M に反比例することになる．このように，風速 U が $\sqrt{M}$ に反比例するので，大気の全運動エネルギー E は太陽光の平均吸収量に依存するが，M には依らないことになる．

太陽系の地球型惑星で大気を持つ金星，地球，火星では，M 以外の惑星の外部パラメータ，$(1-A)F/4$（太陽エネルギー平均吸収量）や a（惑星半径）は桁違いに異なるわけではない（表 1.1，表 1.2 参照）．しかし，大気の質量 M は顕著に異なる．第 1 章で述べたように，金星の地表面気圧は 92 気圧，地球は 1 気圧，火星は平均 0.006 気圧である（表 1.2）．それを反映して，金星 (V)，地球 (E)，火星 (M) の M は，おおよそ 2 桁ずつ異なっている．

$$M_V : M_E : M_M \sim 100 : 1 : 0.01 \tag{5.11}$$

したがって，M 以外の外部パラメータの差を無視すると，式 (5.10) より，

$$\delta T_V : \delta T_E : \delta T_M \sim 0.1 : 1 : 10 \tag{5.12}$$

$$U_V : U_E : U_M \sim 0.1 : 1 : 10 \tag{5.13}$$

となる．つまり，大気質量の大きい金星は水平温度差も風速も地球より 1 桁小さく，大気質量の小さい火星はそれらが地球より 1 桁大きいという予想が結果として得られた．

表 5.2 金星，地球，火星の代表的水平温度差と風速の見積もり

惑星名	単位面積当たりの大気量 M (kg/m²)	単位面積当たりの吸収エネルギー $F(1-A)/4$ (J/m²s)	単位質量当たりの吸収エネルギー Q (J/kg s)	輻射の緩和時間 $c_p M T_e / \sigma T_e^4$（日）
火星	2×10^2	10^2	8×10^{-1}	3
地球	10^4	2×10^2	2×10^{-2}	100
金星	10^6	10^2	10^{-4}	2万
下層	10^6	3×10^1	3×10^{-5}	7万
雲層	10^4	10^2	10^{-2}	200

一昼夜（日）	代表的温度差 δT (K)	代表的風速 U (m/s)	子午面循環の1周時間 $\pi a / U$（日）
1	70	50	3
1	20	10	20
117	1	0.7	300
117	0.4	0.4	600
117	10	7	30

金星については 3 つの場合について見積もりがなされている（本文参照）．

次に，式 (5.8), (5.9) に外部パラメータの実際の数値を代入して，金星などの温度差，風速を見積もってみよう（表5.2）．ただし，金星については，注意を要する．第 1 章で説明したように，金星では太陽光の大部分が上層にある雲層（高さ 45〜70 km）で吸収され，残りのわずかな太陽光が地表で吸収される．そこで，このわずかな太陽光エネルギーのみで形成される大気下層の大循環と雲層の大循環を分けて，見積もりを行った．表 5.2 で単に金星とある欄は，太陽光吸収がすべて地表面でなされたと仮定した場合の仮想的な見積もりである．

見積もられた地球の水平温度差は 20 K，代表的風速は 10 m/s となっている．対流圏の極・赤道間の温度差はもう少し大きいが，おおよその見積もりとしては見当はずれではないであろう．火星に対しては，温度差 70 K，代表的風速 50 m/s という見積もりになっているが，第 1 章で述べた火星の観測結果とそれほどかけ離れていない．本章で述べた議論は，かなり大胆な仮定に基づいた定性的議論であることを考慮すると，定量的にもなかなかよい結果を与えているといってよいだろう．

それでは，観測が非常に少ない金星下層についてはどうなっているだろうか．

水平方向の温度差は 0.4 K, 代表的風速は 0.4 m/s と大変小さな値となっている. 風速が小さいこともそうだが, 低緯度地方と極地方の温度差が 1 K ないというのは, 地球の常識からはとても考えられないことである. 観測は少なく確定的ではないが, 地表面の温度差が非常に小さいことは事実らしい. 金星の大気量が地球の 100 倍あり, かつ地表付近での太陽光の吸収量が大変少ないので, 理論においても, 現実においてもこのような結果になっているのであろう.

一方, 金星の雲層においては, 大気量は下層より小さく (高さ 50 km くらいで 1 気圧), 大部分の太陽光が吸収されるので, 温度差, 風速ともに地球のそれと同程度で, 少し小さめの値が見積もりとして得られている. 本章で議論している風速は水平対流に伴う風で, スーパーローテーションのような特殊なメカニズムにより生成される風ではないことに注意すると, 観測結果とまったくかけ離れた値ではないといえる.

5.6　温度の局所的放射平衡からのずれ

以上, ゴリツィンの研究に沿って, 惑星規模の大気の循環を見積もる理論を説明してきた. これを踏まえて, 最後にこの章の最初に提起された問題に答えてみたい. 大気の大循環があるとき, 温度の緯度分布は局所的放射平衡からずれる. このずれの程度が何によって決まるか, というのが本章の最初の問題であった (図 5.1 参照).

これは, 以上で説明した議論によると, 水平方向 (南北方向) の温度差 δT が小さいか否かという問題に帰着する. (A) δT が小さい場合は, 等温大気に近いということであり, 局所的放射平衡から大幅にずれていることになる (図 5.1(c) の場合). 一方, (B) 局所的放射平衡に近い場合は δT は大きくなる (図 5.1(b) の場合). 前節で見たように, 金星の下層大気は前者に近く, 火星は後者に近い (火星に関しては以下の議論参照).

この問題を別の角度から見てみよう. 温度分布を決定する要因としては, 水平対流による熱輸送を行う全球的な力学過程と局所的な放射過程がある. どちらが優越するかにより, (α) 力学過程が支配的な場合と, (β) 放射過程が支配的な場合の 2 つがありうる. (α) の場合は水平対流により熱が効率的に運ばれ, 水平方向の温度差が小さくなる. つまり, (A) の温度分布が実現される. (β) の場合は水平対流による熱輸送が相対的に無視でき, (B) の局所的放射平衡温度分布に近くなる.

次に，それぞれの過程が進行するのに要するおおよその時間，つまり過程の緩和時間を考えることにより，この議論を定量的に表現してみよう．$\tau_{\rm rad}$ を放射の緩和時間，つまり放射過程により温度が変化するのに要する時間とすると，以下のように書ける．

$$\begin{aligned}\tau_{\rm rad} &= \frac{大気の熱容量}{単位時間当たりの赤外放射} \\ &= \frac{大気の熱容量}{単位時間当たりの太陽光吸収} \\ &= \frac{c_p M T_e}{\sigma T_e^4} \\ &\propto M \end{aligned} \qquad (5.14)$$

ここではもちろん，定常状態の大気を考えているので，赤外線放射量と太陽光吸収量は等しいとした．式 (5.14) は放射の緩和時間が大気量 M に比例することを示している．したがって，大気量が多いほど，放射過程によっては温度がなかなか変化しないことになる．金星の下層大気がこの場合に相当する．表 5.2 に示されているように，金星全体または下層大気では，放射の緩和時間は数万日で，非常にゆっくり変化する．金星の一昼夜は 117 日であり，長いようだが，この緩和時間に比べると短く，(水平対流による熱輸送がまったくなかったとしても，) 夜昼間の温度変化は小さいと予想される．

逆に，M が小さいと，熱容量が小さく，太陽光吸収や赤外線放射によって温度が変化しやすい．火星では放射の緩和時間は 3 日程度であり，短く，大気は熱しやすく冷めやすい状態にある．このことからも，火星の夜昼間の温度変化はかなり大きいことが予想される．実際，それが 100 K 近くなることは，図 1.4 に示されている．

力学過程の緩和時間 $\tau_{\rm dyn}$ としては，空気塊が風に流されて惑星スケールの距離を移動するのに要する時間を考えたい．もちろん，空気塊の運動に伴い，熱も温度が高い地域から低い地域に輸送される．

$$\begin{aligned}\tau_{\rm dyn} &= (風が惑星スケールの距離をよぎるのに要する時間) \\ &= \frac{a}{U} \\ &\propto \sqrt{M} \end{aligned} \qquad (5.15)$$

つまり，大気量 M が大きくなると，式 (5.9) によって U は小さくなり，力学の緩和時間も大きくなる．言い換えると，M が大きいほど，水平方向の温度差を

ならすのに時間がかかる．しかし，$\tau_{\rm rad}$ が M に比例するのに対して，$\tau_{\rm dyn}$ は $\sqrt{M}$ に比例している．その結果，

$$\frac{\tau_{\rm rad}}{\tau_{\rm dyn}} \propto \sqrt{M} \tag{5.16}$$

となる．

したがって，大気量 M が非常に小さい場合は，$\tau_{\rm rad} \ll \tau_{\rm dyn}$ となり，放射の緩和時間の方が短く，大気が水平対流によりかき混ぜられるよりも，すみやかにその地域ごとに局所的放射平衡が成立する．この場合は，温度分布が局所的放射平衡に近い図 5.1(b) のような分布が実現される．相対的に，火星大気はこの状態に近い，といえよう．空気の稀薄な大気量の少ない高層大気もこの状態に近いであろう．

一方，M が非常に大きい場合は，$\tau_{\rm rad} \gg \tau_{\rm dyn}$ となり，大気が地域ごとに局所的放射平衡に近づこうとしても，すみやかに水平対流によりかき混ぜられ，水平方向の温度差が解消される．この場合は，温度分布が等温に近い図 5.1(c) のような分布が実現される．金星の下層大気がこの場合に相当する．金星の雲層，地球の対流圏は M が中程度であり，図 5.1(a) の中間の場合に相当する．

第6章

惑星の自転効果——地衡風の関係

前章までは，惑星の自転の力学的効果を無視して大気の循環を議論してきた．しかし，正確に大気の運動を議論するのには，惑星の自転に伴う力学的効果，特にコリオリ力を考慮に入れないで問題を考察することはできない．そこで，本章ではまずコリオリ力を説明し，以下それに基づいて，地衡風の関係や温度風の関係を説明する．したがって，本章の解説は次章以降の議論の基礎となるものである．

6.1 コリオリ力と遠心力

ニュートンの第2法則 $F = ma$（ここで，m は質点の質量，a はその加速度，F はそれに働く力）が成り立つのは，静止系（慣性系）に対してのみである．地球のように回転している物体に固定した座標系から観測すると（つまり加速度 a を測ると），$F = ma$ は成り立たない．質点の運動を記述する運動方程式をこれと類似の形に書こうとすると，見かけの力を考える必要がある．見かけの力の1つである遠心力から述べたい．

z 軸を中心として，角速度 Ω で回転している座標系を考える．この回転座標系において，座標 (x, y) に位置している質点に働く遠心力の方向は，座標系の原点から (x, y) 方向であり，その大きさは

$$F = m\frac{v^2}{R} = mR\Omega^2 \tag{6.1}$$

と書ける．ただし，$R = \sqrt{x^2 + y^2}$ は質点の z 軸からの距離，$v = R\Omega$ は静止系から見た回転座標系の回転に伴う質点の円運動の速度である．遠心力については高校の物理でも学んだと思うので，説明は省略する．

128 第 6 章 惑星の自転効果――地衡風の関係

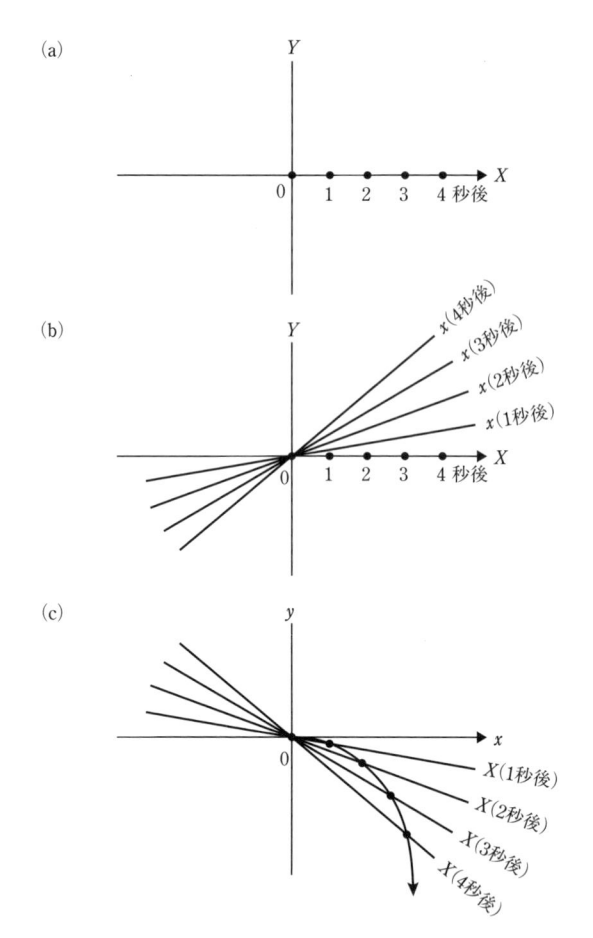

図 6.1 コリオリ力の説明：(a) 静止系 (X,Y) から見た等速直線運動．4 秒後までの質点の位置が黒丸で示されている．(b) 静止系 (X,Y) から見た回転座標系 (x,y) の x 軸．(c) 回転座標系から見た静止系 (X,Y) の X 軸と質点の運動．

原点と z 軸を共有する，静止している座標系 (X,Y) と回転角速度 Ω で z 軸のまわりに反時計回りに回転している回転座標系 (x,y) を考える．$t=0$ において，X 軸と x 軸は一致しているとする．静止座標系から見て，原点を $t=0$ に出発し，X 軸の正の方向に等速 (1 m/s) で直線運動している質点を考える．この質点の 1 秒後，2 秒後，3 秒後，4 秒後の位置が黒丸で図 6.1(a) に示されている．この質点の運動を回転座標系から眺めると，どのように見えるだろうか？

図 6.1(b) に静止座標系から見て，回転座標系の x 軸が 1 秒後，2 秒後，3 秒後，4 秒後にどこにあるかが示されている．

一方，回転系に乗って見ると，x 軸の方向変化には気付かず，同一方向に見え，逆に静止系の X 軸が図 6.1(c) のように時間とともにずれていくように見える．質点は常に X 軸上にあるので，回転系で見た質点の位置と軌跡は図 (c) に示されているようになる．回転座標系 (x, y) に乗って，静止座標系 (X, Y) に対して等速直線運動する質点を観測すると，このように進行方向に対して右側に曲がって進むように見える．この曲がり方（ずれた距離）は質点の速度や回転系の角速度 Ω とともに大きくなることも理解できるであろう．

これは観測者が乗っている座標系が回転しているため，まっすぐ進んでいる質点の運動が曲がって見えるだけであり，決して本当の力が働いているわけではない．しかし，回転座標系で質点の運動を運動方程式で記述するために，これを「力」が質点に働いたために，等速直線運動からずれたと解釈する．そして，この場合の見かけの「力」をコリオリ力と称する．図 6.1 に示されているように，回転座標系が反時計回りの場合は，コリオリ力は質点の運動方向の右側に働く．回転系が時計回りの場合は，同様に考察すると，左側に働くことがわかる．力学の方程式を用いた計算から，質量 m の質点に働くコリオリ力の大きさは

$$F = 2m\Omega v \tag{6.2}$$

であり（v は質点の速度），方向は $\Omega > 0$（反時計回り）の場合，質点の進行方向の直角右側（$\Omega < 0$（時計回り）の場合，直角左側）であることが知られている．もちろん，静止している物体にはコリオリ力は働かない．コリオリ力が Ω と v に比例するのは，質点の運動の曲がり方（等速直線運動からのずれ）が Ω や v に比例することからもわかる．

以上では，メリーゴーランドやレコード盤のように，z 軸つまり鉛直軸の周りに回転している座標軸を考察した．鉛直軸とは重力の方向であるので，惑星では極を除いて，鉛直軸と惑星の自転の軸とは一致しない．図 6.2 に示されているように，極に接した平面は鉛直軸の周りに 1 日で 1 回転するが，赤道に接した平面はその鉛直軸の周りにはまったく回転していない．赤道では惑星の自転軸は鉛直軸に直交している．

それでは，極と赤道以外の緯度で地面に原点を設定した座標系においては，その鉛直軸の周りにどのくらいの角速度でその座標系は回転しているのだろうか．

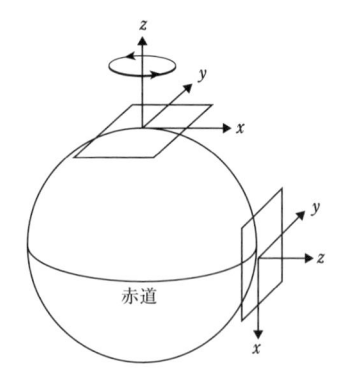

図 6.2 惑星上に設定した座標系：極ではそこでの鉛直方向と惑星の自転軸が一致しているが，赤道では直交している．

それを理解するために，以下のような考察をしてみよう．まず，惑星の表面のある点を原点とする惑星に固定した直交座標系を考える．その x 軸は東方向，y 軸は北方向，z 軸は鉛直（上）方向とする．もちろん，この座標系の xy 平面は原点で惑星表面に接する平面であり，z 軸はそれに直交し惑星の中心を通る．原点の近傍の現象に限定すれば（惑星が球であることを無視して），この座標系で現象を記述することができるので，この座標系を局所カルテジアン座標系といい，気象学では常用されている．

図 6.3(a) に示されているように，緯度 θ のある点を原点とする局所カルテジアン座標系を考える．原点 O が惑星の自転によって O′ に移動したとする．このとき，y 軸の方向は北方向と定義されているので，y 軸は自転軸と交わるが，この交点を点 N とする．そうすると，原点が O にあるときの y 軸と原点が O′ にあるときの y 軸は点 N で交わる．つまり，両者は平行ではない．それのなす角を δ とする．座標原点が O から O′ に移動したとき，y 軸は z 軸の周りに δ だけ回転したことになる．したがって，惑星の自転によってこの原点が O から緯線に沿って 1 周したとき，y 軸の z 軸の周りの回転角度は N を頂点とする円錐の N の周りの角度と等しくなる．図 6.3(a) を横から見た断面図が (b) である．この図から，緯度 θ の緯線を底面の円周とする円錐の斜面の長さが $a\cos\theta/\sin\theta$，底面の円周が $2\pi a\cos\theta$ であることがわかる．この円錐を展開したのが (c) である．したがって頂点 N の周りの角は

$$\Delta = \frac{2\pi a\cos\theta}{a\cos\theta/\sin\theta} = 2\pi\sin\theta \tag{6.3}$$

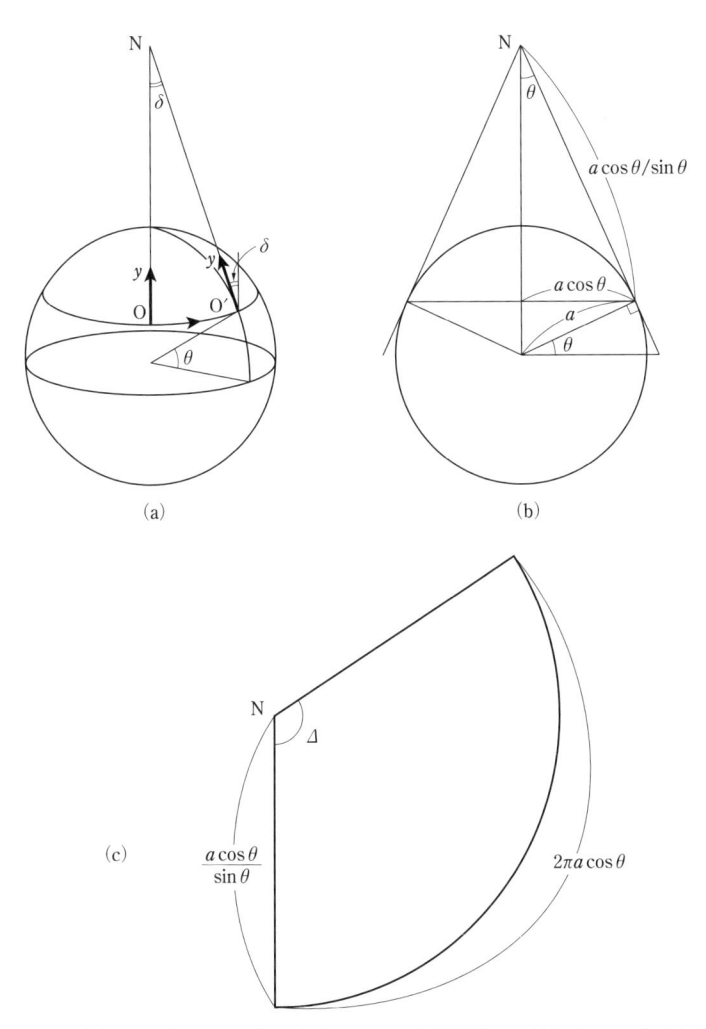

図 **6.3** 局所座標系の鉛直軸の回りの回転：(a) 局所座標系の原点は地球の自転に伴い O から O′ へ移動する．それにより y 軸（北方向）は δ だけ向きが変わる．(b) (a) を横から見た断面図．(c) N を頂点とし，緯度 θ の緯線を底面の円周とする円錐を展開した図形．

である.つまり,y 軸は(もちろん x 軸も)1日で z 軸の周りを $2\pi\sin\theta$ だけ回転することになる.

したがって,それを1日 $= 2\pi/\Omega$ で割って(ここで Ω は惑星の自転角速度),回転角速度として

$$\frac{2\pi\sin\theta}{2\pi/\Omega} = \Omega\sin\theta \tag{6.4}$$

を得る.緯度 θ での鉛直軸の周りの局所座標系の回転の角速度は Ω ではなく,$\Omega\sin\theta$ である.もちろん,予想通り,北極では Ω,赤道では 0 となる.南半球では z 軸の周りの回転は北半球と逆になる(地球の場合,北半球で反時計回り,南半球で時計回り).これも式 (6.4) の θ に負の値を代入することにより,表現されている.

以上の考察から,緯度 θ で水平方向に,つまり局所カルテジアン座標系の xy 面内を,速度 v で動く質点に働くコリオリ力の大きさは式 (6.2) の Ω を式 (6.4) で置き換えて,

$$F = 2m\Omega\sin\theta v \tag{6.5}$$

となる.$f = 2\Omega\sin\theta$ をコリオリ因子といい,それを用いると式 (6.5) は簡単に,

$$F = mfv \tag{6.6}$$

と書ける.

もし質点にコリオリ力しか働かなかったら,その質点はどのような運動をするだろうか.北半球($f > 0$)の場合,進行方向直角右側にコリオリ力が働くのだから,それを向心力とする時計回りの等速円運動をすると考えられる.あるいは,時計回りの円運動の半径を r,速度を v とすると,その円運動に伴う遠心力 $m(v^2/r)$ と中心に向かうコリオリ力 mfv が等速円運動においてつり合っている,と考えてもよい.

$$m\frac{v^2}{r} = mfv$$

故に $v = fr$ なので,この円運動の周期は

$$\frac{2\pi r}{v} = \frac{2\pi}{f}$$

で与えられる.このような運動を慣性振動,その周期を慣性周期という.$f = 2\Omega\sin\theta$ は緯度に依存するので慣性周期も緯度に依存するが,おおよそ1日程度であり(たとえば,北緯 30 度では正確に 1 日),3.2 節で説明した重力波の周期

よりかなり長い．コリオリ力しか働かない状況は大気中では考えにくいが，海洋中の中立浮き（浮力0の浮き）の運動として観測されることがある．

　それでは，図 6.1(c) における質点の軌跡はこのような円運動の一部なのだろうか．もしそうならば，無限に時間が経過しても質点は一定の半径 r の円上にいるはずである．しかし，静止系から見れば質点は等速直線運動をしているので（図 6.1(a)），質点は十分時間がたてば無限の彼方に飛び去らなくてはならない．これを回転系から見ても，一定の半径を持つ円運動には見えない．本節のはじめに述べたように，回転系上では質点にはコリオリ力以外に式 (6.1) で表される遠心力（質点の半径 r の円運動に伴う遠心力とは別）も働く．この遠心力は質点が中心に近いときは中心からの距離 R が小なので，無視できるが，R が大きくなると無視できない．そのため，図 6.1(c) における質点は正確には円ではなく螺旋形の軌跡を描き，遠方に飛び去って行く．

6.2　地衡風の関係

　第 5 章までは地球の自転を無視して，大気の運動を議論してきた．しかし，我々は自転している固体地球に対する相対的運動として空気の運動を観測しているので，正確には遠心力とコリオリ力を無視することができない．

　地球の自転に伴う遠心力は位置のみに依存して，質点の地球に対する速度に依存しない．この点，地球による引力と類似しているので，両者の大小を比較してみよう．式 (6.1) の R は自転軸からの距離なので，地球表面で考えると赤道で最大，極で 0 である．地球の赤道での半径 $6378\,\mathrm{km}$，自転角速度 $7.292 \times 10^{-5}/\mathrm{s}$ を代入すると，$F/m = 0.03387\,\mathrm{m/s^2}$ となる．地球の引力による重力落下加速度は約 $9.8\,\mathrm{m/s^2}$ なので，遠心力の大きさはせいぜい引力の 0.3% 程度であり，無視できる．ただ，この遠心力の影響により赤道では地球表面が外に張り出している．つまり，極半径（中心と極の距離）が $6357\,\mathrm{km}$ なのに，赤道半径は $6378\,\mathrm{km}$ で $21\,\mathrm{km}$ 大きい．しかし，この差の半径との比は約 0.3% で，やはり無視できて地球を球として取り扱ってよいことがわかる．

　ここでは，遠心力の影響は無視しうるほど小さいことがわかったので，以下では大気の運動に対するコリオリ力の影響を考察してみる．既に説明したように，流体である以上，空気塊に働く力として気圧傾度力を無視することはできない．故に，質量 m の空気塊の水平方向の運動を記述する方程式は以下のように書ける．

$$m \cdot (\text{加速度}) = (\text{気圧傾度力}) + (\text{コリオリ力}) \tag{6.7}$$

つまり，気圧傾度力とコリオリ力を足し合わせた力によって，空気塊が加速される．さらに，まさつの力が無視できない場合もある（次節参照）．

第5章までの議論，たとえば海陸風ではコリオリ力を無視して問題を考えた．どのようなときに，コリオリ力を無視できるのだろうか．コリオリ力の式 (6.5) を見ると，$\sin\theta$ に比例しているので，緯度 θ の小さい赤道地方ではコリオリ力が弱くなりそうである．また，コリオリ力は惑星の自転に伴って生ずる見かけの力なので，自転周期よりはるかに短い時間スケールの現象ではほとんど効果が生じない．我々が日常経験する運動は短時間で完結する（たとえば，ボール投げ）ので，コリオリ力の影響は無視できる．コリオリ力を知らなくても，日常生活に支障をきたさない所以である．しかし，振り子を長時間観測していると，コリオリ力によって振り子の振動する面が回転するのが観測される．これをフーコー振子と言う．フーコーがこれにより1851年に地球が自転していることを証明した．

気象においても同様で，海陸風のように半日程度で変化する現象ではコリオリ力を無視できないこともないが，温帯低気圧の発達や台風のように1日以上持続する現象ではコリオリ力が重要になる．一般に，気象は空間スケールが大きい現象ほど，時間スケールも長い．したがって，大規模な現象になるほどコリオリ力が重要になってくる．実際，観測結果によると，水平スケール 1000 km 以上の大気の運動においては気圧傾度力とコリオリ力がほぼつり合い（力の向きがほぼ逆で，大きさもほぼ等しい），打ち消し合って，加速度は小さく，風速の変化はゆっくりしている．つまり，式 (6.7) の右辺は 0 に近く，したがって左辺も小さいということである．これを地衡風の関係という．

どのような条件の下に地衡風の関係が成立するのか，加速度の項（式 (6.7) の左辺）とコリオリ力の項を比較することにより，少し定量的に検討してみよう．U を問題としている現象の代表的風速，L を代表的水平スケール，T を代表的時間スケールとする．L を U で横切るのに要する時間を代表的時間スケールと考えると，$T = L/U$ と置ける．これらの量が与えられたとして，加速度の項とコリオリ力の項のおおよその大きさを見積もってみよう．dv/dt のおおよその値（オーダー）は v と t の代表的スケールの比 U/T で与えられると考えられるので，

$$\text{加速度項} = m\frac{dv}{dt} \sim m\frac{U}{T} = m\frac{U^2}{L} \tag{6.8}$$

$$\text{コリオリ力の項} = 2mfv \sim mfU \tag{6.9}$$

と書ける．故に，両者の比は

$$\frac{\text{加速度項}}{\text{コリオリ項}} \sim \frac{mU^2/L}{mfU} = \frac{U}{fL} \tag{6.10}$$

であり，これをロスビー数という．$Ro \equiv U/(fL)$

中緯度の代表的な気象である温帯低気圧を例にとると，

$$U \sim 30\text{m/s}$$

$$L \sim 3000\text{km} = 3 \times 10^6 \text{m}$$

$$f = 2\Omega \sin\theta \sim \Omega = 2\pi/1 \text{日} = 2 \times 3.14/86400\text{s} \sim 10^{-4}/\text{s}$$

となり，故に，

$$Ro \equiv \frac{U}{fL} \sim \frac{30\text{m/s}}{10^{-4}/\text{s} \cdot 3 \times 10^6 \text{m}} = 0.1 \tag{6.11}$$

となる．つまり，このような現象では，加速度項はコリオリ項に比して，1桁小さい．したがって，10%の誤差を容認すれば，式 (6.7) で加速度項は無視できて，気圧傾度力とコリオリ力の両者がつり合うことになる．これが地衡風の関係，または地衡風近似である．言い変えると，気圧傾度力とコリオリ力は大きさがほぼ等しく，向きが逆なので，和をとると（式 (6.7) の右辺），ほとんど打ち消し合って桁落ちしてしまう．したがって，加速度項（式 (6.7) の左辺）は小さく，地衡風の関係が成り立っている現象での風速の時間変化はゆっくりしていることになる．代表的時間スケールを $T = L/U$ で考えると，$U/fL \sim 0.1$ なので，

$$T = \frac{L}{U} \sim \frac{10}{f} \sim \frac{10}{\Omega} \sim \frac{10}{2\pi} \cdot \frac{2\pi}{\Omega} \geq 1 \text{日}$$

であり（$2\pi/\Omega$ が1日），現象の時間スケールは1日以上であることがわかる．

次に，地衡風の関係が成立している場合の気圧と風速の関係を考えてみよう．図 6.4(a) に水平面内において，左から右に向かって気圧が低下している気圧配置の場合の力のつり合いが示されている．図の右側が東，左側が西とすると，西高東低の気圧配置である．気圧傾度力は高気圧から低気圧，つまり西から東向きなので，それとつり合うコリオリ力は西向きでなくてはならない．北半球の場合を考えると，コリオリ力は風の進行方向に対して直角右向きに働くので，コリオリ力が西向きに働くためには，風（地衡風）は南向きに吹いていなくて

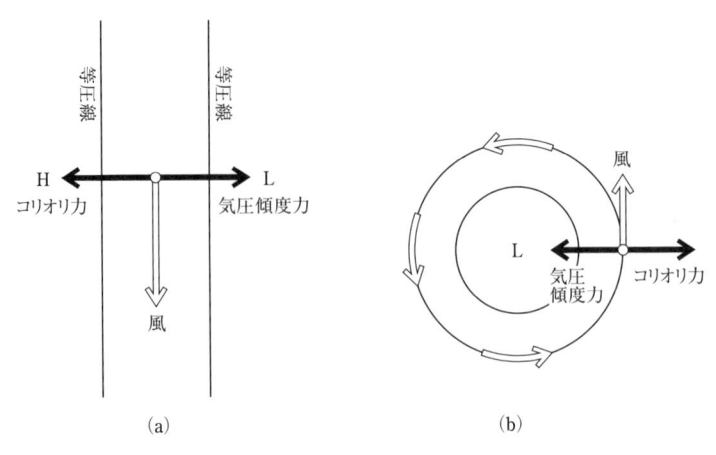

図 6.4 北半球で地衡風の関係が成り立っている場合の気圧分布と風向:気圧傾度力,コリオリ力,風向が示されている.(a) 西で高気圧 (H),東で低気圧 (L) の場合.(b) 同心円状の低気圧 (L) の場合.

はならない.つまり,地衡風近似を仮定するならば,風は高気圧から低気圧に吹くのではなく,等圧線に沿って吹くことになる.

　図 6.4(b) には等圧線が同心円状の低気圧の場合の地衡風の関係が示されている.気圧傾度力は低気圧の中心を向いている.それとつり合うコリオリ力は外向きであり,北半球の場合,地衡風は反時計回りに低気圧の周りに吹くはずである.そうすれば,それに働くコリオリ力は外向きとなるからである.

　(b) の場合も (a) と同様,地衡風は高気圧から低気圧に向かって吹くのではなく,等圧線に沿って吹くことになる.その際,風の吹く方向に向かって,右側に高気圧,左側に低気圧がある.中心が高気圧の場合は逆に時計回りの風が吹けば,地衡風の関係が成り立つ.低気圧の周りには反時計回り,高気圧の周りには時計回りの地衡風が吹くので,気象学では前者を低気圧性回転,後者を高気圧性回転と言う.

　以上の議論は北半球の場合であったが,南半球ではコリオリ力が空気塊の進行方向に対して直角左側に働くので,風の吹く方向は逆になる.低気圧の周りでは時計回りに,高気圧の周りでは反時計回りに風が吹くことになる.この場合の力のつり合いは読者自身で確かめていただきたい.

　地衡風の吹く方向は以上の通りであるが,風の強さは何によって決まるのだろうか.気圧傾度力は気圧の傾きに比例するので,一定の距離間の気圧差に比

例する．したがって，水平面内で等圧線が込み合っているほど，気圧傾度力は大きくなる．たとえば，気圧傾度力が2倍になれば，それとつり合うコリオリ力も2倍にならなくてはならない．ところで，コリオリ力は風速に比例するので（式 (6.6)），結局，風速も2倍にならなくてはならない．一般的に，地衡風の風速は気圧の傾き（等圧線の込み具合）に比例する．

図 6.4 に示したように完全に地衡風の関係が成立していると，気圧傾度力とコリオリ力が完全に打ち消し合い，正味の力が働かないので，風速も圧力も変化しなくなってしまう．この状態が永久に続くわけである．実際には，上で見たように，地球対流圏の中高緯度の大規模な気象に対しても，地衡風の関係は近似的にしか成り立たない．正確には気圧傾度力とコリオリ力の和は 0 ではなく，その差が風速などに時間変化をもたらし，気象状態がゆっくり変化していく．

以上の説明は，仮に地衡風の関係が成り立っているとしたら，風速分布が圧力分布に対してどうなるかを議論したものであって，地衡風の関係が成り立たねばならないことを示したものではない．確かに，上で見たように，温帯低気圧のような現象については，地衡風の関係が近似的に成り立っていることは観測結果が示している．しかし，これは地衡風の関係が成り立つ必然性を理論的に示したものではない．そこで，地衡風の関係が成り立っていない状態を設定して，それがどのように発展するのか考えてみたい．このような問題設定を初期値問題という（それに対して，上での問題設定は定常性を仮定したうえでの議論なので，定常問題という）．もし，非地衡風的な状態から出発しても，地衡風の関係が成り立つ状態に遷移するものならば，地衡風の関係の必然性を示せたことになる．

図 6.5 に気圧配置は図 6.4(a) と同様，西高東低であるが，風がまったく吹いていないという初期状態からの時間発展が模式的に示されている．初期状態では気圧傾度力しかないので（無風なのでコリオリ力はない），それに加速されて，風が高気圧から低気圧に向かって吹く．西風が吹けば，それに対してコリオリ力が南方向に働くので，風はその向きを南東方向へ変えていく．それらにさらにコリオリ力が働き，最終的には風は北風となり，図 6.4(a) と同じ地衡風の関係が成立する．このように考えると，地衡風の関係が成立する必然性はありそうである．

しかし，この議論にも問題はある．第 1 に，風が吹いているのにもかかわらず，気圧分布は最初の状態から変化していないと仮定されていることである．風が吹いて空気が移動すれば気圧分布の変化も考慮しなくてはならないはずで

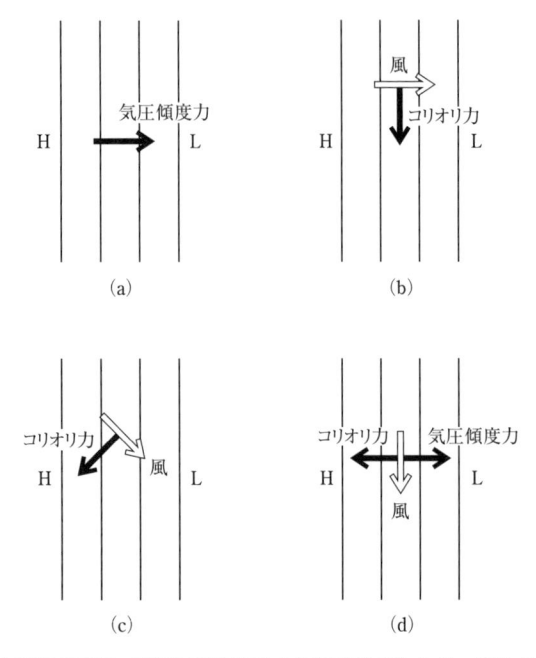

図 6.5 地衡風調節の問題：最初に西高東低の気圧配置があるが，無風であるという初期状態を設定する (a)．その後の風の変化が (b)〜(d) で模式的に示されている．(b), (c) では気圧傾度力の表示を省略した．

ある．第 2 に，この問題を流体力学の方程式を用いて調べると，重力波が励起されて，（まさつがないと，）図 6.4(a) のような定常な最終状態に落ち着かないことがわかる．特に，第 1 の問題に関連するが，風速分布と気圧分布両方の変化を考慮して，地衡風の関係が成り立っていない初期状態の時間変化を調べる問題を地衡風調節の問題といって，気象学では詳しく研究されている．その結果によると，初期に風速分布と気圧分布が地衡風の関係を満たしていないと，図 6.5 に示したように風速分布が変化して初期の圧力分布に歩み寄り，地衡風の関係が成り立つようになる場合と，逆に圧力分布の方が速度分布に歩み寄る場合がある．どちらの場合が選択されるかは，現象の大きさに依存することが知られている．

6.3 まさつの効果と傾度風の関係

前節では地衡風の関係を説明したが，その説明で無視したまさつ力などによって地衡風の関係がどのような影響を受けるのかを考察したい．まず，地表面付近を吹く風において重要な，地表面（地面または海面）の風に対するまさつ効果を考慮したい．簡単のために，吹いている風に対して反対方向に作用するまさつ力が存在すると仮定する．その場合は，定常状態では気圧傾度力とコリオリ力とまさつ力の3者がつり合わなくてはならない．図6.6に，北半球における西高東低の気圧配置に対して，そのような力のつり合いが模式的に示されている．風の吹く方向は等圧線に沿った純粋な地衡風の方向からずれて，等圧線をよぎり，高気圧から低気圧に吹き込む成分が生じる．逆に，低気圧から高気圧の方向に等圧線をよぎる風では，3者のつり合いが取れないことを確かめてもらいたい．

この地衡風からのずれは，まさつ力の大きさに依存する．これが小さければ地衡風に近く，大きければ風と等圧線がなす角も大きくなる．このように，地表面付近では，まさつの影響で地衡風からずれて，高気圧から低気圧に吹き込む成分が存在する．一般に，この地表面によるまさつは海面の上よりも地面の上の方が大きい．地表面のまさつの影響が及ぶ大気の層を大気境界層といい，それより上の地表面まさつの効果を無視できる大気層を自由大気という．大気境

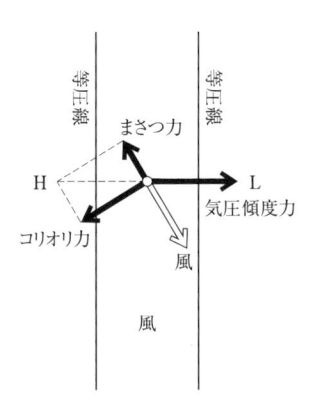

図 6.6 まさつ力がある場合の風：気圧傾度力，コリオリ力，まさつ力の3者がつり合っている．

界層の厚さはおおよそ1kmである．前節では地表面まさつの効果を無視して議論したが，これは自由大気での議論だったわけである．

以下，再びまさつの影響が無視できる自由大気で考えることとする．台風は低気圧の一種で図6.4(b)のように，低気圧の中心の周りを反時計回りに風が吹いている．しかし，台風の場合は地衡風の関係は成立していない．回転する空気塊に働く遠心力が重要になってくるからである．等圧線が同心円であるような台風を考えよう．その中心から距離rの点を接線方向に速度$v = v(r)$で反時計回りに回転している空気塊に働くコリオリ力はmfvであり，遠心力はmv^2/rである．コリオリ力は風速vの1乗に比例するが，遠心力は風速vの2乗に比例する．したがって，風速が大きく，rが小さい場合は遠心力がコリオリ力に対して無視できなくなってくる．実際，台風の風速は一般に温帯低気圧のそれより速い．また，温帯低気圧のスケールは数千kmであるが，台風のスケールは数百kmであり，温帯低気圧より小さい．

台風の気圧分布が同心円の場合の風の方向と質量mの空気塊に働く力のつり合いを図6.7(a)に示した．コリオリ力と遠心力は共に外向きであり，その和が内向きの気圧傾度力とつり合っている．したがって，気圧傾度力（正確には空気の密度で割った気圧傾度力）をFとすると，

$$F = fv + \frac{v^2}{r} \tag{6.12}$$

が成り立つ．このように気圧傾度力とコリオリ力と遠心力の3者がつり合っている風を傾度風，そのつり合いを傾度風バランスという．

それでは，同心円状の気圧分布を持つ高気圧の場合は力のつり合いはどうなるだろうか．この場合は，図6.7(b)に示されているように，時計回りに風が吹き，コリオリ力が内向き，気圧傾度力と遠心力が外向きなので，力のつり合い

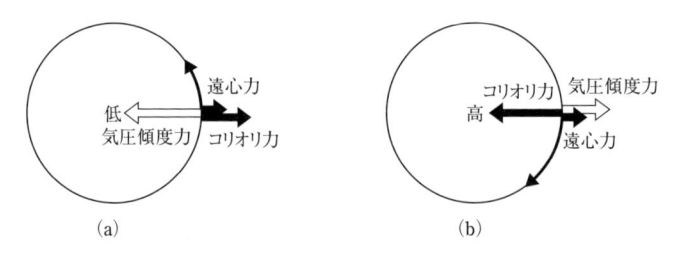

図 **6.7** 遠心力が無視できない場合の力のつり合い（傾度風）：まさつ力が無視できる北半球の状態．(a) 低気圧でのつり合い．(b) 高気圧でのつり合い．

6.3 まさつの効果と傾度風の関係

は式 (6.12) の代わりに

$$F + \frac{v^2}{r} = fv$$

つまり,

$$F = fv - \frac{v^2}{r} \tag{6.13}$$

と書ける.

式 (6.12) の場合は，与えられた F（気圧傾度力）がどれほど大きくても，右辺は v とともにいくらでも大きくなれるので，常に両辺がつり合うことができる．中心の気圧が非常に低く，気圧傾度力が非常に大きければ，非常に強い風が吹きさえすればよい．その際，v の 1 乗に比例するコリオリ力が v の 2 乗に比例する遠心力に対して無視できるようになるかもしれない．その場合を，旋衡風バランスという．実際の台風ではここまで風が強くなることはほとんどないが，小規模な竜巻（r が非常に小）などでは実現されるバランスである．旋衡風バランスではコリオリ力が無視できるので，空気の回転が時計回りでも，反時計回りでも同じバランスとなる．したがって，時計回りの竜巻も，反時計回りの竜巻も存在するが，北半球では後者の方が多い．

一方，高気圧の場合は，図 6.8 に示されているように v の関数としての式 (6.13) の右辺には上限が存在する．つまり，式 (6.13) の右辺の最大値は $(1/4)rf^2$（$v = (1/2)rf$ で）なので，F がそれ以上大きくなると，どんな大きさの v でもつり合いが不可能となる．つまり，定常的に存在できる高気圧には限界があり，あまり強い高気圧は存在できないことになる．この最強の高気圧でのロスビー数，$Ro = U/fL$ を計算してみよう．$U = v = (1/2)rf$，$L = r$ を代入する

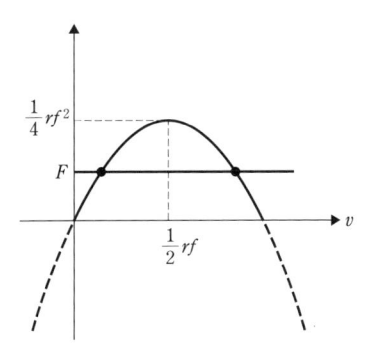

図 **6.8** 高気圧性渦での回転速度 v と気圧傾度力：横軸に v，縦軸に式 (6.13) の右辺が示されている．

と，$Ro = 0.5$ を得る．この場合のロスビー数は式 (6.10) の中央の項の分子が遠心力を意味するので，遠心力とコリオリ力の比とも解釈できる．また，F が $(1/4)rf^2$ より小さい場合は，図 6.8 の交点が式 (6.13) の解を与え，2 つの v の値に対して，共につり合いが可能となる．通常は小さい v の方が実現される．つまり，$v \leq (1/2)rf$．したがって，傾度風バランスしている高気圧では，遠心力の大きさがコリオリ力の半分を超えられないこともわかった．

それでは，最大の高気圧は実際に何 hPa なのだろうか．もしこの限界が非常に大きければ，現実の高気圧に何も制約を与えることができず，意味を持たないことになる．高気圧の中心と中心からの距離 r の点の間の気圧の差を Δp とすると $\Delta p/r$ が気圧傾度力であり，F が $(1/4)rf^2$ より小さいという条件は

$$\frac{1}{\rho}\frac{\Delta p}{r} \leq \frac{1}{4}rf^2$$

と書け（ρ は空気の密度），Δp の最大値が求まる．それは高気圧の半径 r の 2 乗に比例し，f を通して緯度にも依存する．北緯 35 度でおおよそ，$r = 500\,\mathrm{km}$ に対して 5 hPa，$r = 750\,\mathrm{km}$ に対して 12 hPa，$r = 1000\,\mathrm{km}$ に対して 21 hPa である．周囲の平均気圧を 1013 hPa とすると，中心気圧はそれぞれ 1018 hPa，1025 hPa，1034 hPa であり，それほど大きな値ではなく，現実の高気圧に対して制約を与えるものと思われる．

6.4* 低気圧と高気圧

前節の結果に依ると，原理的に低気圧には限界がないが，高気圧には限界があることになる．この低気圧と高気圧の性質の非対称性は何に依っているのだろうか？ 地球が（北半球では）反時計回り（つまり低気圧性の回転）に回転していることに依るのだろうか．以下ではこの問題を考えてみたい．

まず，水槽の中で水を回転させて渦を作ることを考える．水槽の中では，水面が盛り上がっている所が周囲より圧力が高く，水面がへこんでいる所が周囲より圧力が低い．これは 2.2 節で説明した静水圧平衡の近似から明らかであろう[1]．

---

[1] 水の密度を ρ_0（一定），水槽の底面から測った水面の高さを h とすると，底面から z の高さにおける水による圧力は式 (2.11) により

$$p(z) = g\int_z^\infty \rho(z')dz' = g\int_z^h \rho_0 dz' = g\rho_0(h-z)$$

つまり，同じ z の高さでは水面 h が高い所の方が圧力が高い．実際の圧力はこれに水面に働く大

前者が高気圧，後者が低気圧に相当する．図6.9(a)に中心で水面がへこんでいる低気圧性の渦における，ある点での力のつり合いが模式的に描かれている．通常の室内実験では，実験に要する時間が1日に比べて十分短いので，地球の回転によるコリオリ力の効果を無視することができる．そうすると，力のつり合いとしては，気圧傾度力に相当する内向きの圧力傾度力と水の回転による外向きの遠心力のつり合い（遠心力バランス）しか考えられない．それでは，周囲より水面が盛り上がっている高気圧性の渦を作ることができるだろうか．この場合には，圧力傾度力も遠心力も外向きであり，つり合うことはできない．つまり，コリオリ力が働かない場合は，持続する低気圧性の渦はありえても，持続する高気圧性の渦はまったくありえないことになる．

次に，水槽全体を一定の角速度 Ω で回転している回転台に乗せてみよう．その回転は北半球の回転と同じく，反時計回りで，$\Omega > 0$ とする．簡単のために，回転台の回転軸と水槽の中心が一致するように設定しよう．水槽に対して水が

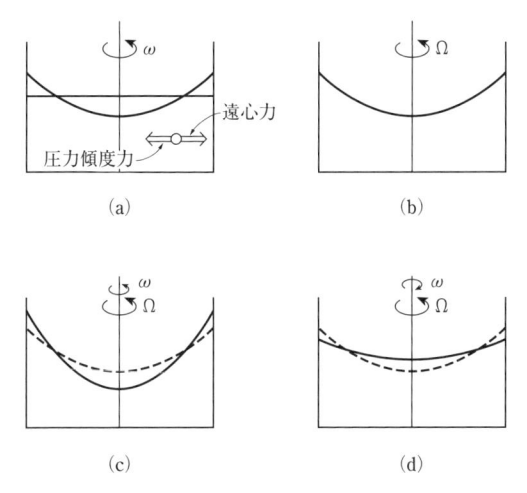

図 **6.9** 回転水槽の水面の傾きと遠心力：(a) 水槽が静止し，水が角速度 ω で回転している場合，中央がへこみ周辺が盛り上がる．そのとき，ある水塊（白丸）に働く遠心力と圧力傾度力のつり合いが示されている．(b) 水槽が角速度 Ω で回転しているが，水が水槽に対して静止している場合．(c) 水槽が反時計回りに，水も水槽に対して反時計回りに回転している場合（(b)の水面が破線で示してある）．(d) 水槽が反時計回りに，水は水槽に対して時計回りに回転している場合（(b)の水面が破線で示してある）．

気圧が加わるが，空気の密度は水に比して小さいので，大気圧はどの水面でも一定と見なせる．

静止している場合は，図6.9(b)に示されているように，水面が中心でへこむことになる．底面からのある高さで考えると，それより上にある水の量は外側の方が多い．このため外側の方で水圧が高くなり，外側から内側に向けて圧力傾度力が働く．水槽の回転に伴う遠心力（もちろん，外向き）とこの圧力傾度力がつり合っている．これについては図6.9(a)と同様である．回転台に乗ってみるとこの水面が基準であり，この基準水面より盛り上がった部分が高気圧に相当し，へこんだ部分が低気圧に相当する．

次に，この回転している水槽に対してさらに回転する渦を考えてみよう．簡単のために，渦の中心は回転台の回転軸と一致し，渦の回転角速度は ω で一定とする．静止系から見ると，この渦の回転角速度は $\Omega+\omega$ であり，単位質量当たりの遠心力は r を中心からの距離として，

$$r(\Omega+\omega)^2 = r\Omega^2 + 2\Omega r\omega + r\omega^2 \tag{6.14}$$

と書ける．この式の右辺第1項の $r\Omega^2$ は回転台の回転に伴う遠心力である．回転台に対する渦の回転速度を v とすると，$v = r\omega$ なので右辺第2項は $2\Omega v$ と書けるが，これは北極（実験室と同様，自転軸と鉛直軸が一致）でのコリオリ力と同じである．なぜなら，コリオリ因子は $f = 2\Omega\sin\theta$ であったが，北極 $\theta = 90°$ では $f = 2\Omega$ だからである．そう考えると，コリオリ力は遠心力の一部であることがわかる．右辺第3項 $r\omega^2$ は回転台から見た渦の回転に伴う遠心力である．

さて，$\omega > 0$ つまり反時計回りの渦の場合は，式(6.14)の遠心力は渦がない場合 ($\omega = 0$) よりも大きくなる．したがって，それとつり合うために，水面の傾きも大きくなる（図6.9(c)に相当）．つまり，強い低気圧性の渦ができる．一方，$\omega < 0$，つまり時計回りの渦の場合は遠心力が弱くなり，それとつり合うために，水面の傾きも小さくなる（図6.9(d)に相当）．基準水面から見ると，中心で水面が盛り上がっているので，高気圧性の渦として観測される．しかし，静止系から見ると，$\Omega + \omega > 0$ である限り，水は反時計回りに回転しており，水面自体は中心でへこんでいる．ω がさらに小さくなり，$\Omega + \omega = 0$，つまり $\omega = -\Omega$ となると，回転台の回転と回転水槽に対する水の回転が打ち消し合い，静止系から見ると，水は静止していて，（したがって遠心力もないので，）水面は水平になる．しかし，回転台に乗ってみると，水は時計回りに回転しており，基準水面から見ると水面が中心付近で盛り上がっていて，高気圧性回転の渦が観測される．これよりも ω が小さくなり $\Omega + \omega < 0$ となると，静止系から見て，水は時計回りに回転し，再び遠心力が生ずるので，それとつり合うために，水面

が中心付近でへこまなくてはならない．基準水面から見ると水面の中心付近でも盛り上がりが，$\omega = -\Omega$ のときよりも減じなくてはならない．

つまり，$\omega = -\Omega$ のときが，回転系から見た水面の盛り上がりが最大，つまり，高気圧が最大ということになる．これは図 6.8 の曲線（放物線）の頂点を v が与える場合に一致する．なぜなら，このとき反時計回りの速度を正とすると，$v = -(1/2)rf$ だが，$f = 2\Omega$ とすると，$\omega = v/r = -\Omega$ となるからである．

以上，高気圧と低気圧の非対称性（高気圧にのみ限界があること）を，静止系から見ると低気圧性の渦しかありえない，という観点から説明した．

6.5 渦運動と対流運動

前節までで，中高緯度の大規模な運動においては地衡風の関係がよく成り立っていることを学んだ．たとえば，低気圧があるとその周囲には反時計回りの風が吹いていて，気圧傾度力とコリオリ力がつり合っている（図 6.4(b)）．この空気の運動は水平面内の渦の回転運動であり，低気圧中心への吹き込み（収束）もそこからの吹き出し（発散）もない．したがって，鉛直運動もない．

それに対して，第 4 章で学んだ水平対流の特徴はまったく異なっている．鉛直運動が重要であり，水平面内には収束や発散がある．図 4.5 を見ると，低気圧の所で空気が集まり（収束），高気圧の所で空気が広がっている（発散）ことがわかる．水平面内の収束，発散に伴い鉛直流があることが特徴である．この水平対流の運動は垂直断面内の渦運動（空気の回転運動）とも見なせる．水平面内の渦運動を単に渦運動，鉛直流を伴う運動を対流運動と呼ぶと，両者はまったく異なった運動形態であることがわかる．

流体の異なった運動形態である渦運動と対流運動は，お互いに無関係ではない．実際，自転している惑星上ではコリオリ力の作用により対流運動から渦運動が発生する．図 6.10 に示されているように，北半球で収束する流れがあると，それにコリオリ力が働いて反時計回りの方向に空気を回転させる力が形成され，その結果，反時計回りの渦が生じる．反対に，発散する流れがあると，コリオリ力により時計回りの渦が生じる．このように，自転している惑星上では，最初に渦がなくても，鉛直流に伴う収束，発散があるだけで，大気が回転し出す．

次に，渦運動から鉛直流ができる効果を調べよう．図 6.4(b) で示されているように，反時計回りに空気が回転していると，外向きにコリオリ力が働き，そ

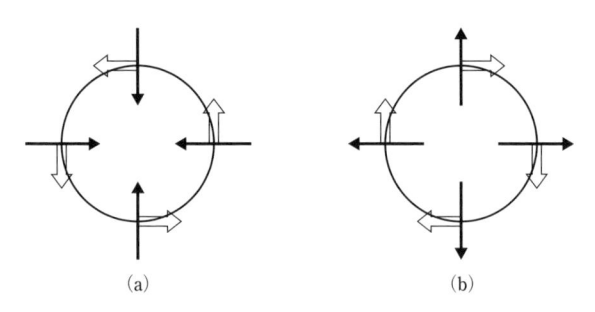

図 **6.10** 空気の収束，発散によって生ずる渦運動：空気の流れが細い矢印で，それに働くコリオリ力が太い矢印で示されている．北半球では (a) 収束により反時計回りの渦運動が，(b) 発散により時計回りの渦運動がコリオリ力により生成される．

れに駆動されて空気が発散する，と思われるかもしれない．もし渦の中心が低気圧になっていなければ，そういうことが起こりうる．しかし，地衡風の関係が成立していれば，外向きのコリオリ力は気圧傾度力に打ち消されるので，発散の流れは生じない．時計回りに空気が回転している高気圧の場合も同様である．ここで考えたいのは，まさつにより渦から収束，発散が生ずる効果である．

地表面のまさつ効果が無視できない地表面に接する層をエクマン境界層という．3.8 節で議論した熱的な境界層と異なる力学的な効果が問題となる境界層である．熱的な境界層と同様，エクマン境界層もおおよそ 1 km の厚さである．昼間，地面が吸収する太陽エネルギーにより対流が発達する層が熱的な境界層，混合層であった．ここでは活発に空気や風（運動量）がかき混ぜられるため，この層全体に対して地面（まさつ）の影響が及ぶ．エクマン境界層の厚さが熱的境界層の厚さとほぼ一致するのは当然である．

境界層の上が自由大気であり，まさつの効果が無視できる．したがって，中高緯度の大規模な運動を考えると，自由大気では地衡風の関係がよく成り立っているが，境界層ではまさつ力が重要なので，気圧傾度力，コリオリ力，まさつ力の 3 つの力がつり合い，地衡風の関係からずれている．

自由大気において低気圧の渦が存在するとしよう．地衡風の関係より風は反時計回りに吹いている．境界層ではまさつ力が働くので，低気圧の方に吹き込む風の成分が生ずる（図 6.6 参照）．したがって，この場合の空気の運動は図 6.11 に示されているように，反時計回りの回転と収束の重ね合わせで表現できる．境界層のすぐ下は地面なので，低気圧の中心に収束した空気は上昇するしかない．つまり，エクマン境界層があることにより，低気圧に上昇流が生ずる

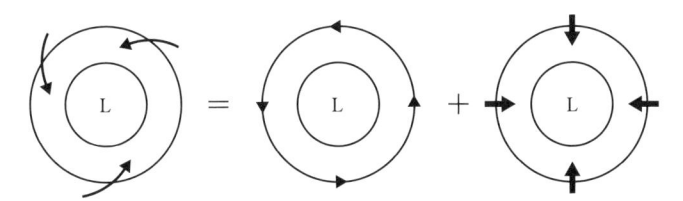

図 **6.11** 低気圧の中心部に反時計回りに回転しながら吹き込む空気：この空気の流れは空気の純粋な回転運動と収束に分解される．

ことになる．これをエクマン・パンピング（吸い上げ）という．一方，高気圧の渦が存在する場合は，同様の議論によって境界層のまさつにより下降流が生ずることになる．

第 4 章の水平対流では，加熱・冷却により大気の上昇・下降運動（対流運動）が駆動されることを学んだが，エクマン・パンピングでは加熱・冷却がなくても，渦から上昇・下降運動が生ずることが面白いところである．現実の大気では，以上で検討したメカニズムやその他のメカニズムで渦運動と対流運動が相互に影響し合い，複雑な運動が展開されている．

6.6 ロスビー波

3.2 節において，安定成層した大気では，（なんらかの強制により静止大気が乱されると）式 (3.16) で定義されるブラント・ヴァイサラ振動数で空気塊が上下に振動すること，その振動が基となって，安定成層している大気中に重力波という波が存在しうることを学んだ．重力波では上下運動つまり鉛直流が本質的なので，流体の運動様式としては前節でいう対流運動に近い．鉛直運動が本質的な大気中の波が重力波だともいえる．それでは，渦運動，特に低気圧，高気圧の周りに地衡風の関係を満たす風が吹いているような渦は，波として振る舞うことがあるのだろうか．それを本節で考えたい．

渦運動の強さは渦度という量によって規定される．渦運動は空気の回転運動に他ならないが，その回転角速度の 2 倍を渦度という．ただし，反時計回りを正とする．なぜ，わざわざ角速度を 2 倍するかというと，空気が円板の回転のような運動をしているとき，渦度が元々，

$$（回転速度 \times 円周）/（円の面積）$$

で定義されているからである．回転角速度を ω，円板の半径を r とすると，円周での回転速度は $r\omega$ なので，

$$上式 = \frac{r\omega \times 2\pi r}{\pi r^2} = 2\omega$$

となる．

　大気が地球に対して静止していても，実は大気が渦運動していることに注意したい．地面に対して静止している大気，つまり惑星にくっついて回転している大気を惑星外の静止系から見ると，北極点では鉛直軸の周りに自転角速度 Ω で反時計回りに回転している．赤道では鉛直軸の周りの大気の回転はない（図6.2 参照，この図の z 軸が鉛直軸である）．赤道から北極へ，大気の鉛直軸の周りの回転の角速度は連続的に増加していく．南半球では時計回りに回転している．つまり，無風の大気でも（静止系から見ると）緯度ごとに異なった回転角速度，つまり渦度で回転運動をしていることになる．この渦度を惑星渦度ということがある．惑星渦度は北極で 2Ω，赤道で 0，緯度 θ で $2\Omega\sin\theta$ なので，コリオリ因子と同じである．コリオリ因子はコリオリ力の係数 f として，式 (6.6) で導入したが，惑星渦度という意味を持っていたわけである．地面に対して回転運動をしている空気の渦度（地面から見た回転角速度の 2 倍）を相対渦度（記号は ζ）という．惑星渦度と相対渦度を足し合わせたものを絶対渦度という．

　前節で空気の収束，発散に伴い大気の回転，つまり相対渦度が生成される過程を理解したが，南北流があるだけでも地面に対して大気が回転を始められる．緯度により異なる大きさを持つ惑星渦度が移流されるからである．たとえば，北半球で北風が吹くと，高緯度から反時計回りの大きな惑星渦度の空気が移動してきて，その緯度の惑星渦度に付け加わり，静止系から見て空気が今までより速く回転し始める．これを地面に乗って見ると，今まで静止していた空気が反時計回りに回転し始めることを意味する．反対に，南風が吹くと，低緯度から小さな惑星渦度の空気が移動してくる．そのため，静止系から見て，地面に対して静止していた空気の渦度よりその緯度の渦度が小さくなる．これは地面から見て空気が時計回りに回転し始めることを意味する．

　この変化を南北に移流される空気塊に乗って見ると，その空気塊の絶対渦度が保存されることがわかる．空気塊が北から南に移動すると，惑星渦度 $f = 2\Omega\sin\theta$ は小さくなる．その分，相対渦度 ζ が増大する（0 から正（＝反時計回り）になる）．空気塊が北上するときは，f が大きくなるので，その分 ζ が減少する（0 から負（＝時計回り）になる）．このようにある条件の下では，空気塊の持つ絶

対渦度が保存される．このことは回転系上の流体力学の方程式を用いて証明されている．南北流により相対渦度が変化するのは，惑星渦度が緯度に依存するためである．一般に，惑星渦度の値が緯度により異なることによって生ずる効果をベータ効果という．したがって，ベータ効果が重要なのは惑星規模の大きなスケールの気象現象においてであり，たとえば，温帯低気圧のスケールではベータ効果はそれほど重要ではない．つまり，ベータ効果が効くスケールは地衡風の関係が成立する最低限のスケール（数千 km）より大きいと考えられる．

ベータ効果は孤立した渦に対しても作用しうるが，まずは，図 6.12(a) に示されているような波状の擾乱が惑星上に広がっていたとき，ベータ効果によって何が起こるか，考えてみたい．ここでは（北半球）中高緯度のかなりスケールの大きな現象を想定しているので，もちろん，地衡風の関係が成り立っているとする．したがって，低圧部の周りには反時計回り，高圧部の周りには時計回りの風が吹いているとする．図 6.12(b) に (a) の中央の緯度における相対渦度の東西分布が実線で示されている．A～D の点は渦が時計回りから反時計回りに（またはその逆に）遷移する点なので，相対渦度は 0 である．

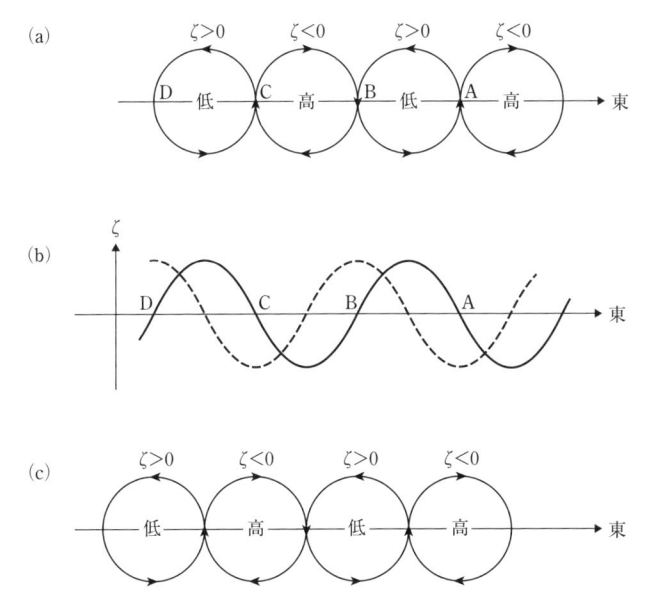

図 **6.12** ロスビー波の西進を説明する模式図：(a) 渦の水平分布．右が東方向，上が北方向である．(b) 相対渦度 ζ の東西分布．実線が (a) の横線上の ζ の分布を，破線がその次の段階の ζ の分布を示す．(c) 次の段階の渦の水平分布．

AとCでは南風なので低緯度の小さな惑星渦度が移流され，BとDでは高緯度の大きな惑星渦度が移流される．そのため，AとCでは相対渦度が減少し，0から負になる（時計回りの渦度）．反対に，BとDでは，相対渦度が増大し，0から正になる（反時計回りの渦度）．このときの相対渦度の分布が (b) に破線で示されている．実線と破線を比較すると，相対渦度の位相が西に移動したことがわかる．破線に相当する渦の水平分布が (c) に示されている．(a) と比較すると，高低気圧分布のパターンも西に伝播していることがわかる．このようにベータ効果によって，位相（パターン）が西に伝播する波をロスビー波という．重力波が鉛直流（したがって，収束，発散）を本質的要素とする小スケールでも存在できる波であるのに対して，ロスビー波は地衡風の関係が成り立ち，さらにベータ効果が効いてくる大規模なスケール（惑星スケール）の渦運動からなる波である．そのため，ロスビー波をプラネタリー波または超長波ということもある．詳しい理論によると，ロスビー波の西進の位相速度は波長にも依存し，波長が大きいほど速いことが知られている．波数 1～4 のロスビー波の位相速度は数十 m/s である（ここで波数 4 の波とは 4 波長で地球を東西方向に取り巻く波である）．

以上の説明からわかるように，惑星渦度 f の緯度変化を無視する，つまり f を一定と仮定すると，南北流があっても，その移流効果で渦度が変化することはない．したがって，図 6.12(a) のような高低気圧があっても，西に伝播しないで，(a) の状態が持続するだけである．6.2 節で「完全に地衡風の関係が成立していると，その状態が永久に続く」と述べたが，そこではベータ効果が無視されている．波だけではなく，孤立した低気圧や高気圧もベータ効果が効けば西に移動する（理由は同じ）．

図 6.13(a) に北半球 1 月の 500 hPa の平均等圧面高度が示されている．(b) にはその北緯 40～50 度の平均等圧面高度の東西分布が示されている．主として東西波数 1～3 の波が重ね合わさっているように見える．この波がロスビー波ならば西進して 1ヵ月も停滞しないはずである．しかし，対流圏の中高緯度では西風が卓越しているので（6.8 節参照），ロスビー波の西進速度と西風による東方向への移流速度が打ち消し合って，波が地面から見て動かない場合がある．このようなロスビー波を停滞性ロスビー波という．このような波ならば 1ヵ月平均しても打ち消されることはない．図 6.13 に示されている波は停滞性ロスビー波と解釈される．この波は偏西風がヒマラヤ山脈やロッキー山脈などにぶつかることによる力学的効果により励起されたり，4.5 節で説明したように大陸・大

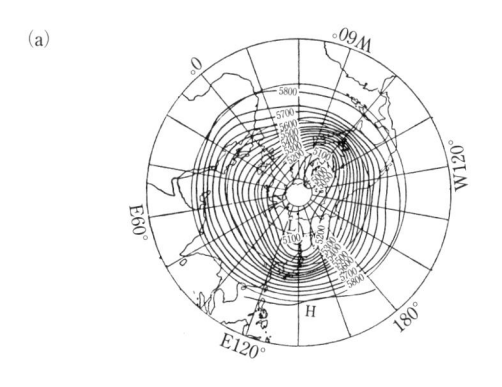

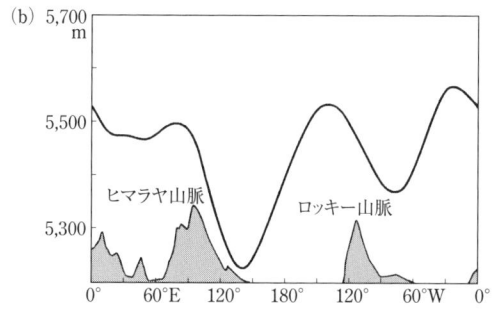

図 6.13 北半球 1 月の 500 hPa の 1 ヵ月平均等圧面高度分布（単位 m）（岸保ほか，1982）：(a) 北半球の分布図．(b) 40°N から 50°N の等圧面高度の平均値の東西分布（単位 m）．ヒマラヤ山脈，ロッキー山脈が模式的に示されている．

洋間の温度差などによって生成される．

　図 6.13(a) は日本付近と北米の東側に低気圧が存在していることを示している．この日本付近の低気圧はその東側にある（図 4.15(a) の地表面の気圧分布の図に示されている）アリューシャンの地上低気圧に，北米の低気圧はその東側にある（図 4.15(a) の）グリーンランド南の地上低気圧に連続している．図 6.13(b) はこれらの低気圧がそれぞれヒマラヤ山脈，ロッキー山脈のすぐ東にあり，これらの巨大な山脈が影響を与えていることを示唆している．4.5 節では地表面の高低気圧分布を夏または冬の大陸・海洋の温度差からのみ説明したが，高緯度の高低気圧分布には山岳の力学効果により励起されたロスビー波の成分も無視できない．

6.7 温度風の関係

6.2 節で中高緯度の大規模な気象現象では地衡風の関係がほぼ成り立つことを学んだ．地衡風の関係は風と気圧分布の関係を規定するものであるが，本節で学ぶ温度風の関係は風の高さ方向の変化と温度分布の関係を規定するものである．以下で示すように，地衡風の関係と静水圧平衡が成り立っているとすると，温度風の関係が得られる．

南北方向に温度差があるとする．実際，地球の対流圏では一般に低緯度の方が高緯度よりも温度が高い．この場合，地衡風の風速はどのようになるだろうか．図 6.14 に北半球の子午面（南北―鉛直の断面）内で働く力が模式的に示されている．低緯度で温度が高く高緯度で温度が低いとすると，低緯度で正の浮力が働き，高緯度では負の浮力が働く．この 2 つの力は大気を回転させる働きをする（図 6.14(a)）．これを浮力のモーメント（またはトルク）という．風が吹いていなければ，このモーメントにより空気が反時計回りに回転し始めるはずである．このような子午面内の循環を子午面循環といい，第 4 章で学んだ水平対流の一種であることは明らかだろう．

しかし，実際の地球の中高緯度では，このような子午面循環ではなく，東西風が卓越している．図 6.14(b) に示されているように，下層で弱い西風，上層で強い西風が吹いているとすると，下層で弱い南向きのコリオリ力が，上層で強い南向きのコリオリ力が働く．この 2 つの力は同じ向きであるが，大きさが異なるので，空気に対する回転作用としては図 6.14(b) に示されているような

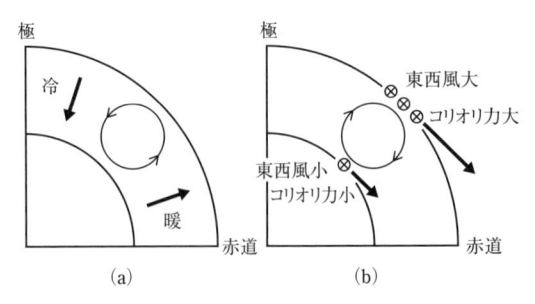

図 **6.14** 温度風の関係（子午面内の模式図）：(a) 低緯度で高温，高緯度で低温の場合に働く正，負の浮力とその組み合わせによる反時計回りのモーメント．(b) 上層で強く，下層で弱い西風に働くコリオリ力とその組み合わせによる時計回りのモーメント．

働きをする．南北温度差による浮力のモーメントと東西風に働くコリオリ力のモーメントの強さが同じならば，打ち消し合い，空気を回転させるようなモーメントが存在しなくなる．つまり，両者がつり合うことができる．このつり合いを温度風の関係，または温度風バランスという．この東西風は地衡風であり，図 6.14(b) に示されたそれに働くコリオリ力は，その高さで南北の気圧傾度力とつり合っている．南北方向の温度差が大きい場合は浮力のモーメントも大きくなるので，それとつり合うためにはコリオリ力によるモーメントも大きくならなければならない．

それでは，南北の温度勾配が逆の場合，温度風の関係はどうなるだろうか．この場合は図 6.15(a) に示したように，浮力のモーメントが子午面内で時計回りになる．それとつり合うために，コリオリ力のモーメントは反時計回りでなくてはならない．そうすると，図 6.15(b) に示したように，西風が高さとともに弱くなればよい．あるいは，東風が高さとともに強くなってもよい．この条件は，u を東西風速（西風を正とする），z を高さとすると，まとめて $\partial u/\partial z < 0$ と書ける．風速の高さ方向の変化を鉛直シアといい，$\partial u/\partial z < 0$ の場合を東風シア，$\partial u/\partial z > 0$ の場合を西風シアということがある．結局，温度風の関係を式で表すと，

$$\frac{\partial u}{\partial z} \propto -\frac{\partial T}{\partial y} \tag{6.15}$$

と書ける．ここで T は温度，y は北を正とする南北方向の座標である．

東西方向に温度差がある場合にも，同様な温度風の関係が成り立つ．この場合についての説明も同様なので省略するが，式 (6.15) に相当する，

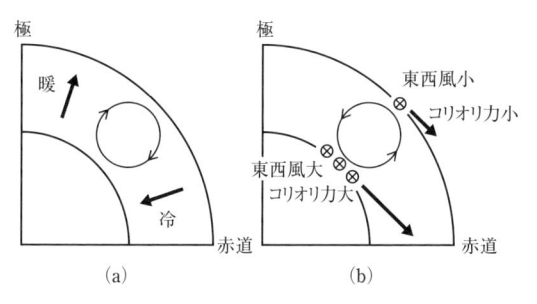

図 6.15 逆温度勾配のときの温度風の関係：(a) 低緯度で低温，高緯度で高温の場合に働く，浮力と時計回りのモーメント．(b) 上層で弱く，下層で強い西風に働くコリオリ力と反時計回りのモーメント．

$$\frac{\partial v}{\partial z} \propto \frac{\partial T}{\partial x} \tag{6.16}$$

が成り立つ．

　最後に，温度風の関係の性質について注意しておきたい．温度風の関係は，地衡風の関係と同様，因果関係ではない．つまり，南北温度差が原因で，鉛直シアを持つ東西風が結果であること，またはその逆を主張しているのではない．単に，両者の間に関係が成り立っていることを述べているだけである．気象学ではこのような関係を診断的な関係ということがある．

　また，南北温度差があった場合でも，必ず温度風の関係が成り立つわけではない．東西風がなければ，浮力のモーメントにより子午面循環が励起されることは既に述べた．この子午面循環が強くなると，それを止めるように働くまさつも強くなる．このまさつのモーメント（循環と逆向き）と浮力のモーメントがつり合ったとき，定常状態が実現される．つまり，つり合いの観点からは，浮力のモーメントが子午面循環に働くまさつのモーメントとつり合うことも，東西風に働くコリオリ力のモーメントにつり合うことも，共に可能である．言い換えると，子午面循環が卓越することも，鉛直シアを持った東西風が卓越することも，共に可能である．

　実際，地球対流圏の低緯度では，以下で詳しく見るように，ハドレー循環といわれる子午面循環が卓越している．低緯度ではコリオリ因子 f が小さく，コリオリ力が弱いので，浮力のモーメントにコリオリ力のモーメントがつり合うのは難しいと，解釈できるかもしれない．一方，中緯度では次節で見るように，温度風の関係が実際に成立している．なぜ，中緯度では子午面循環が卓越しないのだろうか．この問題は第 7 章以降で検討するとして，ここでは中高緯度では大規模な風に対して地衡風の関係がよく成り立っている事実を指摘しておきたい．子午面循環は一種の水平対流であり，その風は高圧部から低圧部に向かって吹き，等圧線に沿って吹く地衡風と性格をまったく異にしている．地衡風の関係が成立していることを前提すれば，子午面循環が卓越した状態はありえないことになる．

6.8　地球大気の温度分布と風系

　温度風の関係を学んだので，それが現実の地球大気の大規模な風系や温度分布において成り立っているか検討してみよう．地球大気においては，一般に東

西方向の温度差よりも南北方向の温度差（極・赤道間の温度差）の方が重要である．そこで，本節では東西方向に平均した物理量の子午面内での分布を検討したい．

図 6.16 に地球大気の東西平均温度の子午面内での分布が示されている．(a) は 12 月～2 月の平均値，(b) は 6 月～8 月の平均値である．高さとともに温度が単調に減少するのが対流圏の特徴である．この図は対流圏が終わる対流圏界面が低緯度地方では高く（約 16 km），中高緯度地方では低い（約 10 km）ことを示している．これは，低緯度地方では太陽光の吸収量が大きく，強力な対流が形成され，対流圏が厚くなると解釈されている．さらに，この図から以下の

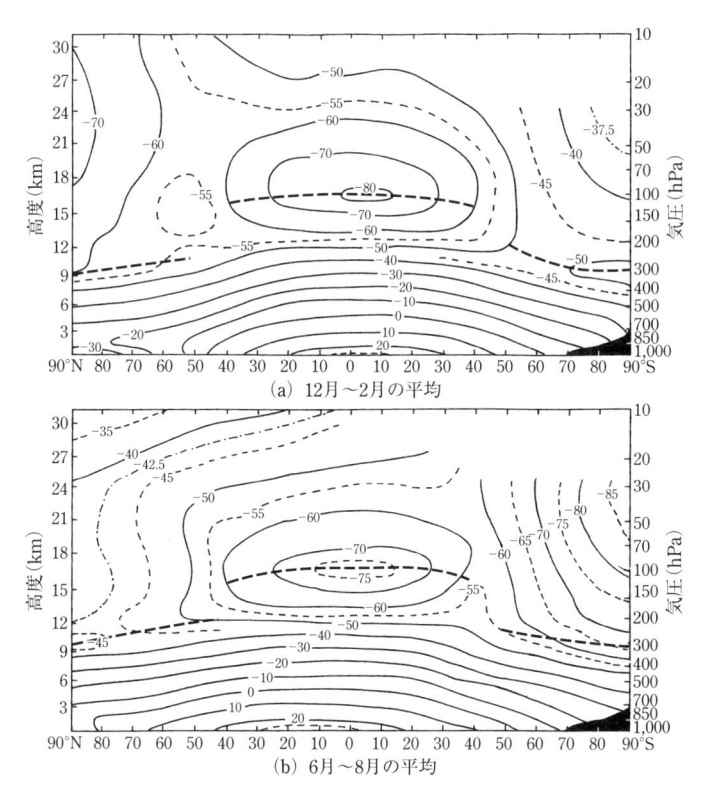

図 **6.16** 冬期と夏期における経度方向に平均した温度分布 (Newell *et al.*, 1972 を基に作成)：(a)12 月～2 月の平均値．北半球（左側）が冬で，南半球（右側）が夏．(b) 6 月～8 月の平均値．北半球（左側）が夏で，南半球（右側）が冬．対流圏界面のおおよその目安が破線で示されている．

ことが読み取れる．

(1) 対流圏では，赤道付近で温度最大，両極域で温度最低となっている．
(2) 成層圏では，夏極で温度最大，冬極で温度最低となっている．
(3) 高さ 14～22 km くらいでは赤道付近で温度最低（−80～−60°C）で，高緯度側の方が温度が高い（この現象を逆温度勾配という）．

10 km 以下の対流圏の温度分布は我々の常識と一致するが，成層圏では赤道地方が常に最高温度とはなっていない．この違いの原因は何なのだろうか．温度は太陽光の強さに強く影響されると思われるので，図 6.17 に緯度別，季節ごとの大気上端での 1 日全体にわたり積分した太陽光強度を示した．これを見ると，春分，秋分の頃には 1 日積算の太陽光強度が赤道上で最大になっているが，1 年を通して比較してみるとこの値は夏の極域で最大になっている（1 年を平均して見ると，この値は赤道付近で大きい）．これは夏極では太陽高度が高いわけではない（太陽光は弱い）が，1 日中，太陽が没さない白夜となっているためである．反対に，冬極では太陽光がまったく射さない状態になっている．成層圏ではオゾンが太陽光（紫外線）を直接吸収し，大気が加熱されるので，(2) はこの事実から単純に理解できるであろう．

したがって，説明が必要なのは，むしろ (1)，つまり対流圏の温度分布であ

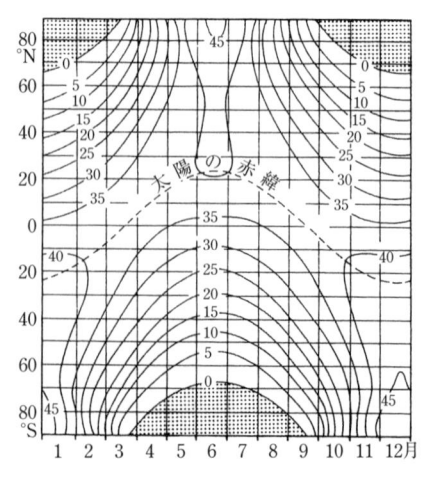

図 **6.17** 緯度別，季節ごとの大気上端での 1 日積算の太陽光強度 (Wallace and Hobbs, 1977)

る．確かに，大気上端での1日積算の太陽光強度は夏極で最大だが，地表面での太陽光吸収量は赤道域の方が大きい．その理由は以下のようにいくつかある．第1には，夏の極域では1日中太陽が没さないが，太陽高度が低いため，太陽光が大気層を斜めによぎり，大気層を通過する距離が長くなる．そのため，太陽光が途中で反射，吸収されやすく，地表面まで到達しにくい．また，極域は氷や雪に覆われている面積が大きいが，氷や雪の反射率（アルベード）は大きいので，極域の地表のアルベードは赤道域などに比べて大きい．これらのことにより，地表面での太陽光吸収は夏極でも小さくなる．さらに，地表面で吸収された太陽エネルギーも氷や雪を溶かすのに使われ大気の昇温に結びつきにくい．また，熱容量の大きい海洋の存在も，夏期の極域における大気の速やかな昇温の妨げになっている．このような理由により，対流圏の地表付近では，夏でも極域が低緯度地方より温度が高くなれないと考えられる．

図6.16をよく見ると，赤道地方の高さ17km当たりを中心として温度が非常に低い領域がある．空気が大変希薄な中間圏上部を除けば，地球で一番温度が低い場所と言ってよい．この低温の領域の存在は対流圏界面の高さと関係している．対流圏では温度が高さとともに減少するが，成層圏では等温か高さとともに増大することは既に学んだ．低緯度地方では対流圏が厚く（約16km），対流圏界面では地表よりもかなり温度が低い．それに対して，中緯度では対流圏が薄い（約8km）ので，対流圏界面での温度は（地表面温度が低緯度より低いにもかかわらず）それほど低くはない．そこでは8km以上は成層圏なので，温度はそれ以上低下しない．結果として，高さ16km付近で比較すると，低緯度の方が温度が低いことになる（この層での大気循環による逆温度勾配の強化については8.3節を参照）．

以上の理由により，低緯度地方の対流圏界面付近で温度はかなり低く，12月〜2月平均では$-80°C$にも達している．中間圏の上部（高さ85km以上）の夏極では$-140°C$という最低温に達している．夏極で最低温度という典型的な逆温度勾配であり，特別な説明を要する興味深い現象である．この層では，わずかな水蒸気が凝結して，氷の雲となっていて，極中間圏雲と呼ばれている．

次に，子午面内の東西風の風速分布を見てみよう．図6.18に東西方向に平均した東西風速の子午面内分布を示した．この図から以下のことがわかる．

(1) 対流圏の中高緯度では西風が卓越している．この西風を偏西風という．特に，中緯度の対流圏界面付近（12〜15km）で偏西風が最大となり，これ

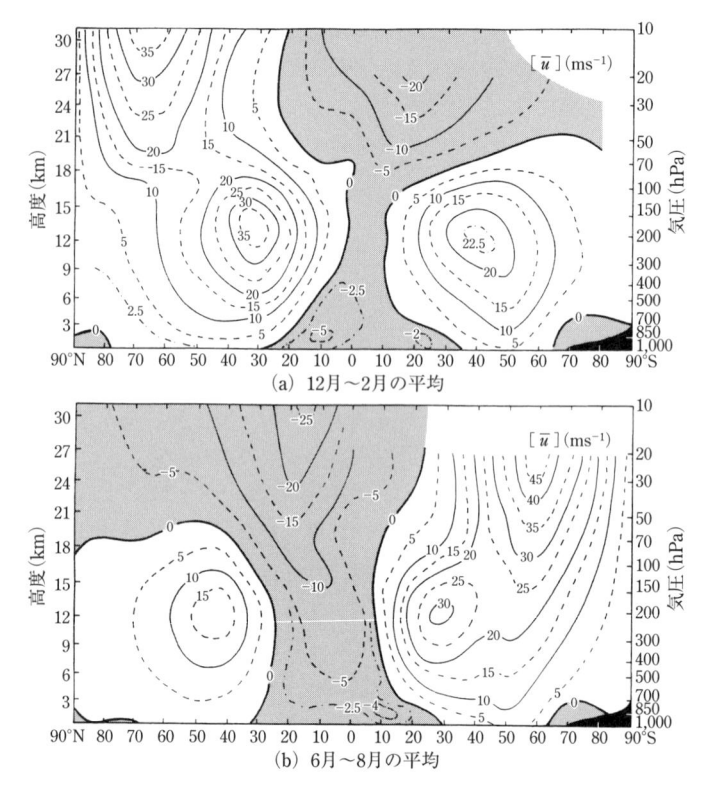

図 6.18 冬期と夏期における経度方向に平均した東西風速分布 (Newell et al., 1972)：(a) 12月〜2月の平均値．(b) 6月〜8月の平均値．白地の部分が西風，陰影の部分が東風である．

をジェット気流という．
(2) 対流圏の低緯度地方では，下層で東風，上層で西風となっている．この東風を偏東風または貿易風という．
(3) 成層圏の夏半球では東風が，冬半球では西風が卓越している．

つまり地表付近では，低緯度地方では東風が，中高緯度地方では西風が吹いていることになる．中高緯度の大規模な風系である偏西風に対しては地衡風の関係が成立する．したがって，図 6.13(a) にも示されているように，偏西風の極側が低気圧で，赤道側が高気圧である．偏西風は極域を中心とする巨大な低気圧の周りを（北半球で反時計回りに）周回する流れであるといえる．

最後に，この風系と前に説明した温度分布の間に温度風の関係が成立しているか，定性的に検討してみよう．ただし，コリオリ因子が小さく，地衡風の関係が成り立ちにくい低緯度地方は除いて，中高緯度の状態のみを検討したい．

(a) 対流圏の中高緯度の状態

これは前節で図 6.14 を用いて説明した通りである．低緯度の高温による正の浮力と高緯度の低温による負の浮力からは反時計回りのモーメントが，高さとともに速くなる偏西風に働くコリオリ力からは時計回りのモーメントが作られる．両者は打ち消し合い，少なくとも定性的には温度風の関係が成立していることがわかる．

(b) 成層圏の状態

簡単のために北半球について考えてみる．まず，冬の場合は対流圏と同様，低緯度の方が高緯度よりも高温になっている．一方，西風は高さとともに風速が増大している．つまり，(a) の状態と定性的には同様であり，やはり温度風の関係が成立していると思われる．次に，夏の場合を見てみよう．上に述べたように，この場合は極域の方が低緯度よりも高温になっている．一方，東風が高さとともに速くなっている（東風シア）．これは冬の場合または (a) と正反対で，図 6.15 に示されているように，浮力のモーメントは時計回り，コリオリ力のモーメントは反時計回りである．両者が打ち消し合い，やはり温度風の関係が成立している．南半球についても同様なので，読者自身で確認して欲しい．

(c) 対流圏界面付近の状態

この高度付近の中緯度地方では，低緯度側よりも高緯度側の方が高温になっている．また，偏西風が高さとともに減少している（東風シア）．したがって，この場合は (b) の夏の場合と同様な温度風の関係が成立している．共に東風シアであるが，東風が高さとともに大きくなるか，西風が減少するかの違いはある．逆温度勾配が偏西風の風速の高さによる減少と関係していることに注意して欲しい．

6.9　地球大気の子午面循環

6.7 節で説明したように，子午面内で南北方向に温度差が存在したとき，その浮力のモーメントが鉛直シアをもった東西風速に働くコリオリ力のモーメント

とつり合うことも可能であるが，子午面循環が励起されて，それに働くまさつのモーメントとつり合うことも可能である．ただ，地球の中高緯度では，大規模な風系に対して地衡風の関係がよく成り立っているという観測事実があるので，子午面循環が卓越する余地はなさそうだと推測される．それでは，現実の地球対流圏で子午面循環がどうなっているのか見てみよう．

図 6.19 に経度方向に平均した子午面循環の様相が示されている．各半球に 3 つの細胞のような循環があり，空気の流れはその中で閉じている．これを 3 細胞循環と言うことがある．図 6.14(a) の浮力のモーメントにより励起される各半球 1 細胞の循環とは明らかに異なっている．3 細胞循環のうち，低緯度地方の循環がハドレー循環である．低緯度ではコリオリ力が弱いので，コリオリ力を

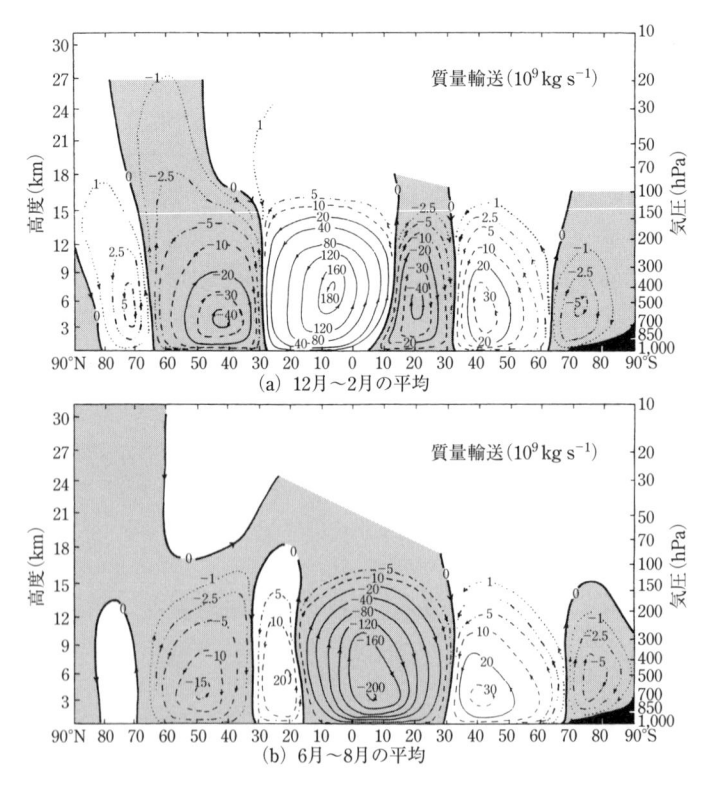

図 **6.19** 冬期と夏期における東西平均子午面循環 (Newell *et al.*, 1972)：子午面内で曲線に沿って矢印の方向に大気が回転している．(a) 12 月～2 月の平均値．(b) 6 月～8 月の平均値．

考慮していない4.5節の説明が妥当し，南北方向の温度差により水平対流が励起される．しかし，低緯度でもコリオリ力を完全には無視できない．ハドレー循環の下層の南向きの流れにコリオリ力が働き東風が生成され，上層の北向きの流れに働き西風が生成される．これにより，図6.18に示されている低緯度地方下層の東風（偏東風），上層の西風が説明できる．

図6.19を見ると，夏半球にあるハドレー循環よりも冬半球にあるハドレー循環の方が大きくて強いことがわかる．ハドレー循環の極側の限界緯度は約30度であるが，冬半球のハドレー循環は赤道を越えて反対側の半球にはみ出している．その分，夏半球のハドレー循環は小さくなっている．冬半球の方が太陽光は弱いのに，循環が強くなるのはなぜだろうか．それは夏半球の方では太陽がその半球の回帰線の方に寄っているので南北の温度差が小さくなり，反対に冬半球では太陽が反対の半球に寄っているため南北温度差が大きくなるためである．この傾向は図6.16の低緯度の地表付近の温度分布からも読み取れる．

一方，中緯度には，温度の低い高緯度側で上昇して，温度の高い低緯度側で下降する循環が見られる．これをフェレル循環という．この常識と正反対の方向に回転する循環を間接循環，通常の循環を直接循環ということがある．やはり，中緯度では温度風の関係が成立しているので，南北温度差により直接循環が励起されることはないのである．したがって，何も循環がないのならばわかりやすいのだが，間接循環が出現したのはなぜだろうか．実はこの現象は東西方向に平均した子午面内で議論しているだけでは，理解できないことが知られている．これについては第7章で議論したい．ただここでも，フェレル循環は東西方向に平均した結果できるもので，それぞれの経度で一様に存在しているものではないことを注意しておく．いずれにしても，フェレル循環はハドレー循環に比べてかなり弱い．高緯度地方に存在する極循環といわれる循環は直接循環であるが，フェレル循環よりもさらに弱い．

地球の成層圏や火星の子午面循環については，第7章で議論したい．

6.10　金星のスーパーローテーションの遠心力バランス

第1章で，金星大気は金星の周りを自転の方向に高速で回転していること，この回転に伴う東風は高さ70 km付近で100 m/sにも達すること，この流れをスーパーローテーションということを述べた（図1.2参照）．それでは，この風

は力学的にどのようなつり合いにあるのだろうか．本章で学んだ概念で考えてみよう．

この東風は自転している金星の周りを回転しているので，それにコリオリ力と遠心力が働く（ここでの遠心力は大気の回転に伴う遠心力である）．東風の速度を u，コリオリ因子を $f = 2\Omega \sin\theta$（Ω は金星の自転角速度，θ は緯度）とすると，それに働くコリオリ力の向きは北半球において南方向で（コリオリ力は風向の直角方向に働き，金星の自転は地球と逆方向であることに注意），その大きさは（単位質量の空気塊に対して）fu と書ける．一方，遠心力の向きは自転軸に直角外側であり，その大きさは R を金星の半径として（単位質量の空気塊に対して）$u^2/(R\cos\theta)$ と書ける（図 6.20）．$R\cos\theta$ は考えている空気塊と自転軸との距離（腕の長さ）であり，正確には z を空気塊の高さとすると，$(R+z)\cos\theta$ であるが，$R = 6052\,\mathrm{km}$ に比べて z はせいぜい $100\,\mathrm{km}$ で小さいので，z を無視した．遠心力の南北成分はそれに $\sin\theta$ をかけて，$u^2 \tan\theta/R$ となる．したがって，両者の比は

$$\frac{\text{遠心力}}{\text{コリオリ力}} = \frac{u^2 \tan\theta/R}{fu}$$
$$= \frac{1}{2}\frac{u}{(R\cos\theta)\Omega}$$
$$\sim \frac{u}{R\Omega} \qquad (6.17)$$

と書ける（$2\cos\theta \sim 1$ とした）．この式は金星のみならず，地球に対しても成り立つ．

$R\Omega$ は赤道での惑星の（静止系に対する）回転速度である．したがって，式 (6.17) は（地面に対する）風速と惑星の回転速度の比である．地球の場合，$R\Omega = 466\,\mathrm{m/s}$

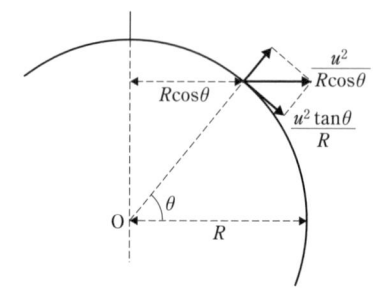

図 **6.20** 東西風に働く遠心力：緯度 θ で吹く東西速度 u の風に働く遠心力の大きさは $u^2/(R\cos\theta)$ であり，その南北成分は $u^2\tan\theta/R$ である．

であり，代表的な東西風速は図 6.18 からわかるように偏西風の 30 m/s 程度であるので，(遠心力) / (コリオリ力) ～1/10 である．30 m/s よりも風速が弱ければ，この比はさらに小さくなる．つまり，偏西風において，遠心力はコリオリ力に対して無視できることがわかり，この意味で地衡風の関係が再確認できた．

一方，金星の自転は周期が 243 日と非常に遅いため，自転速度も $R\Omega = 1.5$ m/s と非常に小さい．それに対して，高さ 70 km 付近では東風が（高緯度地方を除いて）100 m/s 程度なので，そこでは，(遠心力) / (コリオリ力) ～60 であり，遠心力の方が圧倒的に重要である．厳密に考えてコリオリ力を無視しなければ，南北方向の気圧傾度力と遠心力とコリオリ力の和がつり合うという傾度風バランスが成立していることになる．また，実際上はコリオリ力を無視できるので，よい近似で旋衡風バランスが金星大気では成立しているといえる．太陽系内の大気のある惑星は金星以外，自転が速いので（表 1.1 参照），少なくとも惑星規模の風ではコリオリ力は極めて重要である．したがって，惑星規模の風に対して，旋衡風バランスが成立しうる惑星は金星だけである．

6.5 節において，地衡風の関係が成立している場合，南北温度差による浮力のモーメントと鉛直シアをもった東西風に働くコリオリ力のモーメントがつり合うこと，このつり合いを温度風の関係ということを学んだ．金星のように，コリオリ力に代わって遠心力が重要な場合も，同様なつり合いが成立しうる．このつり合いに対しては，特に術語はないようであるが，遠心力による温度風バ

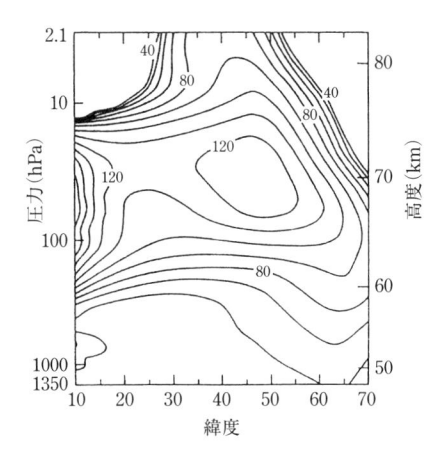

図 **6.21** 金星の東風の子午面内分布 (Walterscheid *et al.*, 1985)：観測された温度場から温度風の関係を用いて推算した風速分布 (m/s)．

ランス，または金星型温度風バランスといったらよいであろうか．この関係を利用すると，温度分布の観測から東西風速の分布を推定できる．金星の上層大気に対して電波を使った観測（掩蔽観測）がなされており，それにより温度分布が求められている．その温度分布を使い，金星型の温度風バランスを仮定して決定した東西風速分布を図 6.21 に示しておく．金星の雲頂高度（70 km 付近）の中緯度でかなり強いジェットが見られるのが，この観測結果の特徴である．

第7章
温帯低気圧とその役割

　水平方向に温度差があったとき，その温度差により水平対流が励起されれば，水平対流が熱を輸送し，温度差を緩和する役割をする．しかし，地球の中高緯度のように温度風の関係が成立していると，南北方向に温度差があっても東西風が吹いているだけで，南北方向に運動が起こらず，熱が輸送されない．この場合，傾圧不安定波という擾乱が発達し，熱を南北に輸送する．この擾乱は春や秋，周期的に日本にやってきて雨を降らす温帯低気圧に相当する．温帯低気圧は成長しながら東に進むが，本章では，この温帯低気圧の構造とその役割について学ぶ．

7.1　南北熱輸送と地衡風の関係

　水平対流は水平方向の温度差によって作られ，温度の高い所から温度の低い所に熱を輸送し，温度差を緩和する．この熱輸送の方向は常識的には明らかだと思うが，地球対流圏の子午面循環に即して熱輸送の機構を具体的に調べてみよう．本章の主題である温帯低気圧も水平方向の熱輸送がその主要な役割だからである．

　図7.1(a)に模式的に子午面循環（水平対流）に伴う南北流と鉛直流が示されている．破線で示された緯度で考えると，この破線を越えて空気が移動することによりこの破線を越える熱輸送があるはずである．上層では温度 T_1 の空気が赤道側から極側に流れ込み，下層では温度 T_2 の空気が極側から赤道側に流れ込む．対流圏では上の方がより温度が低いので，$T_1 < T_2$ である．赤道側の大気にとって上層で破線を越えて低い温度の空気を極側に渡し，下層で高い温度の空気をもらうので，正味で熱をもらえそうである．高緯度側の大気にとっ

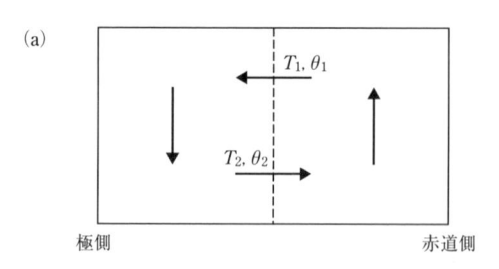

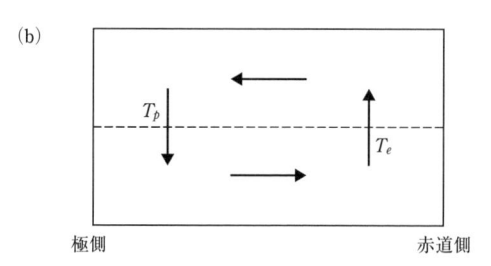

図 7.1 子午面循環による熱輸送の模式図：左右が南北，上下が高さ方向．(a) 破線を横切る南北流により，破線を越えて熱が赤道側から極側に輸送される．(b) 破線を横切る鉛直流により，破線を越えて熱が下層から上層に輸送される．

ては温度の高い空気を失い，温度の低い空気をもらうので，正味で熱を失いそうである．そうだとすると，子午面循環により熱が正味で温度の低い極側から温度の高い赤道側に運ばれたことになり，常識に反した結果となる．

実は温度で考えたのが誤りで，正しくは温位で考える必要がある．上層と下層では気圧が異なり，3.1 節以下で説明したように，外から熱を加えたり奪ったりしなくても，上下に空気塊を移動するだけで温度が変化するからである．上層にある空気塊の温度 T_1 は低くても，その空気塊を下層に断熱的にもってくると，T_2 よりも温度が高くなる．したがって，空気塊がそのとき位置している高度（周囲の気圧）に依存しない，その空気塊の本当の「熱量」を示す量として温位を導入する必要がある．3.3 節で説明したように，地表面に断熱的に空気塊を持ってきたとき，空気塊が示す温度が温位なので，温位は高度に依存しない（温度に代わる）量である．

大気が安定な場合，温位は高さとともに増大するので（3.3 節参照），安定成層している対流圏では上層の空気の温位を θ_1，下層のそれを θ_2 とすると，$\theta_1 > \theta_2$

である．したがって，極側の大気の温位が増大し，赤道側の温位が減少する．つまり，常識通り正味で熱が破線を越えて温度の高い赤道側から温度の低い極側に運ばれることになる．このような熱輸送には，大気の成層が安定であることが関係していることに注意してもらいたい．

ついでに，子午面循環が行う鉛直方向の熱輸送についても確認しておこう（図7.1(b)）．今度は中層で考えればよい．赤道側の温度の高い所 T_e で上昇，極側の温度の低い所 T_p で下降なので，正味で温度（温位）が破線を越えて上に輸送される．つまり，子午面循環は温位の低い下層から温位の高い上層に熱を運ぶことになり，上下の温位差は増大する（大気の安定度は増す）．これは大気の運動（一種のかき混ぜ）により温度差や温位差が緩和されるという常識に反する．しかし，水平対流は水平方向の温度差によって励起されたもので，鉛直対流のように鉛直方向の温度差によって励起されたものではないことを考えると，それほど不自然な現象ではない．

温度の高い空気は密度が低く，温度の低い空気は密度が高いので，鉛直運動により密度が高いものが下に，密度が低いものが上に移動する．つまり，大気全体の重心が下がり，位置エネルギーが減少する．それが対流の運動エネルギーの基になっていることは，既に 4.2 節で学んだところである．

6.9 節で学んだ低緯度地方のハドレー循環はこのような仕組みで，熱を赤道から中緯度に運んでいる．それでは，中緯度ではどのようにして熱が運ばれるのだろうか．中高緯度では大規模な風系に対して，観測事実として地衡風の関係がよく成り立っていることは何度も述べた．まず，子午面循環というものは，まったく地衡風の関係を満たしえないものであることを確認しておきたい．子午面循環は水平対流の一種であり，図 4.3 に示されているように，高気圧から低気圧に向かって等圧線を横切って風が吹き込むのが特徴であり，等圧線に沿って風が吹く地衡風ではありえない．

また，ハドレー循環でのようにすべての経度で南北方向に吹く風が地衡風でありえないのは，以下のように理解できるだろう．たとえば北半球のある高度のすべての経度で南風が吹いていたとする．もし地衡風の関係が成り立っていれば，ある南風の東の方が西の方より気圧が高い．その南風の東でも南風が吹いていれば，さらにその東の方がより気圧が高いはずである．このようにどこまでも東の方の気圧がより高い分布となるが，東に進んでいくと 1 周し元の位置に戻ってしまうので，そのような気圧分布はありえないことになる．つまり，子午面循環に伴う南北流は地衡風ではありえない．

確かに，図 6.19 に示されているように，中高緯度にも子午面循環が存在しているが，それらの風速は弱い．そもそも，中緯度に存在するフェレル循環はハドレー循環と逆方向に回転している間接循環であり，熱を高緯度から低緯度に運んでしまう（図 7.1(a) で流れの方向を逆にしたものを考えてもらいたい）．それでは，中緯度で地衡風の関係を満たしつつ，熱を低緯度から高緯度に運ぶメカニズムとしていかなる現象が考えられるのだろうか．それが本章で議論する温帯低気圧である．

7.2 回転水槽の実験

前節で述べた問題は，水平方向に温度差があり，同時に惑星の自転効果（コリオリ力）がよく効く状態において，どのような現象が生じるかという形に定式化できる．そこで，実際の温帯低気圧の観測結果を述べたり，その理論を紹介したりする前に，

1. 南北方向の温度差
2. 地球の自転

という 2 つの要因だけを取り出した室内の流体実験を検討してみよう．図 7.2 に回転水槽実験の装置を示した．二重円筒の容器の中に水を入れ，外側を高温に，内側を低温に保つ．この容器の中心を回転軸に一致させるように回転台に乗せ，容器を回転させる．ここでは簡単のために，回転方向は地球の北半球と同様，すべて反時計回りとする．

この回転台の回転が惑星の自転に，高温の外側が北半球低緯度に，低温の内

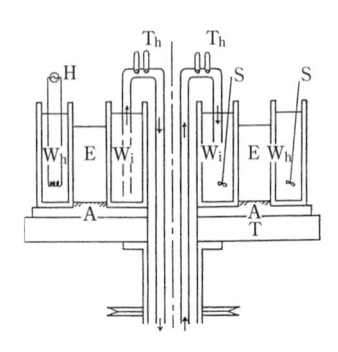

図 **7.2** 回転水槽実験の装置（守田，1980）：横から見たもの．

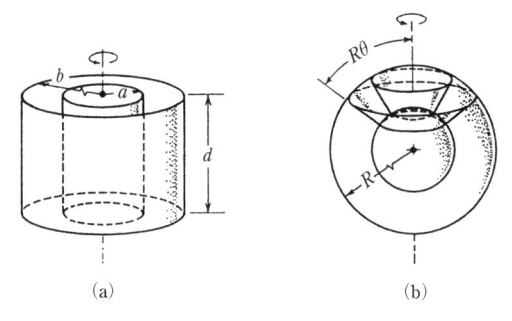

図 **7.3** 回転水槽実験装置 (a) と北半球の大気 (b) との対応関係 (Greenspan, 1968)

側が北半球高緯度に対応している（図 7.3）．つまり，円筒の中心からの半径方向が緯度（南北）方向に，それと垂直な円周の方向が経度（東西）方向に対応する．現実の惑星では極地でのみ鉛直軸（重力の方向）と自転軸が一致し，他の緯度では一致しないが，室内実験では両者は完全に一致している．この点，室内実験は現実と異なるが，やむをえないであろう．内側と外側の温度差と回転台の回転角速度という 2 つのパラメータを変化させて，いろいろな場合について，どのような水の流れが生ずるか調べるのがこの室内実験の目的である．

図 7.4 に回転水槽を上から見たときのいくつかの流れのパターンが示されている．水槽内の上面での水の運動が可視化されたものである．異なったパターンが得られたのは実験において 2 つのパラメータの値が異なるためである．まずは，これらを (a) 対称運動, (b) 定常波, (c) 不規則運動に分類できる．中心について軸対称なパターンが (a) 対称運動であり，規則的に波打っているパターンが (b) 定常波, それが乱れたようになっているのが (c) 不規則運動である．これらを以下のように考察してみよう．

7.2.1 ハドレー循環

最初に，水槽が回転していない場合を考えてみよう．この場合は，図 7.5(a) に模式的に示されているような，二重円筒容器の内側と外側の温度差に起因する流れができるであろう．これは第 4 章で学んだ水平対流に他ならない．これを上から見ると，外側から内側に向かう直線的な流れが見えるはずである．この回転水槽内の水平対流は図 7.5(b) に示されている子午面循環に相当する．自転がなくコリオリ力が働かない場合には，極・赤道間の温度差により半球に 1 つの大きな子午面循環が形成されると思われる．

(a) (b) (c)

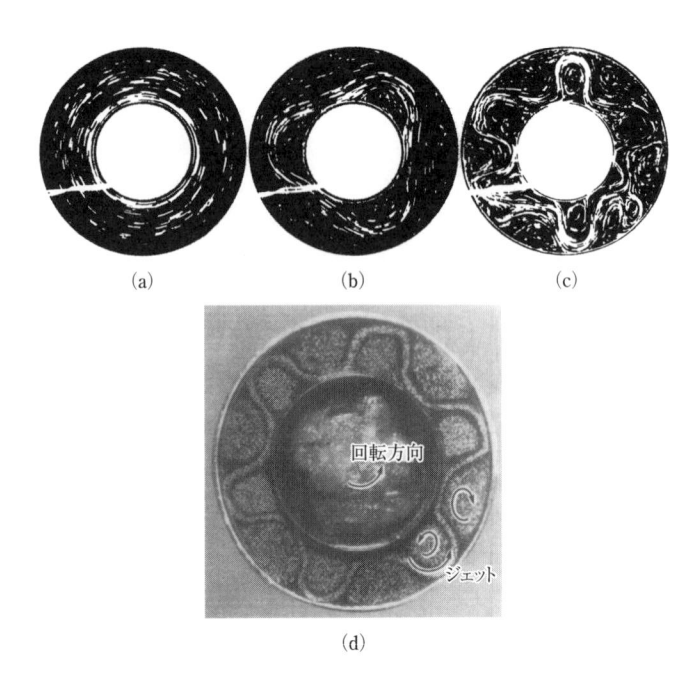

回転方向
ジェット

(d)

図 **7.4** 回転水槽実験の結果として得られた流れのパターン：回転水槽を上から見たもので，(a) 対称運動，(b) 定常波，(c) 不規則運動に分類される (Hide, 1969). (d) には波数 6 の波が卓越した状態における円周方向（東西方向）の流れ（ジェット）の蛇行の様相が示されている（本文参照）(名越・木村，1994).

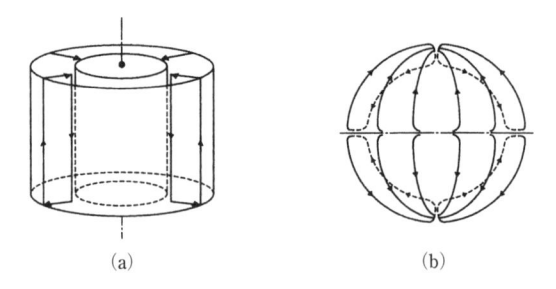

(a) (b)

図 **7.5** 回転がない場合の循環：(a) 水槽の中の対流，(b) 惑星大気の子午面循環.

次に，回転水槽にあまり大きくない回転を加えた場合を考えてみよう．この場合には，図 7.4 の (a) の対称運動が生ずる．図 7.5 の水平対流にコリオリ力が働く場合を考えればよい．水槽の上面で考えれば，内側に向かう流れにコリオリ力が直角右側に働き，接線方向に反時計回りに運動し始める．その結果，上

面外側付近にあった水塊は螺旋を描きながら内側に向かう．螺旋と言っても，図 7.4 の対称運動はほとんど同心円に沿っているように見える．これは回転効果がよく効いているためである．回転がそれほど速くなくても，水平対流に伴い水塊が外側付近から内側付近に動く間に水槽が何回も回転すれば，コリオリ力が重要になり，水塊の運動は近似的に同心円状の運動と見なせる．流れの向きは反時計回りなので，現実の大気では西風（偏西風）に対応する．

一方，水槽の下面付近では，内側から外側に向かう流れにコリオリ力が働き，時計回りの流れができる．この流れが東風に対応することは言うまでもない．

以上のような流れは（回転があってもなくても）水槽の回転軸について軸対称な流れであり，これをハドレー循環と呼ぶことにする（前章では赤道地方に見られる子午面循環をハドレー循環と呼んだ．両者の関係は以下参照）．

7.2.2 ロスビー循環

この回転水槽実験の条件は回転軸について軸対称である．二重円筒容器の外壁と内壁の温度は異なるが，それぞれでは一定の温度に維持されている．このように実験の条件が軸対称なのだから，実験結果も軸対称になるのが自然であろう．実際，ハドレー循環は軸対称であった．しかし，実験での回転速度を大きくすると，図 7.4(b) 定常波のような波打っている非軸対称な流れが生じる．さらに，回転速度を増すと，(c) 不規則運動のような空間的に不規則であるだけではなく時間的にも不規則に変動する流れが生じる．個々の実験での回転速度や外壁と内壁の温度差などは時間的に一定に保たれている．実験の条件が時間変化しないのに，時間変化する結果が得られたことに注意していただきたい．(b) 定常波と (c) 不規則運動のような非軸対称な流れを総称して，ロスビー循環という．

ロスビー循環という言葉が出てきたが，これは 6.6 節で学んだロスビー波とはまったく別物であるので，注意して欲しい．回転水槽実験では地球上とは異なり，至る所で鉛直軸と回転軸の方向は一致し，$f = 2\Omega$ である．したがって，f が一定なので，ベータ効果が存在せず，ロスビー波も存在できない（温帯低気圧とロスビー波の関係については 7.5 節の議論を参照）．

ハドレー循環では水槽の上面付近での反時計回りの流れ（西風に対応）は一様で軸対称であったが，ロスビー循環ではこの流れが蛇行している．図 7.6 に示されているように，これは一様な西風と反時計回りおよび時計回りの渦が重ね合わされたものである．ロスビー循環では水槽の回転が速いので，地衡風の

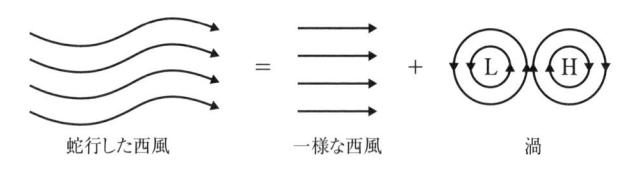

図 **7.6** 西風の蛇行と渦：西風の蛇行（波打った流れ）は一様な西風と反時計回りおよび時計回りの渦の重ね合わせで表現される．

関係が成り立っている．したがって，反時計回りの渦は低気圧，時計回りの渦は高気圧となっているはずである．つまり，ロスビー循環とは，上面付近で見ると，反時計回りの一様な流れにいくつかの低気圧と高気圧の対が重なったものである．この対が3つであれば，波数3の波という．

実験結果によると，(b) の定常波のように流れの空間的パターンは規則的であるが，波数（波長），波の振幅，波形が周期的に変化する状態があることが知られている．これをヴァシレーションという．以上をまとめると，流れのパターンは以下のようになる．

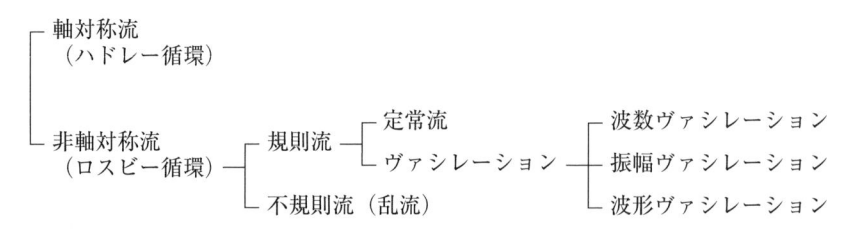

```
┌ 軸対称流
│   （ハドレー循環）
│                          ┌ 規則流 ┬ 定常流              ┌ 波数ヴァシレーション
└ 非軸対称流 ─────────┤         └ ヴァシレーション ─┼ 振幅ヴァシレーション
    （ロスビー循環）      └ 不規則流（乱流）                 └ 波形ヴァシレーション
```

この実験を支配する重要なパラメータは (1) 南北方向の温度差に相当する内壁と外壁の温度差と (2) 地球の自転に相当する水槽の回転角速度の2つであった．この2つの独立な量の代わりに，よく次元（単位）のない次の2つの数（無次元数）が使われる．

$$\Theta = \frac{\Delta\rho g d}{\rho_0 \Omega^2 (b-a)^2} \quad \text{：熱ロスビー数}$$

$$Ta = \frac{4\Omega^2 (b-a)^5}{\nu^2 d} \quad \text{：テイラー数}$$

ここで，a は水槽の内径，b はその外径，d はその深さ，Ω は回転角速度，ρ_0 は流体の平均密度，$\Delta\rho$ は内壁と外壁の温度差に相当する密度差である．

熱ロスビー数とテイラー数のさまざまな値の組み合わせに対して，どのような流れのパターンが実現するかを示したのが，図 7.7 である．このような図を

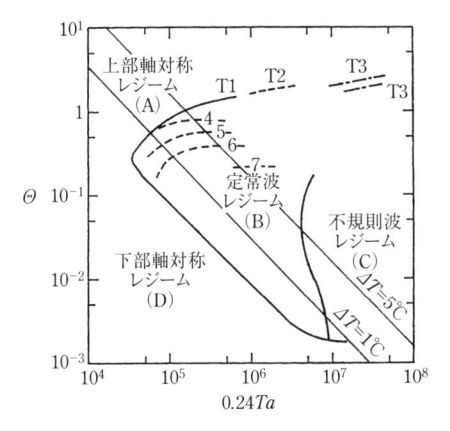

図 **7.7** 回転水槽実験のレジーム・ダイアグラム（守田，1980）：熱ロスビー数とテイラー数に対してどのような循環が生ずるかが示されている．

レジーム・ダイアグラムという．Θ と Ta の両方に Ω が入っていて，わかりにくいので，$\Delta\rho$ を固定して，Ω のみを増大させると，(Ta, Θ) は図中の斜線の左上から右下に移動する．それに沿って実現されるパターンを見てみると，ハドレー循環（軸対称レジーム），定常なロスビー循環（定常波レジーム），不規則なロスビー循環（不規則波レジーム）という順に循環が生じてくる．既に述べたように，この実験装置の外的条件は軸対称性と時間一様性という対称性を持っている．ハドレー循環はこの対称性を持っている．それが，定常なロスビー循環になることによって，軸対称性が破れ，さらに不規則なロスビー循環に遷移することにより時間の一様性も破れる．つまり，外部パラメータの変化に伴い，系の状態の対称性が低下しているわけである．なぜ，実験装置の外的条件が持つ軸対称性や時間一様性といった対称性を持たない流れの状態が実現できるのか，不思議である．それについての一般理論もあるのだが，その説明は本書の範囲を越えるので，ここでは流体の運動を記述する方程式が非線型方程式であることと関係があることだけ指摘しておく[1]．

最後に，回転水槽実験の結果と現実の地球大気との対応関係を説明する．回転水槽実験で Ω が小のとき得られたハドレー循環は，対流圏低緯度のハドレー循環に対応する．低緯度においてはコリオリ因子 f が小さく，自転効果が小さいので，回転水槽実験では Ω が小さい場合に相当する．その結果，共に経度方

---

[1] これについては，松田佳久・余田成男著『気象研究ノート　気象とカタストロフィ——気象学における解の多重性』（日本気象学会，1985）を参照して頂きたい．

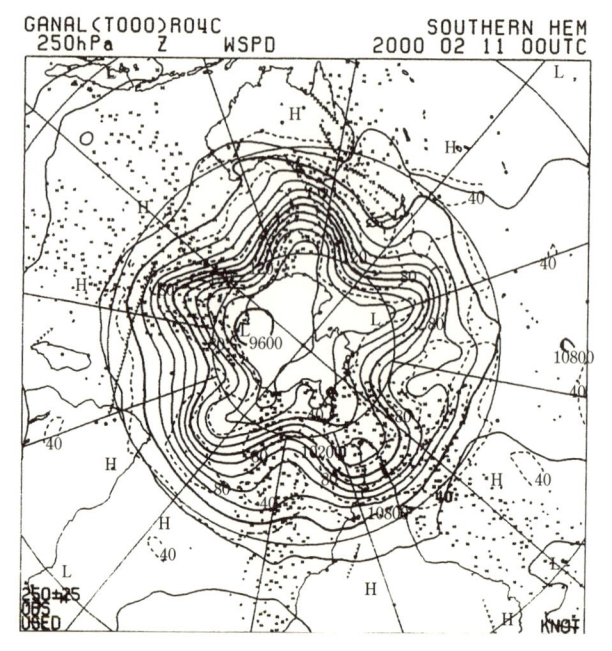

図 **7.8** 偏西風の蛇行（気象庁）：南半球の 250 hPa の等圧面高度 (m) が示されている．風はこれに沿って，西から東へ吹いている．

向（実験では円周方向）に一様な水平対流が形成される．

一方，Ω が大きいときの回転水槽実験ではロスビー循環が生ずるが，これは対流圏中高緯度で見られる偏西風帯に温帯低気圧や高気圧が存在し，偏西風が蛇行した状態（図 7.8）によく似ている．中高緯度においてはコリオリ因子 f が大きく，自転効果（コリオリ力）が重要であることは言うまでもない．温帯低気圧は，その発達の初期の段階に顕著に見られるが，その東側と西側に高気圧を伴っている．以下で詳しく議論するように，その構造を調べていくと，回転水槽実験での流れの構造とよく対応することがわかる．したがって，ロスビー循環は対流圏中高緯度の状態に対応するものであることがわかる．

7.3 傾圧不安定論

回転水槽実験を検討したことにより，南北方向に温度差があって，自転効果が大きいと，低気圧と高気圧を伴った波が出現することがわかったが，このような波がある条件の下に出現することを理論的に説明できないであろうか．実は温帯低気圧の発達を理論的に説明することは長い間，気象学の重要な目標であった．以下でも検討する第二次世界大戦前の北欧学派による前線論もこれに属する．その目標は大戦後，本節で説明する傾圧不安定論という形でおおよそ達せられた．

その説明に入る前に，温帯低気圧のエネルギー源についてのマルグレスの問題を解説したい．1903 年にマルグレスは温帯低気圧の発達に要するエネルギー源に関する簡単な考察を行った．対流圏中緯度では南北方向に顕著な温度差があるが，それを単純化すると，図 7.9(a) のように温度，したがって密度を異にする 2 つの大気が水平方向に接した状態が考えられる．2 つの大気の境界の仕切りがなくなると，(b) のように 2 つの大気が混合され，最終的には (c) のように下層に密度が大きい大気が，上層に密度が小さい大気が集まり，安定な状態になる．つまり，軽い空気が上へ，重い空気が下へ移動するので，空気全体の重心は下がり，位置エネルギーは減少する（4.2 節参照）．マルグレスはこの位置エネルギーの減少分が温帯低気圧の運動エネルギーの源であると考えた．

(c) の状態は位置エネルギーが最低の状態である．この位置エネルギーからの差を有効位置エネルギーという．つまり，与えられた状態の位置エネルギー全部を運動エネルギーに転換することは不可能で，最大でも有効位置エネルギー

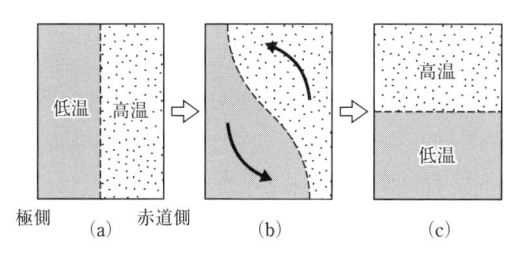

図 **7.9** マルグレスの問題：(a) 赤道側にある高温，極側にある低温の空気が接している状態．(b) それが混合し始めた状態．(c) 最終的に密度が大きい空気（低温）が下に，密度が小さい空気（高温）が上に移動した状態．

の分のみ運動エネルギーに転換できる.

　大気の状態は (c) に達した後,放射過程(太陽光加熱および赤外線放射冷却)により,赤道側が加熱され,極側が冷却されるので,(c) から (a) の状態に戻り,同じことが繰り返されると考えられる.以上の議論は極めて大雑把であるが,温帯低気圧発達のエネルギー源についておおよそ正しい見当を与えている.

　次に温帯低気圧を取り扱う理論の枠組を説明したい.現実の温帯低気圧は時間とともに発達する.これを気象学では「不安定論」という形で議論する.この「不安定論」は,温帯低気圧のみならず,(時間とともに発達する)気象のさまざまな現象を,流体力学の方程式を用いて理論的に説明するのによく使われる重要な思考方法なので,ここでまとめて説明しておきたい.「不安定論」の議論は 2 段階から成る.

(1)「基本場」を設定する.温帯低気圧の問題で言えば,南北温度差(温度が北に行くに従い連続的に低下)と,それと温度風の関係にある鉛直シアを持った西風(偏西風)を仮定することが,「基本場」を設定することに相当する.「基本場」は大気のおおよその平均場であり,それを与えられた枠組みと考え,その中で何が起こるかを考えるのである.この「基本場」は一般に対称性がよく(この例では東西一様),単純な構造をしているので,流体力学の方程式の解としても求めやすい.

(2) この設定された「基本場」に微弱な擾乱(速度場や温度場における小さな変位)が付け加わった状態を考える.この擾乱の挙動を流体力学の方程式を用いて調べるのが「不安定論」である.その際,擾乱の風などが弱いと仮定しているので,方程式が簡略化され(線型化され),取り扱いが簡単になるという利点がある.それにより,弱い擾乱のうちどのような構造を持ったものが(どのような成長率で)成長するかが調べられる.成長する擾乱が複数ある場合は成長率が最大の擾乱が実際には見えてくる,と考えるのである.

　「基本場」が南北温度差と(それと温度風の関係にある)鉛直シアを持つ偏西風である場合の不安定論を傾圧不安定論といい,成長する波を傾圧不安定波という.第二次世界大戦後,このような形でチャーニー (Charney, 1947) やイーディ (Eady, 1949),日本では岸保勘三郎[2] (Gambo, 1950) が傾圧不安定論

---

[2] 岸保勘三郎 (1924–2011).この論文によりプリンストンの高等研究所に招聘された.帰国後,数値予報グループを指導し,日本において数値予報を創始した(この間の事情は古川武彦著『人と技術で語る天気予報史』(東京大学出版会, 2012) に詳しいので,参照して頂きたい).

を展開し，戦中，戦後に充実した上空の気象観測結果と相まって，温帯低気圧が傾圧不安定波として説明されうることが示された（戦前の北欧学派の不安定論については以下参照）．なお，傾圧不安定論では，地衡風の関係が第 1 近似として仮定されている．中高緯度の現実の温帯低気圧に対してはそれが近似的に成り立っているからである．

傾圧不安定論で得られた成長率が最大の擾乱の構造を図 7.10 に示す．この東西–鉛直断面図に示された波の特徴をまとめると，以下のようになる．なお，気圧の谷の軸とはこの断面図において各高度で圧力が最小の点（低気圧の中心）を結んだ線のことであり，気圧の尾根の軸とは各高度で圧力が最大の点（高気圧の中心）を結んだ線のことである．

(1) 気圧の谷の軸および気圧の尾根の軸は垂直線ではなく，高さとともに西に傾いている．
(2) 気圧の谷，つまり低気圧の東側で高温，西側で低温となっている．
(3) 気圧の谷の東側に上昇流が，西側に下降流がある．
(4) 図と直交する流れ，つまり南北流については地衡風の関係が成立している．したがって，気圧の谷の東側では南風，西側では北風となっている．

擾乱の気圧の谷や尾根の軸が垂直線の場合（つまり，低気圧の中心の上に低気圧の中心があり，高気圧の中心の上に高気圧の中心が位置している場合），その擾乱を順圧的という．そうでない場合の擾乱を傾圧的という．図 4.3(d) に示されている水平対流の場合は，（下層の）高気圧の上に（上層の）低気圧が位置し，（下層の）低気圧の上に（上層の）高気圧が位置しているので，極めて傾圧的である．図 7.10 に示されている擾乱は，上下で低気圧と高気圧が入れ替わるほどではないが，軸が傾いているので，傾圧的である．このような東西方向に波の構造をした傾圧的な擾乱が成長するので，これを傾圧不安定波という．普通の波は外からの強制がなければ発生も成長もしないので，傾圧不安定の結果と

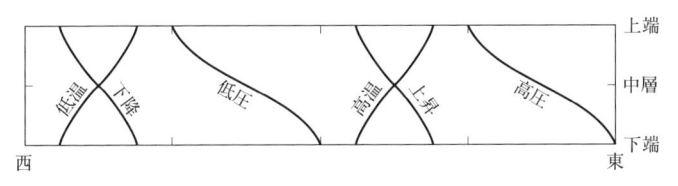

図 7.10 イーディ (Eady, 1949) による傾圧不安定波の東西一波長分の構造：横軸が東西，縦軸が鉛直方向．

して自発的に成長する不安定擾乱は普通の波とは性質を異にする．その点，注意を要するが，東西方向に波型の構造をしているので波と呼ばれている．

　上の(1)〜(4)の特徴は互いに無関係ではない．中層の低気圧中心の東側で考えると，上層は高気圧，下層は低気圧である．つまり，上層で等圧面高度が高く，下層で等圧面高度が低いので，層厚は厚いことになり高温である．同様に，低気圧の中心の西側で考えると，上層は低気圧，下層は高気圧なので，層厚が薄くなり，低温である．したがって，(2)は(1)と同値な関係にある．

　この問題の「基本場」は（北半球中緯度の温度分布を反映して）南の方が温度が高いと仮定されていた．(4)によると低気圧の東側では南風なので，南から高温の空気が移流され，高温となる．反対に，低気圧の西側では北風なので，北から低温の空気が移流され，低温となる．つまり，(2)は(4)の効果とも考えられる．(3)も他の性質と関係があるのだが，本書では説明を省略する．

　以上述べた波の構造は，現実の擾乱にも見られるのだろうか．図7.11に観測に基づく成長期の温帯低気圧（と高気圧）の構造を示した．上で説明した波の特徴がほとんどそのままこの図からも読み取れるであろう（ただし，気圧の谷の軸の上部で高温となっている点は述べられていなかった．これは擾乱の影響が及ばない上空において等圧面高度が水平になるとすると，低気圧（等圧面高度は低い）の上は層厚が厚くならざるをえないからである）．この一致から，現実の温帯低気圧を含む擾乱は傾圧不安定波と考えてよいであろう．

　以上のような構造を持った波が時間とともに成長する．傾圧不安定論の詳しい計算によると成長速度は波長によって異なり，東西波長がおおよそ3000km

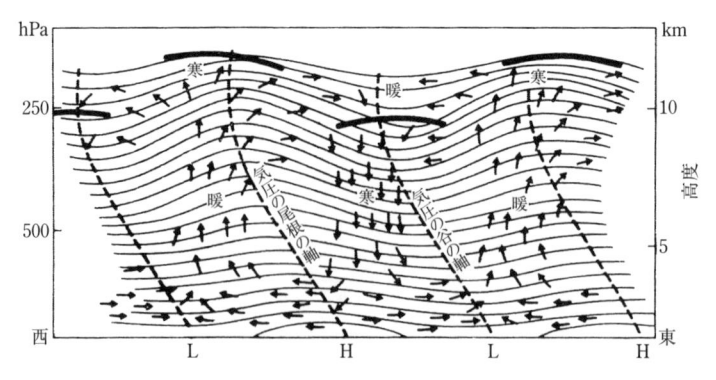

図 7.11 観測に基づいた傾圧不安定擾乱の構造（小倉，1999）：成長しつつある初期段階の構造の模式図．

の波が最も速く成長し，数日で気圧偏差や風速が 2～3 倍になる．この波は「基本場」において仮定した西風により東に流される．仮定された西風は高さとともに速くなっている．高さごとに別々に東に流されると，図 7.10 に示された構造が傾いてバラバラになってしまう．そうではなく，中層の西風の速度で，図 7.10 の構造を保ったまま全体的に東に移動する．これらの特徴は観測された温帯低気圧の特徴を捉えている．

傾圧不安定論によると，不安定波の成長率は，南北温度傾度（温度風の関係により西風の鉛直シアに比例）に比例する．これはマルグレスの問題で示唆したように，南北方向の温度差が傾圧不安定ひいては温帯低気圧発達の根本原因であることを示している．

7.4　温帯低気圧による熱輸送とその飽和

前節の傾圧不安定論により温帯低気圧の成長を説明できることがわかったが，それでは子午面循環に代わって，温帯低気圧はどのように熱を運ぶのだろうか．傾圧不安定波の構造に即して考えてみたい．

南北熱輸送の前に，鉛直方向の熱輸送を調べてみたい．図 7.10 および 7.11 に示されているように，傾圧不安定波においては（低気圧の東の）高温の所で上昇流，（低気圧の西の）低温の所で下降流となっている．温度の高い空気が上へ運ばれ，温度の低い空気が下へ運ばれるので，上層の温度が上がり，下層の温度が下がる．つまり，熱が上方に輸送されたことになる．

温度の高い空気は密度が低く，温度の低い空気は密度が高いので，言い換えれば，密度の小さい空気が上へ運ばれ，密度の大きい空気が下へ運ばれる，ということになる．つまり，重心の位置が低下し，位置エネルギーが小さくなり，その分，運動エネルギーに転換されうる．マルグレスの問題で議論した位置エネルギー（正確には有効位置エネルギー）の解放と同様である．しかし，マルグレスの問題では図 7.9 に模式的に示した子午面循環のような運動によっているのに対して，傾圧不安定波では図 7.10 に示した東西方向に並んだ上昇流と下降流の運動により，位置エネルギーが解放される仕組みになっている．いずれにしても，傾圧不安定波の働きにより，上層の温度が上がり下層の温度が下がるので，大気の成層度は大きくなる．傾圧不安定波はそういった性質も持っていることに注意したい．

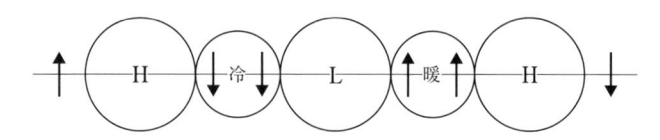

図 7.12 傾圧不安定波の水平構造の模式図：横が東西（右方向が東），縦が南北（上方向が北）であり，北半球での模式図．矢印により南北流（地衡風）が示されている．

　傾圧不安定波に伴う南北熱輸送を理解するために，大気中層でのこの波の東西–南北断面図を図 7.12 に模式的に示した．南北風については地衡風の関係が成立しているので，既に見たように，高温域である低気圧の東側で南風，低温域である西側で北風である．そうすると，擾乱の中心の緯度を示す横線を横切って，低気圧の東側で高温の空気が北に，低気圧の西側で低温の空気が南に運ばれる．したがって，正味で温度（熱）が南から北に輸送されることになる．このような形で，傾圧不安定波により，地衡風の関係を満たしつつ，熱が低緯度から高緯度に運ばれる．南北熱輸送にとっては低気圧の東側が高温，西側が低温という構造は本質的であった．

　以上，前節と本節で説明した傾圧不安定波の構造とその作用をまとめて考えてみよう．気圧の谷の軸が高さとともに西に傾いていることが本質的であり，それにより上に述べたようなメカニズムが作動し，位置エネルギーが減少する．それが運動エネルギーに転換され，風の速度も増大する．気圧の谷の東側の南風により，そこでの温度がさらに上昇して，気圧の谷の軸はますます傾く．このようにして，傾圧不安定波（温帯低気圧）は発達していく．しかし，傾圧不安定波は南から北に熱を運ぶ効果があるので，この不安定波の根本原因である南北温度差を解消してしまう（有効位置エネルギーが減少してしまう）．前節で述べたように，この不安定波の成長率は南北温度傾度に比例する．また，熱を上方に輸送して大気の安定度を高めるという効果も不安定波の成長を抑える．結局，傾圧不安定波自身の効果により，この不安定波は自分自身の成長を弱めてしまう．最終的には，成長しなくなり，気圧の谷の軸の傾きがなくなり，順圧的な構造をもった擾乱になってしまう．その後，この擾乱の運動エネルギーは偏西風のジェット気流に吸い取られてしまい，擾乱は減衰してしまう（順圧的な擾乱とジェット気流の相互作用の問題は傾圧不安定論の問題ではなく，むしろ順圧不安定論の問題なので，ここでは省略する）．これが温帯低気圧の一生である．

　このように一度，南北温度差は解消するが，低緯度での太陽光加熱，高緯度で

の赤外線冷却により南北温度差は回復してくる．したがって，また傾圧不安定波が成長する条件が整うので，同様のことが繰り返される．それに対して，7.2節で考察した回転水槽実験の定常流では一定の強さの傾圧不安定波が時間変化しないで存続していて，現実の大気の状況とは異なっている．これは回転水槽実験では水槽の大きさが小さいために水の粘性がよく効く結果として，傾圧不安定波が定常的に維持されるのであって，現実の大気の現象に必ずしも対応していないので，注意して欲しい．

7.5 現実の傾圧不安定波

以上，理論および回転水槽実験を通して傾圧不安定波とその役割を学んだ．既に指摘したように，この理論と実験では，傾圧不安定波が発達する基本場は東西方向（実験では円筒容器の中央を中心とする円の接線方向に対応）に一様という対称性を持っている．しかし，そこから出てくる不安定波は（波という規則性は持っているが）東西一様ではない．したがって，地球の地形などが完全に東西一様だとしても，ある瞬間でみると東西方向に高低気圧が分布するなど東西一様でない大気現象が生ずることになる．ただし，温帯低気圧による南北熱輸送量など時間平均した統計量は東西一様になるはずである．

しかし，現実の地球の海陸分布や山の高さ分布は東西一様ではない．その結果，現実の温度分布などは厳密には東西一様ではないので，現実の地球は傾圧不安定論で前提した条件を完全には満たしていない．しかし，南半球は陸が少なくほとんど海洋なので，地形や温度分布の東西一様性が高い．図 7.13(a) に南半球の冬のある瞬間の 500 hPa の等圧面高度が示されている．幾分のゆがみはあるが，波数 6 の傾圧不安定波が東西に広がっていることがわかる．この波の構造は偏西風により流されて東進するので，ある特定の位置で観測していれば数日の周期で低気圧と高気圧が通過する．また，図 7.13(b) には傾圧不安定波による極向きの熱輸送量が示されている．この量は瞬間値ではなく 1 ヵ月間の平均値である．東西方向にある程度の不均一性はあるが，おおよそすべての経度で熱輸送が行われていることがわかる．低緯度と南極付近では傾圧不安定波の活動がないこともこの図から理解される．

一方，北半球は大陸の占める割合も大きく，海陸の分布の東西非一様性が顕著である．これに加えて，ヒマラヤ山脈やロッキー山脈，グリーンランドの山

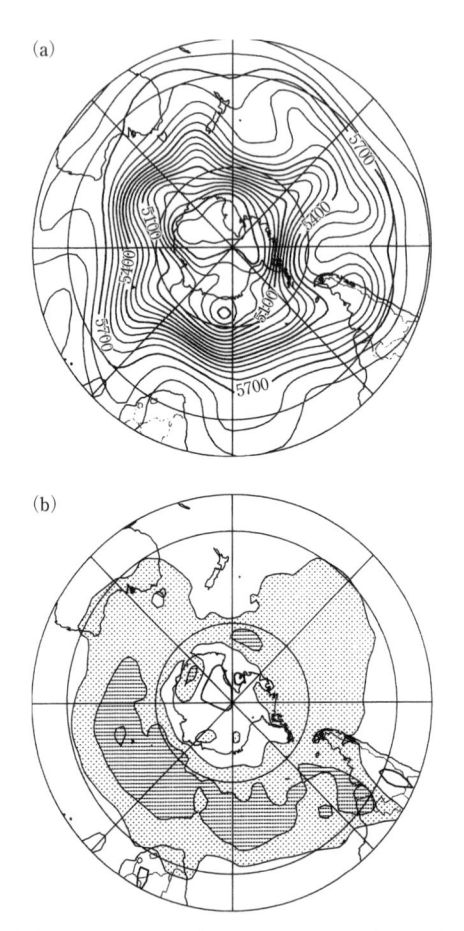

図 7.13 冬期の南半球における傾圧不安定：(a) 500 hPa 等圧面高度のスナップショット (2004 年 7 月 14 日). (b) 7 月 850 hPa 面における傾圧不安定波による極向きの熱輸送量 (2001～2010 年における 7 月 1 ヵ月の平均値). NCEP による客観解析データを使用 (佐藤尚毅氏作成).

など巨大な山岳地形が存在している．図 7.14(a), (b) に北半球のある瞬間の 500 hPa の等圧面高度と傾圧不安定波による極向きの 1 ヵ月平均の熱輸送量が示されている．北半球の等圧面高度の分布は，南半球と異なり，かなり複雑であることがわかる．全球を取り巻く波数 5～6 の波が単独に存在しているのではなく，もっと波数の小さい（つまり波長の大きい）波が重ね合わさっているようである．また，日本の東にある低気圧は波の一部ではなく孤立して存在し

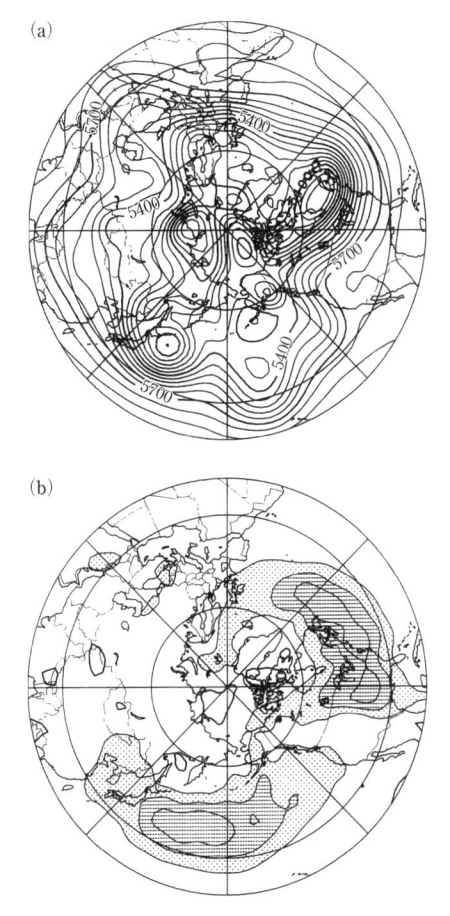

図 **7.14** 冬期の北半球における傾圧不安定：(a), (b) は図 7.13 と同様．ただし，(a) は 2004 年 1 月 14 日のスナップショット，(b) は 1 月の 1 ヵ月平均値．NCEP による客観解析データを使用．

ているように見える．

この波数の小さい波は 6.6 節で説明した定常ロスビー波であり，大陸・海洋の温度差や上に述べた大きな山岳に偏西風がぶつかる力学的効果によって励起されたものである．大陸・海洋の温度差は季節によって変化し，偏西風の強さやその中心の位置も季節により変化するので，ロスビー波の強弱や位相は季節によって異なるが，傾圧不安定波のように数日で変化するものではない．1 ヵ月にわたり等圧面高度を平均すれば，常に東進している傾圧不安定波による偏

差は消え去り，ロスビー波のみが残る．図 4.15 と図 6.13 に示された高低気圧分布がこれである．

図 7.14(b) は，南半球と違い，冬期の傾圧不安定波による南北熱輸送が，非常に限定された地域でのみ行われていることを示している．第 1 は東アジアから日本を越えて北太平洋に広がる地域であり，第 2 は北米東部から大西洋にかけての地域である．ユーラシア大陸はほとんどが空白地域となっている．つまり，北半球では傾圧不安定波が全球に広がらずに，この 2 地域のみで発達し，活動していることがわかる．日本付近と北米東部の地域は北が大陸，南が海洋という海陸分布をしている．冬期においては特に大陸上が冷え込むので，これらの地域では南北の温度傾度が大きくなり，傾圧不安定波の発達にとって大変有利である．

最後に，傾圧不安定波における低気圧と高気圧の発達の非対等性について考えてみたい．傾圧不安定の理論や回転水槽の実験結果では，不安定波の低圧部と高圧部は対等であり，どちらかが他方と比べてより発達するということはない．しかし，日常の我々の経験でもわかるように，地上気圧では低気圧の方がよく発達する．図 7.15 は日本付近の地上天気図である．この図に示されているように，低気圧は日本付近でよく発達し，等圧線がかなり密集し気圧傾度がかなり大きくなることがあるが，高気圧での等圧線の間隔は一般にそれほど狭くならず，気圧傾度は大きくならない．つまり，高気圧と低気圧の間には非対等性が存在している．この非対等性の原因は何だろうか？

6.4 節において低気圧と高気圧の間に非対称性が存在し，高気圧には限界があ

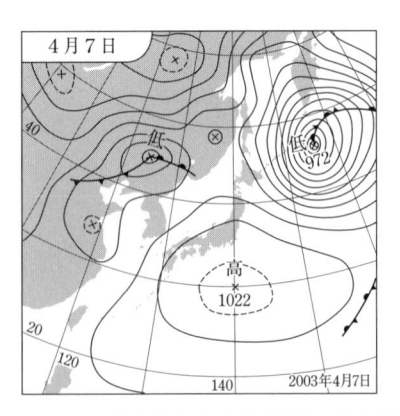

図 **7.15** 2003 年 4 月 7 日の日本付近の地上天気図

るが，低気圧には限界がないことを学んだ．そのとき，限界となる高気圧の偏差が現実に見られる移動性高気圧の高気圧偏差よりずっと大きければ，現実の高気圧に何も制約を与えない．しかし，6.4 節で計算した数値を見ると，高気圧のスケールにもよるが，高気圧偏差の限界は比較的小さく現実に制約を与えるものであった．したがって，現実の移動性高気圧の強さは，6.3 節で述べた遠心力を含んだ議論の結果によって制約されていると思われる．

一方，6.2 節において温帯低気圧に対してロスビー数（＝（加速度項）/（コリオリ項））は 0.1 程度であり（式 (6.11) 参照），加速度項がコリオリ力の項に比して無視できることを述べた．そのとき，加速度項は mU^2/L であったが，L を（おおよそ同心円状の）低気圧の半径，U をその周りの反時計回りの風速とすると，mU^2/L は遠心力であり，ロスビー数＝（遠心力の項）/（コリオリ項）とも解釈できる．そうすると，ロスビー数 =0.1 は遠心力がほとんど無視できることを意味し，遠心力が重要な役割をする 6.3 節の議論を適用できなくなる．

しかし，6.2 節の議論では L として 3000 km を代入したことに注意したい．この値はおおよそ傾圧不安定波の東西 1 波長であり，低気圧の中心から次の低気圧の中心までの距離である．もし，L として低気圧または高気圧の半径を考えるのであれば，L として 1 波長の 1/4 以下，750 km としなくてはならない．そうすると，ロスビー数は 0.4 となり，遠心力もコリオリ力と比べて無視できないことになり，6.3 節の議論と矛盾しなくなる．6.3 節の最後の部分の計算結果によると，半径 750 km の高気圧偏差の限界は 12 hPa であり（周囲の気圧を 1013 hPa とすると中心気圧 1025 hPa），傾圧不安定波の高圧部の成長に制約を与えうると思われる．それに対して，1001 hPa より気圧の低い温帯低気圧はごく普通に観測される．

次に，前線に関する高低気圧の非対称性を取り上げたい．大気中で温度などが大きく変化する境界（面）を前線（面）という．低気圧に伴う前線については次節で詳しく解説するが，ここでは，なぜ低気圧のみに前線が伴い，高気圧は前線を持たないかについて考えてみたい．図 7.10 と図 7.11 に示されているように，傾圧不安定波は低気圧の少し東側で上昇という構造をしていた．そのため，低気圧では地面付近で空気が収束する．さらに，6.5 節の終わりの方で述べたように，低気圧においては大気境界層でもまさつの効果により収束が起こる．

そのため，南北方向に注目すれば，北から冷たい空気が南下し，南から暖かい空気が北上するので，南北温度差（温度傾度）などが大きくなり，前線が形成される．つまり，地面付近で収束が起こることが前線の形成に寄与する．発

散では空気が広がるので，逆のことが起こる．一方，高気圧付近では上層で収束が生じている．しかし，上層には地面のような壁がないので，収束の効果は限られている．この場合の低気圧と高気圧の非対称性の根本原因は地表面の存在にある．低気圧付近で前線が形成され，南北温度傾度が強まると，それが低気圧の発達の強化に寄与しうるであろう．

最後になったが，高低気圧の到来において我々の日常生活にとって一番重要なのは低気圧における降雨である．高気圧付近では下降流が卓越するので天気がよい．低気圧付近においては上昇流に伴い水蒸気が凝結し，雲が形成される．したがって，低気圧付近でのみ潜熱（凝結熱）が解放され，それが低気圧の発達に寄与し，低気圧と高気圧の発達に差をもたらすことも考えられる．

7.6 温帯低気圧と前線

現実の温帯低気圧においては，それに温暖前線と寒冷前線が伴うことが重要な特徴である．本節では，前線という点から現実の温帯低気圧の発達を見てみ

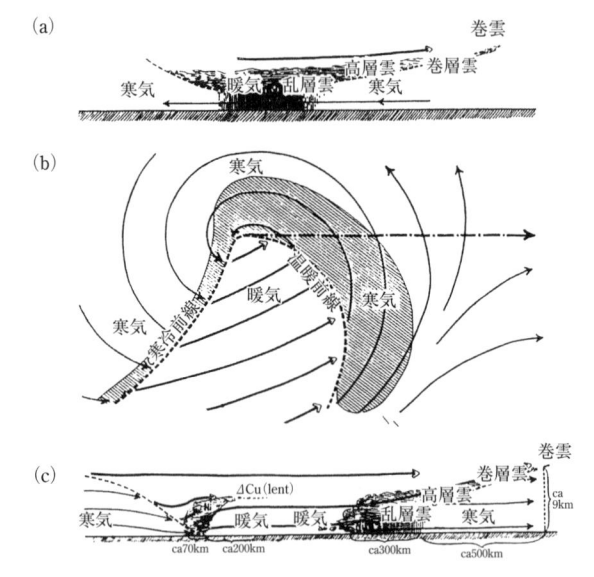

図 **7.16** 北欧学派による温帯低気圧のモデル (Bjerknes and Solberg, 1922)：(b) は地上での模式図，(a) と (c) は低気圧中心の北側と南側の東西鉛直断面図．(b) の一点鎖線の矢印は低気圧全体の進行方向を，その他の矢印は風向を示す．

よう．前線と言うと，1920年前後に北欧学派（ビヤークネスやソルベルクら）によって提案された低気圧モデルが有名であるので，それを図 7.16 に示す．温帯低気圧という現象のモデルとしては，現在においてもほとんど妥当している．その特徴をまとめてみると，以下のようになる．

- 低気圧の周りに反時計回りの風が吹いている．

- 低気圧全体が東進する．

- 低気圧の中心から南西方向に寒冷前線が，東南方向に温暖前線が出ていて，2つの前線の北側では寒気が，南側では暖気が存在している．

- 寒冷前線面では寒気が下から暖気を押していて，暖気側で積乱雲が発達するが，上昇域は狭く，寒冷前線に沿って幅約 70 km の地域でにわか雨がよく降る．

- 温暖前線面では暖気が緩やかな前線面に沿って上昇していて，乱層雲，高層雲，巻層雲が発達する．上昇域は広く，温暖前線の前面は幅約 300 km にわたる雨域となっている．

さらに，この学派の人たちは図 7.17 のような形で温帯低気圧の発達を整理している．前線に着目すると，低気圧中心から西に延びていた寒冷前線が東に延びていた温暖前線に追いついていき，最後は合体し閉塞前線ができることを示

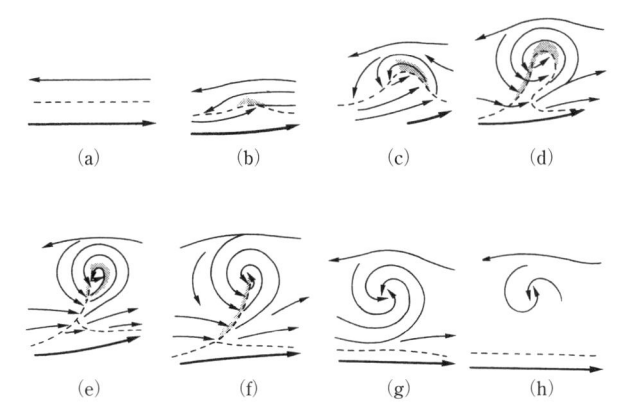

図 **7.17** 北欧学派による温帯低気圧の地上で見られる発生・発達・衰退 (Bjerknes and Solberg, 1922)

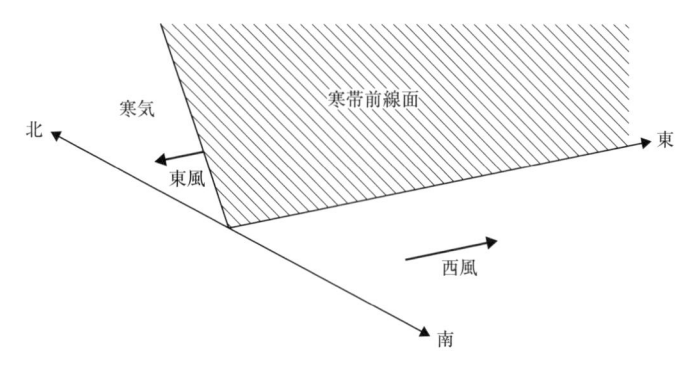

188   第 7 章 温帯低気圧とその役割

図 7.18 北欧学派の温帯低気圧発達の「基本場」

している．出発点は (a) であるが，これを 3 次元的に図示すると，図 7.18 のようになる．この学派では前線面の存在を最初から仮定して，温帯低気圧の発達を考える．斜めに傾いた前線面の南側に暖気があり西風が吹いていて，北側では寒気があり東風が吹いている．この状態が 7.3 節でいう「基本場」に相当する．前線を仮定した「基本場」が不安定で，そこにある擾乱が自発的に発達し，温帯低気圧となることを主張したわけである．つまり，北欧学派の温帯低気圧論も理論的には一種の不安定論である．

図 7.16 の温帯低気圧のモデルは観測されたことを整理したものなので，現在でも多くは通用するが，北欧学派の温帯低気圧発達の不安定論は以下のように修正を要すると考えられている．

- 前線（面）は低気圧発達の原因ではなく，むしろ結果と考えられている．南北方向に急激な温度変化（温度ギャップ）がある必要はなく，前節の「基本場」のような連続的な温度変化があればよい．

- 前線（面）を挟んだ東西風速の南北シア（西風と東風のギャップ）が不安定の原因と考えられているが，南北の温度傾度の方が本質的である．

つまり，前節で述べた傾圧不安定論が正しく，前線はその結果として形成されるものと理解されている．

その他，北欧学派の低気圧モデルについて閉塞前線の形成に対しても疑問が提起されてきた．海上の低気圧の詳しい観測に基づいて提案された温帯低気圧のモデルを図 7.19 に示しておく．主な違いは，このモデルでは閉塞前線がないこと，温暖前線と寒冷前線が断絶していること，図の III の段階に顕著に見られ

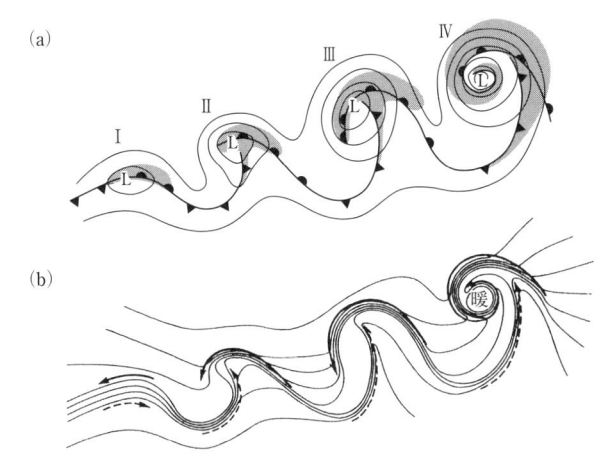

図 **7.19** シャピロによる温帯低気圧発達のモデル (Shapiro and Keyser, 1990)：II で温暖前線と寒冷前線の断裂が，III で T ボーン構造が，IV で暖気核の隔離が見られる．(a) の太い実線は前線，細い実線は等圧線，陰影は雲域を表す．(b) の実線は温度，実線（破線）の矢印は寒気（暖気）の流れを表す．

るように温暖前線は低気圧の中心を通り南西に延びている（後屈温暖前線）が，それに直角に寒冷前線が延びている（T ボーン模様）ことである．

このモデルは大西洋上の低気圧をモデル化したものであり，北欧学派のそれは大西洋からヨーロッパにかけての低気圧をモデル化したものである．前者では地表面まさつが小さく，後者では大きい．この違いが温帯低気圧の構造に違いをもたらしたものとも考えられている．つまり，温帯低気圧といっても，地域によりその構造が異なっていることが認識されてきた．

第8章

地球と火星の大気大循環

前章までで地球を中心として大気の運動の基本的要素を学んだ．本章ではそれを総合して，地球と火星の惑星規模の大気の循環がどのようなものであるかを議論する．地球とともに火星の大気大循環を議論するのは，以下に見るように両者が類似しているからである．また，地球に関しては，対流圏と成層圏を分けて考え，3 者の大気大循環を比較することにより，自転が速い地球型惑星の大気大循環の理解を深めたい．

8.1　諸惑星の大気大循環の分類

第 6 章と第 7 章では地球大気の運動においてコリオリ力つまり地球の自転効果がいかに重要であるかを学んだ．それでは，太陽系の他の惑星に吹いている風において，コリオリ力はどのくらい重要なのだろうか．その見当をつけるために，6.2 節で学んだロスビー数を調べてみたい．ロスビー数は，$Ro = U/fL$（U は風速，f はコリオリ因子，L は現象の水平スケール）であったが，この値が小さい現象ほど，コリオリ力が重要で，地衡風近似がよく成り立っていることを学んだ．ここでは惑星規模の現象を考えているので，$L = R$（惑星半径）と置き，$f = 2\Omega\sin\theta$ を Ω で近似すると，

$$Ro = \frac{U}{R\Omega} = \frac{風速}{赤道での自転速度}$$

と書ける．

この値を太陽系の各惑星について求めたものを表 8.1 に示した．U は観測されている代表的風速であるが，木星型惑星では簡単のため，観測されている最大風速の 1/2 を代入した．タイタンは土星の衛星で惑星ではないが，濃密な大

表 8.1 諸惑星の自転速度 ($R\Omega$) と代表的風速 (U) とロスビー数 (Ro)

惑星名	$R\Omega$ (m/s)	U (m/s)	$Ro=U/R\Omega$
金星	1.8	100	60
地球	460	30	0.07
火星	240	50	0.2
木星	13000	50	0.004
土星	9800	250	0.03
天王星	2800	100	0.04
海王星	2300	150	0.07
タイタン	12	100	8

気（地表面気圧 1.5 気圧）をもっているので，付け加えた．

この表を見ると，ロスビー数により惑星大気が3つに分類できることがわかる．
 (i) Ro が 1 より大　　金星とタイタン
 (ii) Ro が非常に小　　木星
 (iii) Ro が小　　地球，火星，土星，天王星，海王星

(i) は惑星の自転が遅いのにもかかわらず，U が大きい，つまり大気がスーパーローテーションしている惑星である．コリオリ力の効果は非常に小さいと思われ，地衡風の関係からはかけ離れている．

木星は最大風速が約 100 m/s あるが，自転周期が約 10 時間で惑星半径が地球の約 11 倍あるので，自転速度が非常に大きい．その結果，ロスビー数が非常に小さくなっている．つまり，コリオリ力が非常に強く，地衡風近似が非常によく成り立っているはずである．地球の海の流れは（黒潮などで）最大でも 2〜2.5 m/s であり，地球の代表的風速 30 m/s の 1/10 以下であり，(ii) に該当する．コリオリ力が非常に強く効くという点で，太陽系の中では木星と地球の海洋の 2 つのみが突出している．

(iii) のうち，土星，天王星，海王星は木星型惑星に属し，地面が存在しないなど地球型惑星と事情がかなり異なるので，別個に考える必要がある．そうすると，地球と火星の大気大循環がよく類似していると推測され，共に論ずることができそうである．つまり，地表面気圧や大気量はかなり異なるが，共にコリオリ力が重要で，地衡風の関係が惑星規模の運動に対して成り立っていそうである．おもしろいことに，さらに地球と火星では 2 つの天文学的パラメータがよく似ている（表 1.1 参照）．即ち，自転周期がほとんど同じであり，さらに赤道傾斜角も近い．前者はロスビー数に関係しているが，後者は季節変化に関係している．そこで，本章では地球と火星の大気大循環を比較，検討していき

たい．その際，地球大気では対流圏と成層圏（場合によっては中間圏を含む中層大気）がはっきり分かれていて，成層圏は独自の大気大循環を形成しているので，両者を別々に議論したい．

8.2 地球対流圏の大気大循環

地球の対流圏の現象については既にさまざまな観点から説明してきたので，ここではそれらを総合して考察したい．図 8.1 に北半球における南北熱輸送量が示されている．北緯 30 度くらいまでは主に東西平均子午面循環によって熱が北に輸送されていることがわかる．図 6.19 を見直すと，北緯 30 度くらいまでは強力なハドレー循環が卓越しているので，低緯度ではハドレー循環により熱が極向きに輸送されていることがわかる．このハドレー循環は直接循環であり，上層で極向き，下層で赤道向きの流れを持っている．それにコリオリ力が働くと，上層で西風，下層で東風が生成される．低緯度はコリオリ因子が小さく，ハドレー循環自身は非地衡風的であるが，それに伴う東西風はコリオリ力により形成される．

一方，図 8.1 は中高緯度では（東西方向に波打った）擾乱によって熱が極向きに輸送されることを示している．これは第 7 章で詳しく見た傾圧不安定波による極向きの熱輸送に他ならない．図 6.19 に示されていたように，中緯度では子午面循環はフェレル循環といわれる弱い逆循環（間接循環）の形をとっている．この循環が小さいながらも熱を南に輸送していることも図 8.1 に示されている．そもそも，フェレル循環は傾圧不安定波の極向きの熱輸送に応じて励起

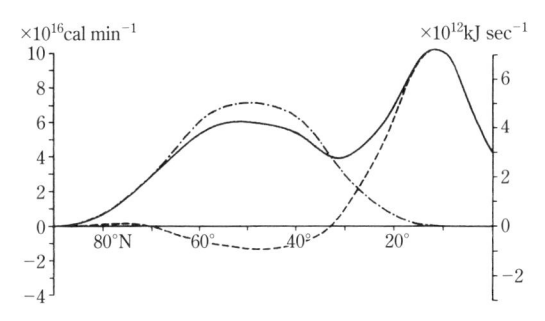

図 **8.1** 地球大気の北半球冬期（12 月～2 月）における北向き熱輸送量 (Palmen and Newton, 1969)：破線が東西平均子午面循環による，一点鎖線が擾乱による，実線が両者による熱輸送量である．

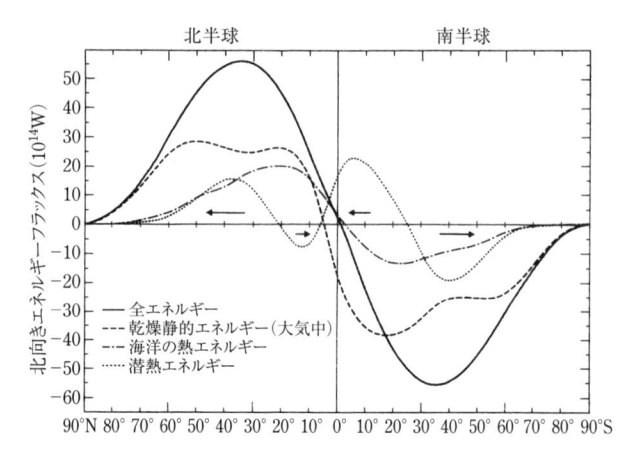

図 8.2 大気と海洋による北向きの年平均熱輸送量 (Newton, 1972)：実線は大気と海洋による全熱輸送，破線は大気による顕熱の輸送，一点鎖線は海洋による熱輸送，点線は大気による潜熱の輸送を示す．

されたもので，傾圧不安定波の 2 次的効果とも見なしうる．つまり，中高緯度では子午面循環ではなく，(第 7 章で見たように) 地衡風の関係を満たす擾乱 (傾圧不安定波) によって，極向き熱輸送が担われている．図 8.1 では高緯度での子午面循環 (極循環) による極向き熱輸送も見られるが，非常に小さい．これは極循環自体が非常に弱いことからも理解される．

極向きの熱輸送は海洋の循環によっても担われている．図 8.2 はその量が大気によるものよりも小さいが，無視できない量であることを示している．さらに，図 8.2 は潜熱エネルギー，つまり海から蒸発した水蒸気という形での熱輸送も重要であることを示している．これは中緯度では極向きであるが，低緯度では南北から熱帯収束帯へ向かっている．そこの上昇流で水蒸気が凝結し，潜熱が解放される．

今までの議論をまとめると，中高緯度では大規模な風に対しては地衡風近似が成り立ち，そこでの大規模な風は以下のようなものから成っていると考えられる．

(1) 東西方向に一様な速度場や温度場として，鉛直シアを持った西風と南北温度傾度が存在している．両者は温度風の関係により結びつけられている．
(2) この東西平均場を基本場として，温帯低気圧 (傾圧不安定波) の発達が見られる．

8.2 地球対流圏の大気大循環

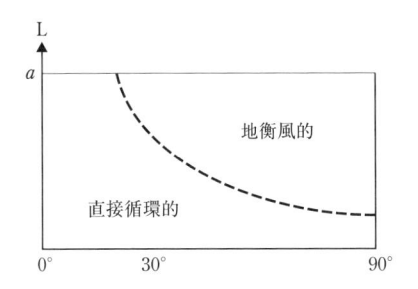

図 8.3 地球における地衡風的運動と直接循環的な運動のレジームの模式図：横軸は緯度，縦軸は現象の水平スケールを示す．与えられた緯度での与えられたスケールの運動がおおよそ地衡風的か直接循環的（非地衡風的）かを示す．a は地球の半径．

(3) この傾圧不安定波の 2 次的効果によりフェレル循環が形成される．

　もし大陸と海洋の分布といった東西方向に非一様な地形の効果が無視できれば，対流圏の中高緯度の大規模な現象は (1)+(2)+(3) だけで理解できたかもしれない．しかし，実際は大規模地形の効果により，(1)～(3) と別個な循環が形成される．コリオリ力の効果が小さければ（つまりロスビー数が大きければ），第 4 章で説明したような水平対流が大陸と海洋の温度差によって励起される．実際，4.4 節において，低緯度はもちろん，中高緯度においても夏および冬における気圧分布がこのようにしておおまかには説明できることをみた．しかし，中高緯度の大規模な気象現象はロスビー数が小さいので，コリオリ力の効果が無視できない．したがって，水平対流といってもコリオリ力によってかなり変形されているものと理解してもらいたい．また，偏西風がヒマラヤ山脈やロッキー山脈といった大規模な山岳に当たり，その効果でロスビー波も励起される．それによる気圧分布も重要である（図 6.13 参照）．

　低緯度地方に存在するハドレー循環やモンスーンといった大規模な流れは水平対流の一種であり，非地衡風的な直接循環であった．したがって，それらよりも小さな現象はロスビー数がより大きいので，なおさら非地衡風的である．一方，中高緯度では大規模な流れはロスビー数が小さく地衡風的である．6.2 節と 7.5 節で温帯低気圧ではロスビー数が 1 以下であることを見た．それより小さいスケールの現象では，式 (6.11) の L が小さくなり，ロスビー数が大きくなる．そのため，等圧線に沿って風が吹く地衡風の近似が成り立たなくなり，等圧線を風が横切る直接循環のようになるはずである．これらの事情を模式図にまとめると，図 8.3 のようなレジーム・ダイアグラム（領域の分類）ができる

であろう．縦軸は現象の水平スケールで，惑星半径 a がおおよその上限である．ただし，これは水平スケールや緯度に依存してどのような種類の流れが卓越するかを大雑把に示す，あくまでおおよその概念図である．

地衡風と直接循環は連続的に遷移し，その境界ははっきりしないが，$Ro \sim 1$ が目安となる．L を境界のスケールとすると，

$$Ro = \frac{U}{fL} = \frac{U}{2\Omega \sin\theta L} \sim 1$$

より

$$L \sim \frac{U}{2\Omega} \frac{1}{\sin\theta}$$

が得られる．地球の場合，ロスビー数が惑星規模の現象に対して 0.07 で小さいが，木星や海洋ほど小さくはない．そのため，低緯度や中高緯度の中規模の現象でも非地衡風的になる．全体的に見て，地衡風的な運動と直接循環的な運動が混在している．それが地球対流圏の気象の特徴である．コリオリ力を考慮していない第 4 章や（大気大循環に関わる）第 5 章の議論がそれなりに有効性を持つのはこのような地球大気の特徴を根拠としていると思われる．

木星や海洋では惑星規模スケールの現象ではロスビー数が非常に小さい．そのため，かなり小規模な現象でも，またかなり低緯度でもロスビー数が小さく地衡風の関係がよく成り立つ．図 8.3 でいえば，境界線が左および下にかなり移動していることになる．一方，火星の惑星スケールの現象に対するロスビー数は 0.2 で地球よりは大きい．したがって，地球ほど地衡風近似がよく成り立たない．そのため，地球よりも低緯度および中規模の現象に対して，より直接循環的になりやすいと予想される．図 8.3 でいえば，境界線が右および上に少し移動し，地衡風の領域が少し狭くなるはずである．

最後に，地球対流圏の特色を図 8.4 にまとめておいたので，参考にしてもらいたい．ただし，中高緯度では 6.6 節で述べた停滞性ロスビー波も重要であることを付け加えておく．

8.3　地球中層大気の大循環

地球の対流圏の上にある成層圏と中間圏を合わせて中層大気ということが少なくない．以下で見るように，中層大気全体で 1 つの循環系を成している．その大気循環の熱源としてオゾンによる紫外線の吸収が重要である．この紫外線の

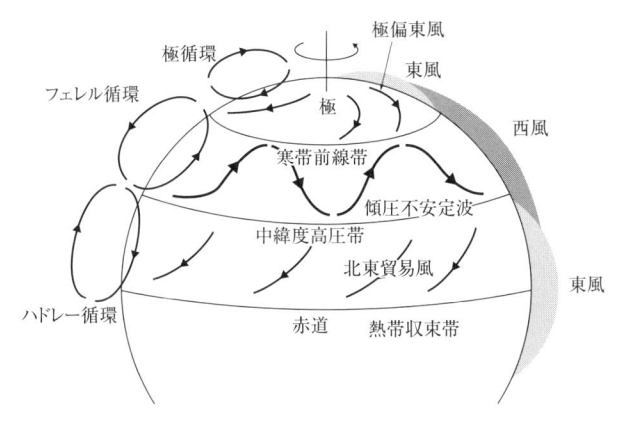

図 **8.4** 地球対流圏の概念図：フェレル循環は東西平均の結果であり，各経度に実在するものではないこと，フェレル循環，極循環ともに，ハドレー循環に比べるとその風速などは弱いことに注意してもらいたい．極偏東風は極循環の下層の流れ（極からの吹き出し）にコリオリ力が作用して生じたものである．

吸収・加熱により成層圏界面で温度が極大となっていることは 1.2 節で述べた．

したがって，成層圏では温度が高さとともに上昇する非常に安定な層となっている．中間圏は高さとともに温度が下降するが，その温度減率は図 1.3 から読み取ると約 $4\,\mathrm{K/km}$ であり，地球の乾燥断熱減率，$C_p/g = 9.8\,\mathrm{K/km}$ より小で，安定である（中間圏では温度も低く水蒸気の量が非常に少ないので，水蒸気の凝結効果を考える必要はない）．つまり，中層大気は鉛直対流が生じない安定な大気層である．

しかし，中層大気は水平方向の温度差や下層（対流圏）から伝播してくる波の影響で大気の運動が励起され，決して運動のない大気層ではない．前者により運動が励起されるのは対流圏と同様であるが，後者は対流圏にない要因である．高さ $20\,\mathrm{km}$ で気圧は約 $55\,\mathrm{hPa}$ なので，それ以上にある大気の質量は全大気の 5% 程度しかない．それより上の大気はさらに希薄である．したがって，対流圏で励起された一定のエネルギーを持った波が中層大気に伝播してくると，大きな影響を及ぼしうる．実際，以下で見るように，中層大気ではこの効果を考慮して初めて説明できる現象も少なくない．特に，成層圏高緯度の突然昇温や赤道地方の準 2 年振動は，対流圏から伝播してきた波が引き起こす非常に興味深い現象である．

一方，対流圏で中心的といってもよい役割を演じていた傾圧不安定波（温帯低気圧）は成層圏には存在しない．その理由はこの層の鉛直温度分布が対流圏

よりも安定であること以外にもあるが，本書では省略する．

中層大気の子午面内での温度分布，東西風速分布については既に 6.8 節で述べた．簡単に復習すると，夏/冬の季節のとき，温度は夏極で最高，冬極で最低となっている．これは太陽光強度，したがって，オゾンによる紫外線吸収量の単純な反映である．一方，平均東西風は夏半球で東風，冬半球で西風であり，ともに高さ 70 km くらいまで増大している．この鉛直シアと南北の温度傾度は温度風の関係にある．

それでは中層大気の子午面循環はどうなっているのか，次に検討したい．まずは，対流圏から伝播する波の影響を無視したときに形成される循環を考える．対流圏の影響が強い下部成層圏は別として，夏/冬の場合の中層大気の子午面循環を予想すると図 8.5(a) の矢印のようになろう．これは夏極で温度最高，冬極で温度最低の温度分布から予想される単純な水平対流である．子午面循環上部の南北流にコリオリ力が作用して，冬半球に西風，夏半球に東風が生成されると理解してもよい（コリオリ因子が南半球では負であり，コリオリ力が働く方向が北半球と南半球では逆であることに注意）[1]．したがって，70 km より上で南北温度差がなく，子午面循環もないとすると，温度風の関係より東西風速の鉛直シアは 0 で，東西風速は鉛直方向に一定ということになる．それが (a) に実線で示されている．

しかし，観測結果によると，東風も西風も 70 km くらいにピークを持ち，それより上では風速が弱くなっている．これはなぜだろうか？ 70 km より上の層で一種のまさつが働いていると考えると，次のようにうまく説明できる．このまさつのため，風速が強制的に弱められ，図 8.5(b) の実線のような東西風速分布が作られるであろう．そうすると，東西風速の鉛直シアの符号は約 70 km より上ではそれ以下と逆になる．したがって，そこでも温度風の関係が成り立っているとすると，南北の温度傾度の符号も逆になる．そのため，約 70 km より上では冬極で温度最高，夏極で温度最低の常識と反対の逆温度勾配が実現される．また，(a) では約 70 km より上でも地衡風の関係が成り立っていたので，夏極で高圧，冬極で低圧となっている（練習問題として各自で風向から確かめて欲しい）．東西風速がまさつにより強制的に弱められると，それに働く小さくなった南北方向のコリオリ力では南北圧力傾度が支えられなくなる．そのため，高

---

[1] 数十 km におよぶ中層大気では，上層と下層で空気密度が大きく異なっている．上層の冬極向きに流れる空気の質量と下層の夏極向きに流れる空気の質量は同じなので，上層の風速に比して下層の風速は非常に小さくなり，それに働くコリオリ力も小さい．

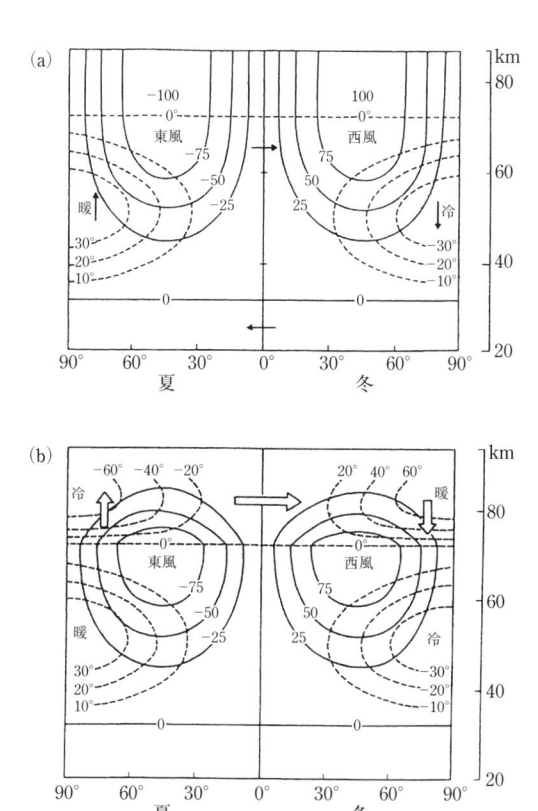

図 8.5 中層大気の子午面循環の概念図 (Lindzen, 1968)：矢印は子午面循環，破線は温度，実線は東西風速を示す．各図の左側が夏半球，右側が冬半球である．(a) は特別のまさつを考慮しない場合，(b) は上層（破線の横線より上の部分）にまさつを仮定した場合．上層に白矢印で示した循環が生じる．

圧部から低圧部に，つまり夏極から冬極に南北流が生じる．この流れが (b) に白矢印で示されている．この流れに伴う冬極の下降流，夏極の上昇流も示されている．下降流による断熱圧縮，上昇流による断熱膨張により既に述べた冬極の高温，夏極の低温が作られる．正確に言うと，中層大気は安定成層していて，上の方が温位が高く下の方が温位が低い．したがって，下降流があると温位の高い空気が下に移流され，そこの温度が上昇する．逆に，上昇流があると温位の低い空気が上に移流され，そこの温度が低下する．

　それでは，上の議論で想定したまさつの実態は何なのであろうか．このよう

な高層に直接，地面のまさつが効くことはありえない．この「まさつ」はなかなか複雑なメカニズムなので，完全には説明できないが，以下のように理解されている．対流圏で励起された重力波が上方に伝播し，70 km 以上の高層にも到達する．この鉛直方向に伝播する重力波は東西方向の運動量を担っていることが知られている（その説明は 9.2.2 項を参照）．この高層の東西風の風向と反対方向の運動量が選択的にそこで吸収され，それが東西風に対してまさつと同じブレーキの役割をすると考えられている．つまり，上方に伝播する重力波の媒介によって，結果として地面のまさつ効果が高層で発揮される，と言ったらよいかもしれない．このように，70 km 以上の大気層については，対流圏からの波の伝播の効果を考えることによって，初めて観測結果がうまく説明できる．

次に，対流圏に接する成層圏下部の子午面循環について説明したい．既に，図 6.16 で見たように低緯度の対流圏界面高度は 16 km を超えるが，中高緯度のそれは 10 km 以下である．古くから，オゾン分布や水蒸気分布に基づいて図 8.6 に示されているような子午面内の循環が推定されていた．この循環をブルーワー・ドブソン循環という．赤道地方の上部対流圏で上昇して，対流圏界面を越えて中高緯度に向かう流れである．この図にも示されているように，おおよそ 10 km から 24 km にかけて，低緯度の方が中緯度よりも温度が低くなっている．したがって，この循環は温度が非常に低い低緯度で上昇し，温度の相対的に高い中高緯度で下降する逆循環である．

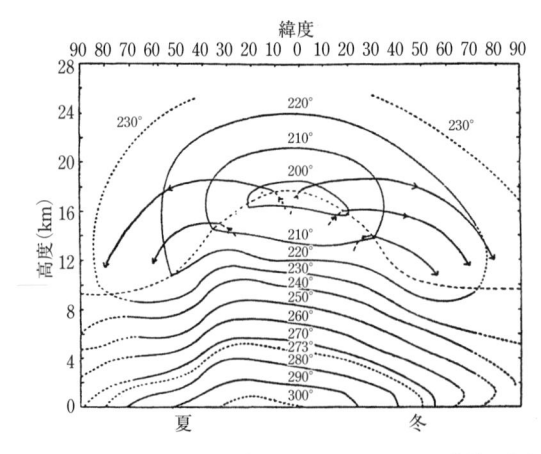

図 **8.6** ブルーワー・ドブソン循環の模式図 (Brewer, 1949)：実線は気温，矢印が流れを示す．

なぜ，このような逆循環が生ずるのであろうか．図 6.18 に示されているように，偏西風は対流圏界面で風速が最大となっている．しかし，成層圏で特別な力が働かなければ，この場合も図 8.5(a) のように風速は高さ方向に一定になるであろう．70 km より上層での議論と同様，対流圏から伝播してきた波が偏西風にブレーキをかけていると考えられている．ただし，この波は重力波ではなく，西向きの位相速度を持つロスビー波で，西向きの運動量を伴っている．この波の効果で中緯度の成層圏では偏西風が高さとともに弱まり，結果として偏西風の速度は対流圏界面付近で極大になる．

しかし，下部成層圏では低緯度が高気圧，極域が低気圧で，それによる気圧傾度力と偏西風に働くコリオリ力がつり合い，地衡風の関係が成り立っていた．西風が弱まると，コリオリ力も弱まり，気圧傾度力を支えられなくなる．そのため，極向きの流れが生ずることになる．赤道地方の上昇流と高緯度地方の下降流もそれの補償流として理解される．その結果として，上昇流により赤道地方が冷却され，下降流により高緯度地方が加熱される．この加熱冷却はこの高度での逆温度勾配とも整合的である．

このブルーワー・ドブソン循環により，オゾンが低緯度から高緯度へ輸送される．オゾンの多くは太陽光の強い低緯度で光化学反応により酸素分子から生成されるが，このブルーワー・ドブソン循環やロスビー波による輸送の結果，低緯度よりも高緯度の方にオゾンが多く存在している．図 8.6 より明らかなように，ブルーワー・ドブソン循環により低緯度で対流圏から成層圏に空気が流入する．その際，空気塊が赤道地方の対流圏界面付近の $-70°\sim-60°$ といった非常に温度の低い層を通過する．このような低温では飽和水蒸気密度は非常に小さい．そのため，対流圏の水蒸気は非常にわずかな部分しか成層圏に入ることができない．その結果，成層圏には水蒸気はわずか 4 ppm 程度しかない．

以上の範囲の中層大気の大循環の説明でも，対流圏からの波の伝播を考慮せざるをえなかった．さらに，成層圏には突然昇温や準 2 年振動（Quasi-biennial oscillation，QBO と略される）といった，下からの波の伝播が中心的な役割を演ずる大変興味深い現象が知られている．前者は冬の高緯度地方において温度が数日で数十度も上昇する現象であり，後者は赤道地方で，ほぼ 2 年周期で東風と西風が交替する現象である．発見当時は非常に不可解な現象と思われたが，松野太郎，米国のリンゼン，ホルトンらの理論的研究により，対流圏から伝播した波が引き起こす力学的効果として解明された．大変興味深い理論であるが，少し専門的になるため割愛する（興味のある方は，松野・島崎 (1981) を参照し

202   第 8 章 地球と火星の大気大循環

て欲しい).ただし,対流圏から伝播してきたロスビー波の効果で東西方向に平均した子午面循環の様相もかなり影響を受けること,上の説明は地球対流圏や火星と比較するためそれを無視した場合の中層大気の描像であることを注意しておく.

8.4 火星の大気大循環

　火星大気における大規模な大気の運動や温度分布はどのようなものであるか,またそれをどのように理解したらよいか本節で考えてみたい.まず,前章までの説明で火星に関連したことがいろいろとあったので,それを復習してみたい.
(1) 1.3 節の火星大気の紹介で見たように,火星の大気は希薄であるので(地表面気圧は平均約 6 hPa で大きく変動する),大気は熱しやすく冷めやすいという特徴を有し,夜昼の温度変化も 100 K ある.また,季節による温度変化も大きい.
(2) 5.5 節の(大気を熱機関と見なした)金星,地球,火星大気の比較論では,火星の M(単位面積当たりの大気質量)は非常に小さいので,水平方向の温度差や平均風速が金星はもちろん,地球よりも大きいと正しく推測できた.
(3) 第 6 章では地球を念頭において,地衡風と温度風の関係を説明したが,火星のロスビー数も 0.2 で 1 より小さいので,これらの関係が火星の中高緯度でも成立していると思われる.しかし,地球よりもロスビー数が大きいことに注意したい.

　以上の知識を念頭において,火星の大気大循環を考えたい.中高緯度で温度風の関係が成り立ちそうなので,まず,東西方向に平均した温度と東西風の子午面内での分布を見ていきたい.図 8.7 に示した結果は高橋ら (Takahashi et al., 2003) の火星の大気大循環モデルの計算結果であるが,観測結果をうまく再現している.図 8.7(a) に北半球(右側)が冬,南半球(左側)が夏の時期の温度分布が示されている.大雑把にいうと,この季節では南極から北極にいくに従い,温度はほぼ単調に低下しているので,火星の温度分布は赤道地方で温度最大の地球対流圏よりも地球成層圏のそれに類似している.しかし,地球成層圏のそれとも完全に同じではない.火星では高さ 30 km 以下において,夏半球と冬半球の緯度 30 度より赤道側で温度が南北方向にほぼ一様である.高さ方向には急激に温度が減少している.冬の極域では温度が最低となっているが,そ

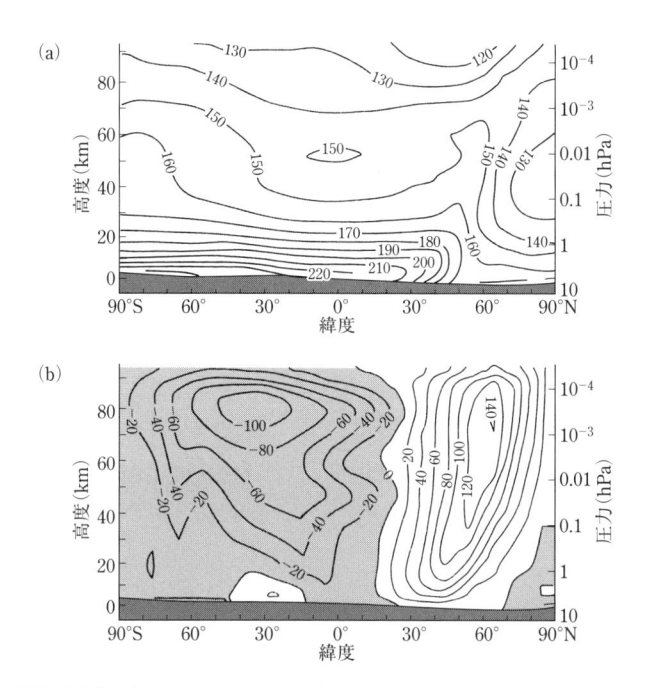

図 **8.7** 火星の温度分布 (a) と東西風速分布 (b) (Takahashi et al., 2003)：北半球（右側）が冬，南半球（左側）が夏の時期の分布が示されている．(a) は温度 (K)，(b) は風速 (m/s) を示す．白地の部分が西風，陰影の部分が東風である．

こでの低温の中心は高さ 50 km くらいにある．高さ 30 km より上の層でも高さによる温度減少は小さい．

図 8.7(b) には東西風速分布が示されている．おおよそ，冬半球では西風，夏半球では東風が吹いていて地球成層圏に似ているが，冬半球の赤道付近はどの高さでも東風となっている点は地球と異なる．高さ 60〜80 km で東風は 100 m/s に，西風はそれを超える風速に達している．この風速は地球の対流圏はもちろん，成層圏と比べても高速である．そのため，地球の惑星規模の風では無視できた遠心力も重要になってくるかもしれない．東西風に働く遠心力のコリオリ力に対する比を表す式 (6.17) は，火星の $R\Omega$ が 240 m/s（表 8.1 参照）なので 120 m/s の風に対して 0.5 になる（地球の場合，30 m/s の偏西風に対してこの比は約 0.1）．したがって，定性的な議論ではコリオリ力のみを考えればよいかもしれないが，定量的な計算では遠心力も無視できないことがわかる．

東西風が極大となる高度以下では冬半球で西風シア ($\partial U/\partial z > 0$)，夏半球は

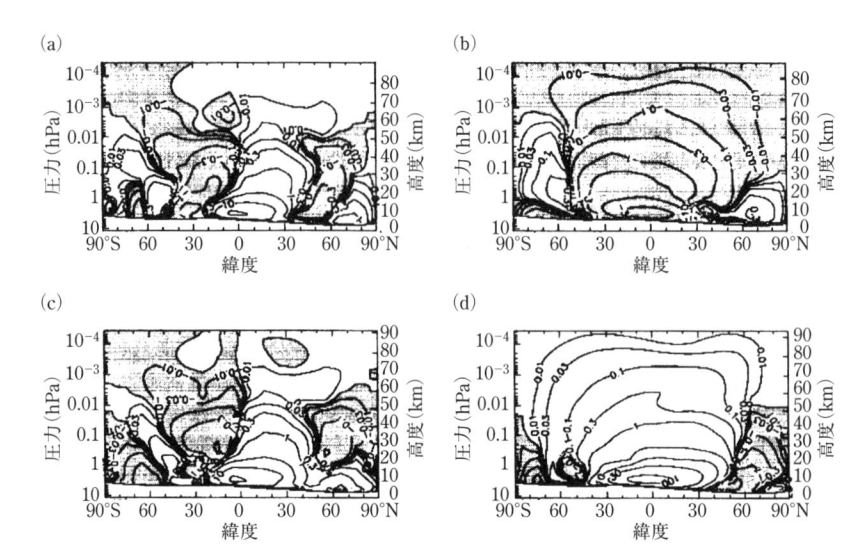

(図 8.8 のグラフ領域)

図 **8.8** 火星の子午面循環 (Takahashi *et al.*, 2003) (a), (b), (c), (d) はそれぞれ北半球の春, 夏, 秋, 冬の時期を示す. 大気大循環モデルによる数値実験結果. 白地の部分では時計回り, 陰影の部分では反時計回りに大気が回転している.

東風シア ($\partial U/\partial z < 0$) となっている. 以上に述べた火星の温度と東西風の分布をまとめると, おおよそ地球の対流圏と成層圏の中間の様相を示している. ただし, 冬半球のみを見ると, 南北温度差が赤道地方でかなり小さく中緯度で大きい点, 風が赤道地方で東風, 中高緯度で西風となっている点は, 地球の対流圏の様相に似ている.

次に, 火星の子午面循環の特徴を見てみよう. 図 8.8 に季節ごとの子午面循環が示されている. ただし子午面循環は南北風と鉛直風からなり, 共に東西風に比べて弱く観測が困難なので, 大気大循環モデルによる数値実験結果を示した. 火星は大気が稀薄なため熱容量が小さく, 熱しやすく冷めやすい状態にあるので, 中高緯度で太陽光の最も強い夏至と温度最高の真夏のずれが地球のようには長くない. 地球の場合, 大気の熱容量が大きいだけではなく, さらに熱容量の大きい海があるため, 中高緯度で温度が最高になるのは夏至から 1～2 ヵ月遅れる.

ある半球が春（反対の半球が秋）のときは太陽が赤道付近の真上にあるので, 太陽光による加熱分布が赤道に対して対称である. したがって, やはり赤道に対して対称な子午面循環が形成されるはずである. 実際, 図 8.8(a), (c) は各半

球の低緯度に 1 細胞の循環（地球のハドレー循環に相当）が存在していることを示している．しかし，これらは赤道に対して対称とはいえない（その理由は以下で議論する）．

　ある半球が夏で，反対の半球が冬の場合は，夏極から冬極に向けて温度がほぼ単調に減少しているので，両半球にまたがる 1 細胞の循環が形成されている（図 8.8(b)，(d)）．これは地球の成層圏の循環（特に対流圏からの波動の影響がない場合）に似ている．しかし，この循環は全球に広がっているのではなく，夏半球ほぼ全域と冬半球の低緯度地方に限定されている．この範囲は上で見た南北方向の温度差が小さい領域に一致する．子午面循環が存在すると，効果的に南北方向に熱輸送できるためであろう．

　一方，冬半球の中高緯度では，南北温度差も西風も大きかったが，両者の間には温度風の関係が成立している（ただし，既述のように，コリオリ力に対して遠心力が無視できない）．さらにこの領域では温帯低気圧が発達していることが観測からも知られている．したがって，この点からも冬の中高緯度は地球の対流圏の中高緯度に類似しているといえる．

　以上の子午面循環の説明は，火星の地形の影響を考慮すると少し修正を要する．火星の地形は地球よりも凹凸が激しく，南半球には高地が多く，北半球には低地が多い．東西平均した地形を考えると，南半球の方が北半球より平均 3 km ほど高くなっている（図 8.7～図 8.9 の各図の下方に東西平均高度が示されている）．この南北非対称な惑星規模の地形の効果によって，火星の大気大循環はどのように影響されるのだろうか．

　この問題の基本は 4.3 節で説明した山谷風または斜面風という現象である．そこで説明したように，太陽光により斜面が加熱されると斜面を上昇する流れが生じ，逆に赤外線放射などにより斜面が冷却されると斜面を下降する流れが生ずる．

　図 8.9 は，太陽加熱を春分/秋分の時期に固定したとき，地形効果でどのような子午面循環ができるかを，火星の大気大循環モデルを用いて計算したものである (Takahashi et al., 2003)．図の下の方に南北間の高度差が示されている．時計回りの循環が形成され，地面付近では斜面を上昇，つまり谷風になっていることがわかる．その上層の反対方向の流れは，谷風の補償流とみなせる．実は，図 8.8 も地形効果を考慮した Takahashi ら (2003) による大気大循環モデルの計算結果であった．そのため，地形効果が顕著に現れる地面付近では，図 8.9 と同様な循環が形成されている．図 8.9 と同様，太陽が赤道付近にある図 8.8(a)，

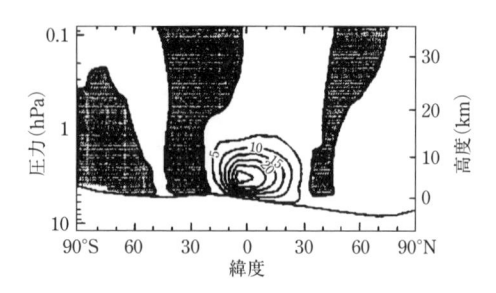

図 **8.9** 火星の地形効果でできる子午面循環 (Takahashi *et al.*, 2003)：太陽加熱については春分/秋分の時期に固定．地面の高度が示されている．低緯度において時計回りの循環が卓越している．

(c) では，低緯度の地面付近でそのような循環が見て取れる．

また，(b) と (d) の子午面循環の強度を見ると，北半球冬至の (d) の方が強くなっている．これは，この季節の子午面循環の向き（時計回り）と地形効果による循環の向き（時計回り）が一致し，強め合った結果であろう．これに対して，北半球夏至の (b) では子午面循環の向き（反時計回り）と地形効果による循環の向き（時計回り）が逆で，子午面循環の強度が弱められていると解釈できる．このように，火星の大規模な地形は，惑星規模の東西平均子午面循環にまで重要な影響を及ぼしていることがわかった．

8.5 火星の傾圧不安定

第 7 章において地球の傾圧不安定を，その重要性に鑑み詳しく考察した．それでは，火星にも傾圧不安定はあるのだろうか？ 上に見たように，火星の自転周期は地球とほぼ同じであり，冬半球の中高緯度においては温度風の関係が成り立っている．また，図 8.7 をよく見るとわかるように，その緯度の地面付近（20 km 以下）で，南北温度傾度（したがって西風の鉛直シアも）大きくなっているので，傾圧不安定がこの時期に起こると考えられる．一方，夏半球では中高緯度でも地面付近の南北温度傾度が小さいので，傾圧不安定はあまり期待できない．

1976 年に米国のヴァイキング 1 号と 2 号が火星に着陸し，気圧や風速の変動を観測した．図 8.10 に観測された地表面気圧の時系列が示されている．秋から冬，春にかけて，細かい周期的な気圧の変動が見られる．この気圧変動は 5%程

8.5 火星の傾圧不安定　207

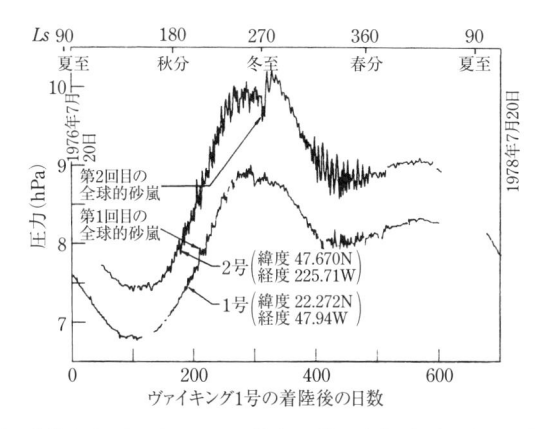

図 8.10 火星に着陸したヴァイキング 1 号と 2 号が地表面で観測した地表面気圧の変動 (Snyder, 1979)：秋から春にかけて見られる細かい周期的な振動には観測点を通過した傾圧不安定波によるものが含まれている．

度に達し，周期 2〜4 日の短周期の変動を含んでいて，傾圧不安定による擾乱が観測点を通過した結果と思われている．

地球対流圏を念頭において発展した傾圧不安定の理論（特にイーディの理論）を火星の状況に当てはめてみると，最も成長する波の波長は 4000 km 程度である．これは緯度 60 度で考えると，東西波数 2〜3 に相当し，成長する時間はおおよそ 20 時間程度である．図 8.7 に示されているような火星の西風の分布を前提して（線型不安定論の）計算をしてみると (Tanaka and Arai, 1999)，やはり最も成長する波は波数 2〜3 を持つ．さらに，傾圧不安定波の子午面内の構造を調べてみると，波数の小さい波は高さ 50 km 以上にも広がった構造をしているが，波数の大きい波は高さ 20〜30 km 以下の地面付近に局在した構造をしている．その場合でも，傾圧不安定波の存在が深さ 10 km 程度の対流圏に限られている地球の場合と比べて，高さ方向に大きく広がっている．地球では対流圏が成層度のかなり大きい成層圏により深さ 10 km 程度に限られていて，傾圧不安定波も対流圏に局在しているのが特徴であるといえよう．

最近の火星の大気大循環モデルの計算結果や大気から放射された赤外線を測定する熱放射分光計による観測結果も上の内容を支持している．それらによると，出現する傾圧不安定波の東西波数は 1〜3 であり，波数 1 は鉛直方向に上の方まで広がっており，波数 2 は地表付近で卓越する．冬に傾圧不安定波の振幅は強くなるが，冬至の頃はかえって弱くなることが指摘されている．また，1.3

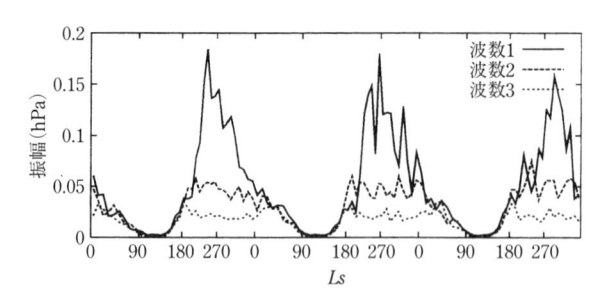

図 **8.11** 大気大循環モデルによる傾圧不安定波の振幅の季節変化 (Yamashita *et al.*, 2007)：ダスト量が余り多くない場合の 64°N における地表面気圧から計算した結果．横軸 Ls は火星から見た太陽黄経で，たとえば，$Ls = 0, 90$ はそれぞれ北半球の春分，夏至である．

節で紹介したグローバル・ダスト・ストームが起こると，傾圧不安定波の振幅が非常に弱くなることも示されている．

図 8.11 に火星の大気大循環モデルによる，ダストの量がそれほど多くない場合の傾圧不安定波（東西波数 1～3）の振幅の季節変化が示されている．夏至からしばらくはいずれの振幅も 0 に近く，この時期は傾圧不安定波の活動が極めて弱いことがわかる．また，すべての季節で波数が小さいほど振幅が大きいことも示されている．

第9章

惑星気象の謎

地球以外の惑星の気象には地球の気象学の常識では容易に理解できない不思議な現象が少なくない．これらの現象については既に触れたものもあるが，本章ではその中で，以下の大きな2つの謎を取り上げて，その原因を議論したい．
(A) 木星型惑星大気の高速風（9.1節）
(B) 金星のスーパーローテーション（9.2節）

この2つの現象を特に取り上げたのは，それ自体大変興味深い現象であるだけではなく，その現象の理解が地球を含む太陽系の惑星の気象一般の理解に資するところがあると思われるからである．ただし，これらの現象の原因については，現在，定説がないので，著者の自由な考察を中心に議論を展開した．したがって，本章の内容はほぼ確立された学説の解説である前章までの内容と性格を異にしている．それを念頭において，本章を読んでいただきたい．

9.1 木星型惑星大気の高速風

9.1.1 木星型惑星大気の巨大な運動量

1.4節で述べたように，木星では赤道で西風ジェットが卓越し，そこで100 m/sに達する西風が観測されている．土星の赤道にも西風ジェットが存在するが，南北幅も速さも木星より大きく，風速は最大500 m/sにも達している．一方，太陽系において土星の外側に位置している天王星と海王星においても，高速の東西風が観測されている．前者では200 m/s，後者では300 m/s程度の高速風が観測されている．惑星上に吹く主要な東西風の風向は自転と同じであるのが普通であるが，海王星で観測された高速風は自転と反対方向の東風である．こ

表 9.1 太陽系の惑星大気が持つ諸エネルギーの比較

	大気の質量 (kg/m^2)	吸収エネルギー (J/m^{2}s)	熱エネルギー (J/m^2)	熱エネルギー/吸収エネルギー (地球日)	代表的風速 (m/s)
金星	1.0×10^6	1.4×10^2	2.8×10^{11}	2×10^4	1
地球	1.0×10^4	2.4×10^2	2.7×10^9	1×10^2	30
火星	2.0×10^2	1.2×10^2	2.8×10^7	3	30
木星	(3.0×10^3)	1.3×10^1	4.1×10^9	4×10^3	50
土星	(1.1×10^4)	4.6	1.1×10^{10}	3×10^4	250
天王星	(1.2×10^4)	6.9×10^{-1}	6.8×10^9	1×10^5	100
海王星	(9.2×10^3)	6.9×10^{-1}	5.4×10^9	1×10^5	150

惑星の自転速度 (m/s)	代表的風速/惑星の自転速度	運動エネルギー (J/m^2)	運動エネルギー/熱エネルギー	運動エネルギー/吸収エネルギー (地球日)
1.8	0.6	5×10^5	2×10^{-6}	4×10^{-2}
4.6×10^2	0.07	5×10^6	2×10^{-3}	2×10^{-1}
2.4×10^2	0.1	9×10^4	3×10^{-3}	8×10^{-3}
1.3×10^4	0.004	4×10^6	1×10^{-3}	3
9.8×10^3	0.025	4×10^8	4×10^{-2}	1×10^3
2.8×10^3	0.036	6×10^7	8×10^{-3}	1×10^3
2.3×10^3	0.065	1×10^8	2×10^{-2}	2×10^3

の事実も説明を要する興味深い現象であるが，ここでは木星型惑星の風速の大きさに注目して議論する．

　風速が大きいということは運動エネルギーも大きいということである．表9.1 に，各惑星で観測されている最大風速の半分を平均速度 U と見なして見積もった運動エネルギー $1/2 MU^2$ が示されている．ここで M (kg/m^2) は，地球型惑星では地面より上，木星型惑星ではだいたい雲層より上の全大気の単位面積当たりの質量である．木星型惑星ではこの運動エネルギーが地球に比して大きくなっていることがわかる．特に，土星，天王星，海王星では2桁程度大きい．つまり，これらの惑星大気は巨大な運動エネルギーを有していることになる．

　それに対して，大気の運動のエネルギー源である太陽光の吸収量はこれらの惑星においては極めて小さい．もちろん，太陽から非常に遠いために，太陽光が非常に弱くなっているからである．木星型惑星では内部からのエネルギー供給が（天王星を除いて）あると考えられている．しかし，このエネルギー量も太陽光吸収量と同程度である．そのため，両者を合わせた量とつり合う赤外線のエネルギー量を黒体放射する有効放射温度も，これらの惑星では非常に小さくなっている．たとえば，海王星の軌道における太陽放射量は地球のわずか0.06%であり，その有効放射温度は 59 K と非常に低い（表1.1, 1.2 参照）．海王星など

の大気のエネルギー吸収の少なさと運動エネルギーの大きさを定量的に特徴付け，その原因を考えてみようというのが，本章前半 9.1 節の目的である．

本論に入る前に，議論の前提について注意しておきたい．第 1 章で述べたように，地面のない木星型惑星の外部から観測された気象現象の解釈については 2 つの立場があった．第 1 の立場は，これらの現象は大気の比較的浅い層で太陽エネルギーなどによって引き起こされている現象と考えるものである．第 2 の立場は，惑星表面で観測されている風なども惑星深部で起こっている運動の表面での表れであると考えるものである．現在においても，どちらの立場が正しいか，決着はついていない．ここでは，第 1 の立場に立って，議論を進めていく．

9.1.2　エネルギーに注目した惑星大気の比較

第 5 章において，次元解析的な考察により地球型惑星の大気大循環の特徴を明らかにした．本節での考察はそれを木星型惑星にまで拡張したものと見なせる．前節で運動エネルギーを比較したので，次に太陽光の吸収エネルギーを表 9.1 で見てみたい．地球型惑星の金星，地球，火星では大差ないが，木星より外側にいくに従い，この量は急激に減少していく．木星型惑星間でも 2 桁の相違がある．

次の欄には熱エネルギーが示されている．木星型惑星については，大気の温度が有効放射温度で与えられるとして，惑星大気が持つ熱エネルギーを見積もった．地球型惑星間ではこの量に関して大きな差があるが，これは大気量 M の大きな差の反映である．それに対して，M の大きさは木星型惑星間では大差なく，地球と同程度である（雲が存在するおおよそ 1 気圧程度よりも上の大気層を，ここでは問題としているので）．

次の欄には，(熱エネルギー)/(吸収エネルギー) の値が示されている．これは現在の大気の持つ熱エネルギーを，その吸収エネルギーによって 0 から構築するのに，どれだけ時間がかかるかを示した値である．大気の吸収エネルギー＝宇宙空間への赤外線放射エネルギー，なので，この値は同時に大気のエネルギー吸収を切断したとき，現在ある熱エネルギーの大部分が赤外線放射で失われるのに要する時間の目安である．熱エネルギー $\sim C_p M T_e$，赤外線放射エネルギー $\sim \sigma T_e^4$ とすると，

$$\text{放射の緩和時間} = \frac{\text{熱エネルギー}}{\text{赤外放射エネルギー}} \sim \frac{C_p M T_e}{\sigma T_e^4} = \frac{C_p M}{\sigma T_e^3}$$

である．つまり，この緩和時間は T_e の 3 乗に反比例する．

金星は M が大きく巨大な熱容量があるので，この緩和時間が 2 万日と非常に大きくなっている[1]．したがって，金星の下層の温度は，金星の一昼夜が 117 地球日（以下，日は地球日）であっても，ほとんど日変化しないことがわかる．一方，火星の緩和時間はわずか 3 日であり，日変化によりかなりの温度変化が予想される（火星の 1 昼夜はほぼ 1 日であった）．実際，夜昼間の温度差が 100 K にも及ぶことは 1.3 節で見た通りである．地球は両者の中間である．

木星型惑星では T_e が小さいので，この放射の緩和時間が非常に大きくなる．天王星と海王星では 10 万日に達している．つまり，太陽系の外側の惑星では，大気のエネルギー収入（＝エネルギー支出）が非常に小さくても，大量の熱エネルギーを貯蓄していることになる．フローは小でも，ストックは大である状態に海王星などはある．

運動エネルギーについては既に述べたので，次に，(運動エネルギー)/(熱エネルギー) を見てみよう．この欄の数値を見てもわかるように，一般に運動エネルギーは熱エネルギーよりもかなり小さい．これは，熱エネルギーは分子の不規則な運動によるものであって，その速度はおおよそ音速程度であるが，風速は音速よりも小さいことからも理解できる．特に，金星の下層では温度が高く，熱エネルギーが大きいのに対して風速が弱いので，この比が非常に小さくなる．一方，太陽系の外側の惑星では運動エネルギーが大きく，温度も低いので，この比はそれほど小さくない．

次に，(運動エネルギー)/(吸収エネルギー) を見ると，地球型惑星と木星型惑星がはっきりと分離できる．前者は 1 より小さく，後者は木星を除いて 1 よりかなり大きい．木星は 3 で中間である．第 5 章で議論したように，大気が吸収する太陽光エネルギーなどはそのすべてを運動エネルギーに転換できるわけではない．しかし，仮にできたとすると，現在の運動エネルギーを 0 から構築するのに，地球型惑星では 1 日以内でできるが，外側の惑星では 1000 日程度もかかることになる．

以上の結果をまとめると，地球型惑星と比して木星型惑星，特に木星以外の惑星はエネルギー収入が非常に小さいが，それを大事にため込み，相当の熱エ

---

[1] 金星の表面温度は 730 K と非常に高いが，宇宙空間への赤外線放射に関する温度は（上層で実現される）有効放射温度 T_e である．したがって，熱エネルギーに関する温度は T_e ではなく，大気質量が集中する下層の温度の 730 K にした方が正確であるが，赤外放射エネルギーの温度は T_e のままで正しい．

ネルギーと巨大な運動エネルギーを維持しているということである．

それでは，なぜ木星型惑星はこのような特徴を持つのだろうか．現在の気象学の知識では明確に答えられないのが実情であろう．しかし，次のようなことが関係していると考えられる．

1. 木星型惑星は地球型惑星のような地面がないので，地面まさつの影響が及ぶ大気境界層がない．5.3節で大気の状態を乱流と見なすと，そこでは大きな渦から小さな渦へ運動エネルギーが遷移し，最終的には最も小さな渦で運動エネルギーが消散し，熱エネルギーに変換されることを説明した．ところが，この変換は大部分，地球の場合，厚さ約1kmの地面に接する大気境界層でなされる．大気境界層ではその上端の水平風速が地面まさつの影響で下にいくに従い減速され，地面では0となる．つまり，高さ方向にわずかの距離の間に急激に水平風速が変化する．また，大気境界層では日中，太陽光により地面が加熱され対流が発達する（3.8節参照）．このように，大気境界層は地面の存在により風速の急激な変化や激しい運動が引き起こされ，運動エネルギーの消散も活発に行われる層である．木星型惑星ではこの大気境界層がないのであるから，運動エネルギーの消散（熱エネルギーへの転換）が地球型惑星に比べて，大幅に減ると思われる．つまり，地球のように大量のエネルギーを運動エネルギーに常に注入しなくても，巨大な運動エネルギーが維持されるはずである．

2. 木星型惑星ではロスビー数が小さい．表8.1によると，木星型惑星のロスビー数は最低で0.004（木星），最大でも0.065（海王星）である．つまり，自転効果（コリオリ力）が強力であり，地衡風の関係がよく成り立っているはずである．そうすると，風は等圧線に沿って水平面内で吹き，収束，発散，したがって鉛直流は抑制される．そのため，大気の運動が5.3節で議論したような3次元乱流論で想定した3次元等方的なものとはかけ離れていく．むしろ，水平2次元面内の運動に近づく．そのような運動が乱流的となったときの乱流を2次元乱流という．2次元乱流の理論によると，運動エネルギーは，3次元乱流と正反対に，小さい渦から大きい渦に遷移する性質を有している．大気運動が2次元乱流的だとすると，運動エネルギーは大きなスケールに移ってしまうので，運動エネルギーは消散しにくくなる（3次元乱流では最も小さい渦に遷移した運動エネルギーがそこで分子粘性の影響で消散し，熱エネルギーに変わる）．

3. (熱エネルギー)/(吸収エネルギー) $\propto 1/T_e^3$ だったので，外側の惑星のように温度が非常に低い惑星では，熱エネルギーに比べて吸収エネルギー＝放射エネルギーが小さい．つまり，現在持っているエネルギー（貯え，ストック）に比して，エネルギーの出入り（収入や支出，フロー）が小さいので，熱エネルギーひいてはそれから転換される運動エネルギーが保存されやすくなる．

以上のことが太陽系の外側の惑星の特徴に関係していることが考えられるが，もちろん，これだけでは単なる指摘に過ぎない．今後の体系的な研究の発展を期待したい．

9.2 金星のスーパーローテーション

1.1節で述べたように，金星では高速の東西風が吹いている．風向は金星の自転と同方向であり，東風である．この風速は雲層の上端（高さ約70km）で，約100m/s，自転の約60倍に達し，スーパーローテーションといわれる．この高速の風には巨大な運動量が伴っているが，その起源は何か．また，それがまさつにより金星固体部分の低速回転（自転周期243日）と同程度の回転まで減少しないのはなぜかが，スーパーローテーションの難問である．しかし，スーパーローテーションに関しては別の観点からも不思議な点がある．金星の条件下ではごく自然と思われる4.6節で説明した夜昼間対流がなぜ卓越しないのか，という問題である．スーパーローテーションか夜昼間対流（直接循環）かという問題は，6.7節や6.10節で学んだ子午面内のモーメントのバランスの違いとして理解できる．以下で見るように，異なった種類の循環は異なった種類のモーメント・バランスを意味するからである．

したがって，本章では金星のスーパーローテーションの問題を

(1) 高速東西風（の持つ運動量）の生成メカニズム
(2) 子午面内のモーメント・バランス

という2つの視点から考察してみたい．(2)では，金星のスーパーローテーションに限らず，各惑星の異なった条件ではどのようなタイプの大気大循環が生ずるのかを議論したい．

まず，(1)の議論から始めたい．スーパーローテーションの発見以来，高速の

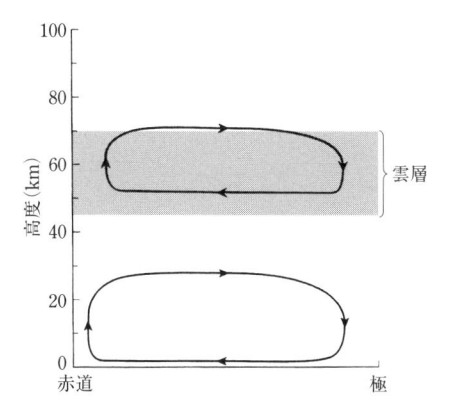

図 **9.1** 金星の子午面循環の予想図（松田，2011）：雲層と地表付近で子午面循環が独立に存在していると予想した模式図.

東風を説明する多くのメカニズムが提案されてきた．現在においては，次の2つのメカニズムが有力なので，これを紹介する．

1. 子午面循環による生成メカニズム（9.2.1 項）
2. 波（熱潮汐波）によるメカニズム（9.2.2 項）

9.2.1 子午面循環による生成メカニズム

すでに，地球と火星での子午面循環を説明したが，金星にも子午面循環は存在するのだろうか．1.1 節で述べたように，金星では太陽光が 78% 反射され，その残りが大部分，雲層で吸収され，さらにその残り（吸収分の 10% 程度）が地面で吸収されている．また，自転の非常に遅い金星では子午面循環があったとしたら，1つの半球に1つの循環細胞が存在するのではないかと予想されている．それを考慮して，図 9.1 では雲層と地表付近に分離した2つの（半球に1細胞の）子午面循環が描かれている．しかし，現在でも地面付近の下層大気のみならず，雲層（おおよそ高度 45～70 km）でも，子午面循環の存在は観測によって確かめられてはいない．また，子午面循環があるとしても，それがこの図のように上下方向に2つに分裂するか，1つの大きな循環にまとまるか，または3つ以上に分裂するかは不明である．

子午面循環が鉛直方向にいくつかの循環細胞に分かれるとしても，1つの細胞であるとしても，子午面循環は以下に述べるメカニズムにより東西方向の運動量を上方へ輸送する効果がある．そのメカニズムは少し込み入っているので，

216　第 9 章　惑星気象の謎

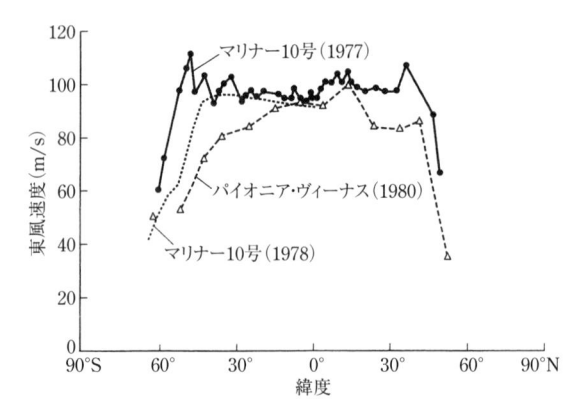

図 **9.2**　スーパーローテーションにおける東風の緯度分布 (Schubert *et al.*, 1980)：雲層上端（約 70 km 付近）での小規模な雲の追跡により求めた分布.

　まず，大まかな説明をしておく．子午面循環は低緯度で上昇，高緯度で下降であるので，上下方向に物質や運動量をかき混ぜる効果がある．この効果により金星の固体部分のもつ運動量が下層の大気から上層（雲層）に運ばれる．運動量を運び去られた下層の大気には固体部分から運動量が供給される．固体部分は自転速度が遅くても質量が（大気に比べて）巨大なので，それが持っている運動量も巨大である．つまり，固体部分が持っている運動量を，上へ上へと運んでいき，大気全体，特に上層（雲層上部）に蓄積しようというのがこの子午面循環によるメカニズムである．このメカニズムでは，スーパーローテーション（高速東風）の運動量の起源は固体部分の自転に伴う運動量に他ならない．

　このメカニズムをもう少し正確に理解するためには，金星の東風の風速の緯度分布を考える必要があるので，それを先に説明したい．小規模な雲の追跡から求めた雲頂高度（おおよそ 70 km）での風速分布を図 9.2 に示す．雲層内部や雲底より下の観測はほとんどない．図 9.2 によると，一般に低緯度の方が速度が大きく，運動量が大きい[2]．しかし，ここでは球面上で問題を考えなくてはならないので，正確には運動量ではなく角運動量で考える必要がある．等速だと運動量も緯度によらず一定だが，角運動量 = 運動量 × $R\cos\theta$（R は惑星

---

[2]　図をよく見ると，マリナー 10 号の観測は東風が低緯度で等速，パイオニア・ヴィーナスの観測は剛体回転（角速度一定）の緯度分布に近いものを示している．ガリレオのデータを使った雲追跡による観測結果 (Kouyama *et al.*, 2013) やドップラー風速計による観測結果 (Machado *et al.*, 2012) は前者に近いが，金星の周回衛星であるヴィーナス・エクスプレスのデータの長期間解析によると，両者の間を時間的に遷移しているようである (Kouyama *et al.*, 2013)．

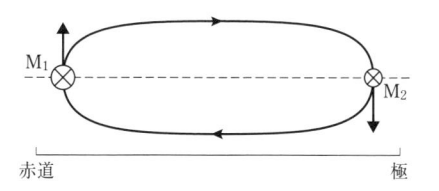

図 9.3 子午面循環の流れとその移流効果：低緯度では中層に吹く東風の運動量 M_1 が破線を越えて上層へ，高緯度では M_2 が破線を越えて下層へ輸送される．両者はある程度打ち消し合うが，$M_1 > M_2$ なので，破線を越えて正味で上向きの運動量輸送がある．

半径，θ は緯度で $R\cos\theta$ は自転軸と考えている空気塊との距離（腕の長さ）である）で見ると，低緯度の方が大きい．また，無風であるか，地面付近のように風速が弱いと，地面に対する風速の運動量は 0 であるか非常に小さい．しかし，静止系から見ると，無風の場合でも金星大気は固体部分と一緒に東から西に剛体回転していることになる．その場合は，低緯度の方が西向き速度も西向き（角）運動量も大きい．雲頂高度と地面付近以外の東風風速の緯度分布はよくわからないが，そこでも角運動量で見ると，低緯度の方が西向き角運動量が大きいと考えられる．

このような角運動量の緯度分布に，低緯度で上昇，高緯度で下降の子午面循環の移流効果が作用すると，どうなるであろうか．低緯度の運動量 M_1 は上向きに，高緯度の運動量 M_2 は下向きに流される（図 9.3）．$M_1 > M_2$ なので，南北方向で平均すると，破線を越えて上方に運ばれる角運動量の方が大きい．したがって，角運動量が上方へ輸送される．つまり，角運動量と鉛直流速の間で相関があり，正味で上方に角運動量が輸送される．図 9.4 に東風速度 U が低緯度の方が大きい場合を例として，東風に伴う西向き角運動量 M，子午面循環の鉛直速度 W，前者の後者による移流 MW の緯度分布が示されている．M は低緯度で大きいので，MW を緯度方向に積分すると（斜線の面積），正の値が残る．これが，図 9.3 の破線を越えて上方に正味で輸送される運動量である．この点は，図 7.12 に示されている傾圧不安定波による熱の南北輸送と似ている．そこでは温度と南北流速の間の相関により正味で極向きの熱輸送がなされている．

このようなメカニズムによって，子午面循環により運動量が下層からくみ上げられて，次々と上方に輸送され，子午面循環が存在する層の上の方に西向き運動量が蓄積すると考えられる．地面付近では自転している固体部分から上方にくみ上げられて運動量が不足している大気に運動量が補給される．

もちろん，子午面循環は図 9.1 に示されているように上層で極向き，下層で赤

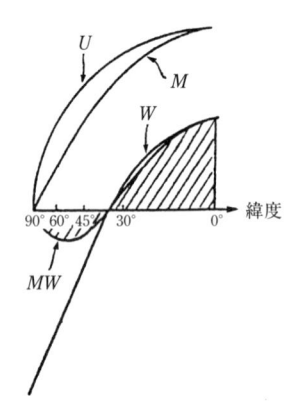

図 9.4 ある高度での東風速度 U, それに伴う角運動量 M の緯度分布 (松田・余田, 1985): 横軸は緯度 (球面上の面積を考慮して高緯度で間隔が狭まっている). 低緯度の速度 U の方が大きいので, 運動量も大きい. 角運動量 M で見ると, 緯度間の差はさらに大きくなる. 子午面循環の鉛直流 (速度 W) は低緯度で上昇 ($W > 0$), 高緯度で下降 ($W < 0$). 各緯度での角運動量 M の鉛直移流の大きさは $M \cdot W$ で表される. $M \cdot W$ は低緯度で正, 高緯度で負であるが, トータル (斜線の部分の符号を考えた面積) では正となる.

道向きに運動量を移流するため, 子午面循環により風速の緯度分布が変形される. したがって, 子午面循環が強く南北方向の移流効果が強いと, 低緯度の方が角運動量が大きいという前提が崩れてしまう. しかし, 子午面循環がそれほど強くなければ, 水平面内の渦や波のかき混ぜ効果により, この南北移流効果を打ち消して, 低緯度の角運動量の方が高緯度より大きい状態が維持されうる.

本項の議論は少し込み入っているので, 詳しく知りたい方は拙著『惑星気象学』(東京大学出版会, 2000) を参照して頂きたい.

このメカニズムにより適当な条件の下でスーパーローテーションが実現されることは, 複数の大気大循環モデルによる数値実験によって確かめられている. しかし, 水平面内の運動量のかき混ぜ効果を担う渦や波が具体的に何であるかなど不明な点も多く, 現在も研究が進められている.

9.2.2 波 (熱潮汐波) によるメカニズム

大気は一般に第 3 章で説明したように, 安定成層をしている. つまり, 重い空気の上に軽い空気が存在している. 池の水の上に空気があるのと同様である. ただし, 大気の場合は密度の変化は連続的である. 温位でいえば, 安定成層した大気は上の方が温位が大きい (3.2 節). この状態に外から刺激を与えれば,

9.2 金星のスーパーローテーション

(a)
―――――――――――― θ_5
―――――――――――― θ_4
―――――――――――― θ_3
―――――――――――― θ_2
―――――――――――― θ_1

(b)
〜〜〜〜〜〜〜〜〜〜〜〜 θ_5
〜〜〜〜〜〜〜〜〜〜〜〜 θ_4
〜〜〜〜〜〜〜〜〜〜〜〜 θ_3
〜〜〜〜〜〜〜〜〜〜〜〜 θ_2
〜〜〜〜〜〜〜〜〜〜〜〜 θ_1

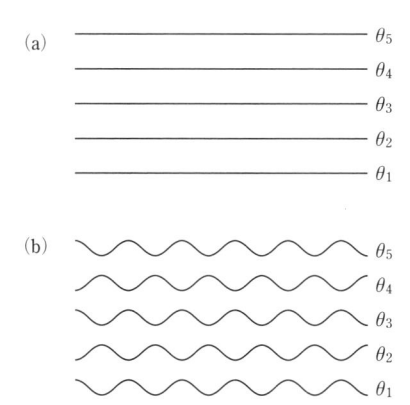

図 9.5 等温位面の波立ち：(a) 擾乱がない状態，(b) 重力波が発生した状態．安定成層した大気を考えているので，$\theta_1 < \theta_2 < \theta_3 < \theta_4 < \theta_5$ である．

図 9.5 に示したように水平面であった等温位面が波打つ（断熱過程では空気塊の持つ温位の値は変化しない）．池に石を投げ入れると，水面が波打つのと同じである．ある特定の場所で観測していれば，一定の振動数で振動する上下運動が見られるが，この振動は 3.2 節で説明したものである．振動の復元力が重力であることは言うまでもない．このように成層した大気で重力を復元力とする波が重力波である．

気象学で熱潮汐波といわれる波は重力波の一種で，以下のような特徴を持つ．図 9.6 に示されているように，金星の雲層（45〜70 km）の昼側は太陽光で加熱され，夜側は冷却されている．地面から見て太陽は東へ赤道上で 3.8 m/s の速度で移動していく（金星の自転とスーパーローテーションの向きは東から西であり，地面から見た太陽の動きと逆）．この太陽の加熱により励起され，地面に対して太陽とともに進行する重力波が熱潮汐波である．したがって，地面から見たこの波の位相速度は（赤道上で）東向きに 3.8 m/s である．もちろん，太陽から見ると熱潮汐波は静止して見える．このような加熱冷却によって作られた波なので，昼側で上昇し上層で四方八方に発散し，夜側の上層で収束して下降する，といった構造を熱潮汐波はしている．つまり，4.5 節で考察した夜昼間対流に構造が似ている．つまり，熱潮汐波（の主要な成分）は重力波によって表現された夜昼間対流と考えてもよい[3]．この場合の重力波は加熱冷却によ

---

[3] 図 9.6 に示されている雲層での加熱・冷却分布は東西方向に単純な正弦関数では表せない．そのため，東西方向に波数 1 の波だけではなく，波数 2 などの波も励起される．

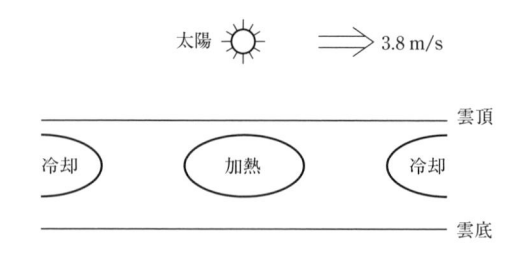

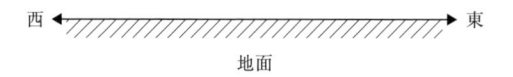

図 9.6 太陽加熱による熱潮汐波の励起：太陽は地面から見て西から東へ赤道上で 3.8 m/s の速度で移動している．

り強制的に作られ，水平構造が固定されていて，水平方向に自由に伝播できるものではないので，強制重力波ともいわれる．したがって，熱潮汐波と称するが，海洋において月や太陽の引力（潮汐力）によって作られる潮汐とは無関係である．

運動している物体は運動量を持っているが，鉛直方向に伝播する重力波も東西方向の運動量を担っていて，それを鉛直方向に輸送することができる．このことは地球の対流圏から成層圏への波の伝播を，1960 年代〜1970 年代に研究した気象研究者が明らかにしたものである．運動量が波に伴っていることは，以下のような波の励起についての考察からも理解できるであろう．図 9.7 に示されているように，静止している流体層の底に波板があるとする．この波板を速度 c で引くと，位相速度 c の波が作られる．その際，波板は流体から抵抗を受けるので，波板を引くには力が必要であり，仕事をすることにより，流体に運動量を与えることになる．この運動量が波に伴う運動量である．当然，運動量の方向は位相速度の方向と同じである．ここでは重力波が波板によって作られた場合を例としたが，それが励起された原因を問わず，重力波には運動量が伴う[4]．

---

[4] 波の持つエネルギーを E，それに伴う運動量を p，位相速度を c とすると，

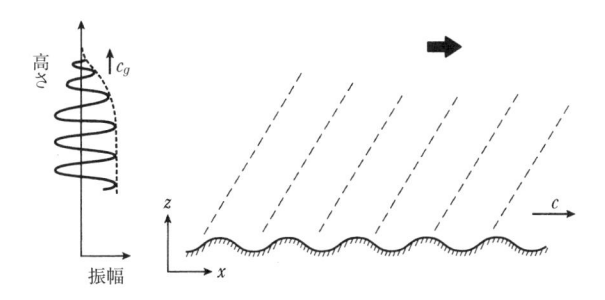

図 **9.7** 波板による波の励起（瓜生，1976）：波板を引っ張ることにより波が励起される．波板の速度と波の位相速度は同じである．これにより右方向の運動量が流体に注入される．励起された波の集まりは鉛直方向に鉛直群速度 C_g で移動する．

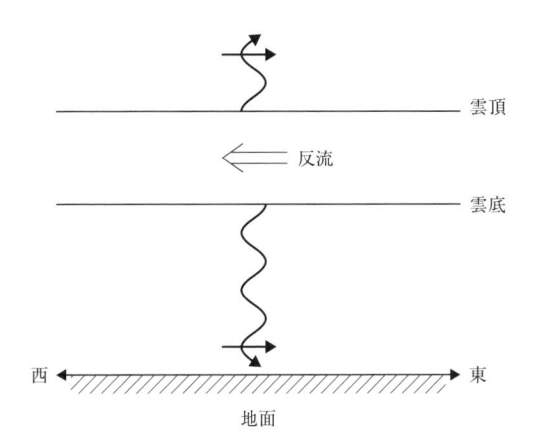

図 **9.8** 熱潮汐波の鉛直伝播とそれに伴う運動量（東向きの矢印）：反流は地面から見た太陽の動きと反対方向であり，スーパーローテーションと同方向である．

　雲層において，太陽光加熱により（地面から見た）太陽の進行速度と同じ位相速度を持つ重力波が励起され，上下へ伝播する（図 9.8 参照）．この場合，波は波板によって力学的に作られたわけではないので，外部から流体への運動量注入はなく，全系での運動量は変化せず一定である．ところが，作られた原因によらず，重力波は波の進行方向（＝太陽の進行方向）の運動量を持っているの

$$p = \frac{E}{c}$$

という関係があることが示されており，フォトン・アナロジーといわれている（瓜生，1976）．

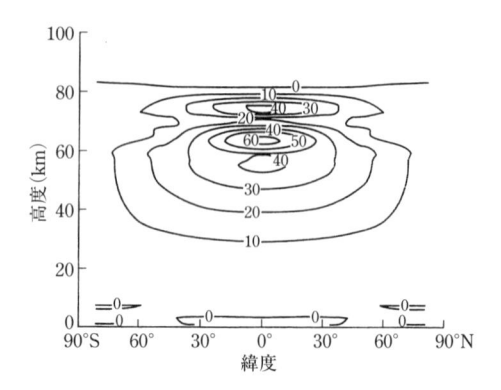

図 9.9 熱潮汐波のメカニズムによって生成されたスーパーローテーション (Takagi and Matsuda, 2007) 大気大循環モデルによる数値実験：数字は東風 (m/s) を示す．

で，雲層の上方と下方に伝播する波には，太陽の動きと同方向の運動量が伴っていることになる．したがって，雲層ではその反対の運動量（太陽の進行方向と逆向きの運動量）を持った流れが形成される．そうでなければ，全系で見て太陽の動きと同方向の正味の運動量が生じてしまう．太陽の進行方向と逆向きとは，自転と同じ方向に他ならない．このようにして形成された雲層での流れをスーパーローテーションとして解釈しようというのがこのメカニズムである．

話の筋書きとしては，このメカニズムで定性的にスーパーローテーションが説明できるが，果たして定量的にもうまくいくのか，大気大循環モデルの利用も含めて数値計算が行われた．その結果，ある条件の下で図 9.9 に示されているように，現実的なスーパーローテーションが再現された．その計算では，下方に伝播した熱潮汐波は地面まで到達し，地面に（地面から見た）太陽の動きと同方向，つまりスーパーローテーションと反対方向の運動量を受け渡している（厳密にはその分，金星固体の自転が遅くなるわけだが，固体部分は巨大な質量の故に巨大な運動量を持っているので，その影響は無視できる）．その結果，大気全体でならすと，正味で太陽と反対方向の運動量が残る．ただし，この計算では熱潮汐波を励起する夜昼間の加熱冷却効果のみ考慮されていて，子午面循環を励起する南北間の加熱冷却効果は入っていない．

結局，数値実験において適当な条件をうまく設定すると，子午面循環によるメカニズムでも，熱潮汐波によるメカニズムでも，うまくスーパーローテーションが再現できることが示された．しかし，両者の整合性や現実の金星への適用性などの問題が残っており，まだ完全な解決には至っておらず，研究が進展中

9.2.3 子午面内のモーメント・バランス

以上の2つの項でスーパーローテーションを生成するメカニズムを紹介した．このようなメカニズムがうまく作動すれば，スーパーローテーションの生成が可能である．一方，4.6節で見たように，スーパーローテーションではなく単純な夜昼間対流が卓越してもよさそうである．この両者の関係を，ここでは子午面内のモーメントのつり合いの考察を通して議論してみたい．まずは，東西方向には一様として議論を進めたい．したがって，本項の議論は6.7節の温度風の関係の議論の拡張でもある．

図6.14を参照して，子午面内のモーメント・バランスの議論を思い出してみよう．一般に，赤道地方の方が極地方より温度が高いので，赤道地方で正の浮力，極地方で負の浮力が生じ，子午面内で反時計回りのモーメントが働く．このモーメントにより反時計回りの循環が生成され，それが卓越していれば話は単純である．その場合は循環に対してまさつ力が反対向きに循環の速さに比例して働き，時計回りのまさつのモーメントが生ずる．このモーメントと浮力のモーメントがつり合うことにより，定常の子午面循環が維持される．

しかし，惑星が自転していて東西風が吹いていると，話が複雑になる．地球との比較が簡単になるように，本項では惑星が西から東に自転していると考える．したがって，主要な東西風も西風とする．実際の金星の自転も大気の回転も逆であるが，本質は何も変わらない．金星に当てはめる場合は自転と東西風速の符号を逆にすればよいだけである．まず，高さとともに速くなる西風があると，それに働くコリオリ力も高さとともに大きくなるので，時計回りのモーメントが形成される．このコリオリ力のモーメントが浮力のモーメントとつり合った状態が温度風バランスの状態であった．

東西風は惑星を巡って回転しているので，それに遠心力も働く（図6.20参照）．西風の風速が高さとともに大きくなれば，遠心力（の南北成分）も高さとともに大きくなる．これによっても時計回りのモーメントが形成される．遠心力は風速の2乗に比例（し，自転軸までの距離 $R\cos\theta$（Rは惑星半径，θは緯度）に反比例）するので，東西風速が速かったり，惑星の自転がゆっくりであったりすると，コリオリ力よりも遠心力が卓越してくる．コリオリ力の大きさは（コリオリ因子）×（風速）なので，風速の1乗に比例するからである（コリオリ因子は自転角速度 Ω に比例）．その場合は，遠心力によるモーメントが浮力

によるモーメントとつり合う状態が考えられる.

故に,東西風と子午面循環が共存している場合,子午面内のモーメントのつり合いは次の式で表現される.

$$A(コリオリ力によるモーメント) + B(遠心力によるモーメント)$$
$$+ C(まさつによるモーメント) = D(浮力によるモーメント) \quad (9.1)$$

子午面内のモーメント・バランスという観点では,右辺の D は左辺の A, B, C のどれでもいいからどれか(あるいはそれらの和)とつり合えばよいのである.つまり,子午面内のモーメント・バランスの観点だけからでは,どの項とつり合うべきかは決定できない.西風の代表的風速を U,子午面循環の代表的南北風速を V とすると,

$$A \propto fU, \quad B \propto \frac{U^2}{R\cos\theta}, \quad C \propto kV, \quad D \propto 南北温度差 \quad (9.2)$$

と書ける.ここで f はコリオリ因子で,$f = 2\Omega\sin\theta \sim \Omega$ であり,k は子午面循環に働くまさつの係数である.

A と B の大小関係については 6.10 節の議論がそのまま成立する.現実の金星のように,スーパーローテーションが存在している場合は,スーパーローテーションの定義により $R\Omega \ll U$(R は惑星半径で,$R\Omega$ は惑星の自転速度)なので,$A \ll B$ である.スーパーローテーションが存在する金星では子午面循環があったとしてもかなり小さいと思われているので,C の項は無視できて,$B \approx D$.これは通常のコリオリ力が関係した温度風バランスではなく,遠心力が関係している.温度風バランスの定義を拡張して,この状態を「遠心力による温度風バランス」と呼んでおこう.

地球のように自転が速い惑星ではスーパーローテーションは存在せず,$R\Omega \gg U$ が成り立つ.地球のみならず,火星,木星,土星,天王星,海王星でも成り立っている.$R\Omega$ 自体が既に大きいので,スーパーローテーションが生じたら,B は非常に大きくなってしまう.現実は $U \ll R\Omega$ である U を持つ A と D がつり合っているのだから,そのような大きな B が D とつり合うことはありえない.つまり,高速自転の惑星では,(極端に南北温度差が大きくならない限り)スーパーローテーションは出現不可能である.故に,これらの惑星では $A \gg B$ である.さらに(中高緯度では)子午面循環も弱いので,C も無視できて,$A \approx D$ が成立する.これは通常の温度風バランスである.

一方，自転の遅い惑星（$R\Omega$ が小）で，仮に U が小さいとすると，A も B も小さくなり，$C \approx D$ となる．この場合，C は V に比例しているので，子午面循環の強さは南北温度差に比例する．この状態は東西風が弱く，子午面循環が（D に応じて）強い状態である．

9.2.4 大気大循環の分類

前項で子午面内のモーメントのバランスとして，どのような状態が可能であるかを考察した．つまり，(a) 通常の温度風バランス（高速自転で東西風卓越），(b) 遠心力による温度風バランス（スーパーローテーション），(c) 子午面循環（水平対流）の卓越した状態，の3つが可能であった．そのうちのどれが実現されるかは，式 (9.1) で右辺の南北温度差による浮力のモーメントが与えられたとしても，この式だけからは決めることができない．なぜなら，式 (9.1) には未知数として，U と V の2つが含まれているからである．U と V を決めるためには，U を決める式，つまり東西方向の運動方程式（同じことであるが，東西方向の運動量を規定する方程式）が必要である．この方程式の具体的な形は，東西方向の運動量，つまり東西風が作られるメカニズムに依存する．金星のスーパーローテーションの問題に即していえば，9.2.1 項と 9.2.2 項で述べたように異なったメカニズムが可能である．

本項では，9.2.1 項の子午面循環によるメカニズムを採用したとき，どのような定常解が得られるかを検討してみよう．つまり，このメカニズムで得られる U と V の関係を式 (9.1) と連立して解くと，どのような状態を表現する解が得られるかを考察してみたい．図 9.10 にこのメカニズムで得られる U と V の関係が示されている．横軸が V であるが，これは子午面循環の強さ（南北流，鉛直流の速さまたは回転の速さ）を意味する．このメカニズムでは子午面循環によって，自転する固体惑星から上方へ運動量がくみ上げられ東西風が作られるので，子午面循環がなければ $(V = 0)$，$U = 0$ である．子午面循環が強くなるに従い，運動量をくみ上げる効果も大きくなり，東西流 U も強くなる．しかし，あまり子午面循環が強くなると，U はかえって減少する．これはなぜだろうか？9.2.1 項で説明したように，V が大きくなり過ぎると，子午面循環による南北移流の効果が大きくなり，東西風速の緯度分布が当初仮定した分布（低緯度の方が東西風速に伴う（角）運動量が大）から大きくずれてしまい，9.2.1 項で説明した子午面循環による運動量をくみ上げる効果が働かなくなってしまう．それ

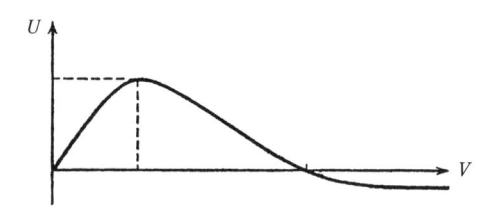

図 9.10 子午面循環による東西方向の運動量生成メカニズムにおける U と V の関係 (Matsuda, 1980)：U は上層における代表的な東西風速，V は子午面循環の代表的な南北風速を表す．

を反映して，適度な V の大きさのところで，U は最大値をもつ[5]．

図 9.10 に示したような U と V の関係，$U = f(V)$ を式 (9.1) に代入すると，この式の左辺は V だけで表される．そこで，右辺の値が与えられたとすると，この式から V を決めることができる．V が決まれば，図 9.10 より U を決めることができる．図 9.10 の U と V の関係と式 (9.1) は時間変化しないバランスした状態の関係を示しているので，このようにして求めた解はバランスした（時間変化しない）定常状態を表現する解である．そのような解を定常解という．この定常解の特徴の外部パラメータ依存性を図 9.11 に簡単化して模式的に示した．このダイアグラムは，惑星大気の運動状態を規定する重要な外部パラメータである惑星の自転周期と南北加熱差の値が，それぞれ横軸，縦軸で与えられたとき，それに相当する大気の定常解がどのような特徴を持っているかを示したものである．A の領域で得られた解では式 (9.1) で A 項が卓越し，子午面内のモーメント・バランスが (a) 地球のようなコリオリ力による温度風バランスである．B の領域では式 (9.1) で B 項が卓越し，(b) 遠心力による温度風バランスである．さらに，C の領域では式 (9.1) で C 項が卓越し，(c) 子午面循環が卓越した状態である．この図を見ると，右側では C，左側では A，中間の領域で B となっている．上下方向に見ると，下側では A と C だけであり，上側では上にいくに従い C の領域が左に延びている．この意味でも B は中間の領域に存在している．

---

[5] 図 9.10 に示された U と V の関係は 9.2.1 項で説明した特殊なメカニズムに基づいて導かれたものである．しかし，定性的には他のメカニズムにおいても，おおよそ同じような傾向を示すかもしれない．たとえば，V が小のとき，子午面循環の南北風にコリオリ力が作用して U が作られるのは，地球でもハドレー循環から東西風が生成される過程でも見られる（特に，ハドレー循環上部の南風にコリオリ力が作用して偏西風が作られる）．また，一般に V が十分大きくなると，モーメント・バランスにおいて U の存在が無視できるので，U の生成が無視できるとも解釈されうるだろう．

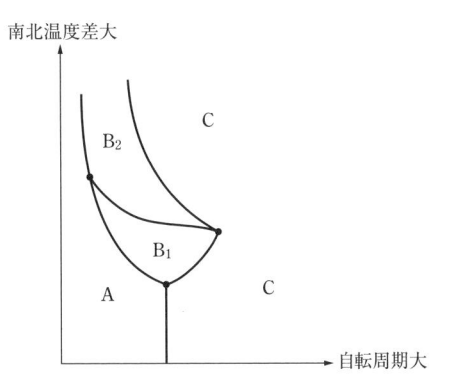

図 **9.11** 大気大循環の分類のダイアグラム：横軸は無次元化した自転周期，縦軸は無次元化した南北温度差（正確には南北加熱差）を表す．A は (a) 普通の温度風バランス，B は (b) 遠心力による温度風バランス，C は (c) 子午面循環が卓越した状態の定常解からなる領域である．B_1 と B_2 の違いは本文参照．

なぜこのような結果が得られたのか考えてみよう．まず，図のずっと右側では惑星の自転周期が非常に大きい，つまり自転が非常にゆっくりで，自転効果が非常に小さい場合である．この場合はコリオリ力が無視できるので，温度風バランスとなることはありえない．また，ここで仮定したメカニズムでスーパーローテーションが作られたとしても，その起源は惑星の自転なので，それが非常に遅いと，たとえ自転速度の数十倍の東西風が得られたとしても，その風速の絶対値は小さい．それ故に，遠心力も小さく，それによるモーメントによって南北の温度差とつり合うことは困難である．したがって，この場合ありうるのは，子午面循環が卓越して，それに働くまさつのモーメントと南北温度差のモーメントがつり合うことである．実際，前者は V に比例するので，後者がどれほど大きくてもつり合うことができる．つまり，この領域では，V は南北温度差に比例し（つまり，図の上にいくに従い大きくなる），U は常に小さい．

次に，図の左側の自転周期が短く，自転効果（コリオリ力）が重要な場合を考える．この場合は自転が速いので，東西風に働く遠心力がそれに働くコリオリ力より強くなるのは困難である．そのため，式 (9.1) の A 項は B 項よりも大きくなる．また，自転が速いと f が大きく，C 項も A 項より小に留まり，A 項が B 項や C 項に卓越する．故に，A 項と右辺がつり合い，普通の温度風バランスが成立する．

問題なのは B で表示されている中間の領域である．この領域では，式 (9.1)

の左辺で B 項が卓越し，右辺とつり合っていて，遠心力による温度風バランスが実現されている．なぜ，この領域で B 項が卓越できるのだろうか．縦軸の値（南北加熱差）が非常に小さいと（図の下側），それにより励起された子午面循環も非常に弱い．したがって，図 9.10 の関係より，U も小さく，B 項が卓越することもない．図の下側では，横軸の値によって，A か C である．縦軸の値がやや大きくなると，それを反映して子午面循環も強くなり，V もやや大きくなってくる．それに伴い，U も大きくなってきて，式 (9.1) の B 項も増大する．A 項は U の 2 乗に，B 項は U の 2 乗に比例するので（式 (9.2)），U の増大に伴い，A 項よりも B 項の方が卓越してくる．横軸に関して中間の領域では（中程度の惑星の自転周期では），惑星の自転が大きな U を作り出すためには十分速いが，コリオリ力が卓越するほどは速くない．

図でAとB，BとCの境界線は上にいくに従い，左に移動している．これは南北加熱差が大きくなると，一般に風速が大きくなり，相対的に自転の効果が弱くなるためである．自転（したがって f ）がそれほど小さくなくても，南北加熱差が非常に大きくなり，V が非常に大きくなると，C 項が無条件に卓越するようになる．V が非常に大きければ，図 9.10 の関係より U は非常に小さくなり，B 項も C 項も小さくならざるをえない．故に，縦軸の値が非常に大きくなれば，すべてCとなる．AとBの境界線についても同様である．図で上にいくと V が大きくなり，U も大きくなるので，AからBに遷移する．

Bは B_1 と B_2 という 2 つの領域に分割されている．B_1 ではスーパーローテーションに相当する遠心力による温度風バランスの解しかないが，B_2 にはこの種の定常解とともに，子午面循環が卓越している定常解もある．数学的にいうと，図 9.10 の $U = f(V)$ の関係を代入した式 (9.1) は未知数 V について非線型の方程式なので，n 次方程式が n 個の根を持つように，複数の解を持つことが可能であるということになる．実際には，この問題では B_2 という領域のみで，2 つの定常解が存在している（正確には，3 つの定常解があるが，そのうち 1 つは不安定な解で，2 つのみが安定で実現可能な解である）．

B_2 領域でのスーパーローテーションに相当する解では，V が図 9.10 の U のピークを与える付近の大きさであり，非常に小さいわけではないが大きくはない．それに対して，U は大きな値をもち，上層はスーパーローテーションをしている．一方，子午面循環が卓越している状態に相当する解では，V が大きく，U が小さい．図 9.10 に示されているように，V が大きければ，子午面循環によって運動量をくみ上げるメカニズムはかえってうまく働かず，小さな U しか

得られない．B_2 領域のこの定常解は C の領域の定常解と，U や V の値が連続している．もちろん，B_2 領域のスーパーローテーションに相当する定常解は B_1 領域の定常解と，U や V の値が連続している．

以上では，東西方向の変化を無視して，鉛直–南北の 2 次元モデルで考えてきた．次に，この考察結果の夜昼間の加熱差を含んだ 3 次元大気への適応性を考えてみよう．温度風バランスした状態や遠心力による温度風バランスした状態では，東西風が卓越している．この強い風により，夜昼間の温度差はならされてしまい，東西方向にはおおよそ一様な状態が実現される．つまり，2 次元モデルで得られた A と B の解はそのまま近似的に 3 次元の大気にも当てはめられる．一方，C の子午面循環が卓越する状態は加熱冷却によって励起された直接循環に他ならない．したがってこの場合，東西方向の加熱差を考慮すれば，東西方向の水平対流が励起されるはずである．実は，子午面循環と東西方向の水平対流を重ね合わせると，図 4.16 に示されている夜昼間対流が得られる．つまり，夜昼間対流を東西一様な 2 次元モデルの範囲内で表現したものが子午面循環である．したがって，2 次元モデルでの子午面循環の卓越は 3 次元では夜昼間対流の卓越を意味していることになる．そうすると，結局，B_2 での 2 つの安定定常解の存在は，スーパーローテーションの状態と夜昼間対流の状態の両方が共に存在できることを意味する．このモデルでは，スーパーローテーションが得られるだけではなく，存在してしかるべきと思われた夜昼間対流も得られたことになる．

もちろん，2 つの状態が定常解として共存しているといっても，現実の金星や大気大循環モデルで同時に共存できるという意味ではない．あるときに現実大気やコンピューターのなかで実現できるのは，どちらか 1 つである．それでは，何によって 2 つの状態から選択が行われるのだろうか．今の段階では，初期の状態に依存してどちらかの定常解に落ち着く，としか答えられない．最近の大気大循環モデルによる数値シミュレーションでも，計算を始める初期状態によってスーパーローテーションの状態が実現したり，しなかったりするようである．これは複数の定常解が存在することを意味している．以上は著者の理論 (Matsuda, 1980) に基づいて説明したが，近年，数値実験や数値計算により定常解の複数性を確証する研究が現われたことを付記しておきたい (Kido and Wakata, 2009; Yamamoto and Yoden, 2013)．

次に，図 9.12 に自転周期約 16 日のタイタンも含めた地球型惑星の大気を，自転周期（横軸）と太陽光の単位質量当たりの加熱強度（縦軸）を座標として位

230   第9章 惑星気象の謎

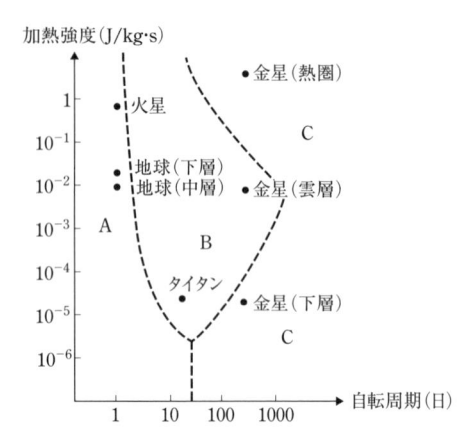

図 9.12 地球型惑星の大気と大気大循環のタイプ：A, B, C の意味は図 9.11 や本文と同様である．A, B, C のおおよその境界を図 9.11 を参考にして，書き入れてある．

置づけ，これに図 9.11 のレジーム・ダイアグラムを重ね合わせて描いてみた[6]．惑星の数が少ないので，どれほど意味があるかわからないが，ごく大雑把には図 9.11 の予想と現実の大気の状態は対応している．スーパーローテーションが観測されているタイタンが領域 B に含まれていること，同じ自転周期の金星でも大気が希薄で加熱強度の大きい熱圏では C となっていること，西風が強く，それに働く遠心力が無視できない火星は A でも B に近いことなどはうまく表現されている．発見が相次いでいる系外惑星の大気はともかく，今後，GCM によるさまざまな条件下の大気のシミュレーションが進展すれば，図 9.12 のような大気大循環の分類を示すレジーム・ダイアグラムも精密化できるかもしれない．

最後に，我が国の金星探査について述べておきたい．上の議論からもわかるように，太陽系で唯一自転の遅い惑星である金星の大循環の理解は，それ自体興味深いだけではなく，惑星気象全体の理解の鍵となる．しかし，スーパーローテーションの原因についての定説が確立されていないなど，金星気象は地球型惑星の中では最も理解が遅れている．その理由の第 1 は金星大気の観測が進んでいないことである．上で説明したメカニズムでポイントとなっている子午面循環が現実の金星にあるか否かも，観測からは決定されていない．そこで，雲層を中心として複数のカメラにより立体的に風の分布を観測するために，我が

---

[6] もちろん，図 9.11 は金星に特有と思われる 9.2.1 項のメカニズムを前提しているので，どれほど図 9.11 が一般性を持つか疑問であろう．しかし，本章脚注 5 を考慮すると，ある程度一般的に妥当するかもしれない．

国が金星気象衛星「あかつき」を打ち上げた．残念ながら，2010 年 12 月 7 日に金星の周回軌道投入に失敗したが，金星に再接近する 2015 年以降に再投入することが計画されている．これが成功すれば，金星の大循環のみならず，惑星気象全体の理解が画期的に進展するかもしれない．「あかつき」再投入の成功を切願して，本書を結びたい．

参考・引用文献

浅井富雄・新田尚・松野太郎，2000：基礎気象学，朝倉書店．
瓜生道也，1976：波とそのまわりの平均運動，天気，**23**, 3–22.
小倉義光，1999：一般気象学［第 2 版］，東京大学出版会．
小倉義光，2000：総観気象学入門，東京大学出版会．
小高正嗣・高橋芳幸，2005：火星のダストストーム，天文月報，**98**, 37–47.
小高正嗣，2012：http://www.gfd-dennou.org./library/dcrtm/model/odakker
河村武，1975：都市における気候の変化，人間生存と自然環境 3，東京大学出版会．
岸保勘三郎・田中正之・時岡達志，1982：大気の大循環 大気科学講座 4，東京大学出版会．
木村竜治，1983：地球流体力学入門，東京堂出版．
木村龍治，2014：変化する地球環境――異常気象を理解する，放送大学叢書 024，左右社．
近藤純正，2000：地表面に近い大気の科学，東京大学出版会．
酒井敏，2013：都市を冷やすフラクタル日除け，成山堂．
名越利幸・木村龍治，1994：気象の教え方学び方 気象の教室 6，東京大学出版会．
二宮洸三，2012：気象と地球の環境科学［改訂第 3 版］，オーム社．
日本気象学会編，1998a：気象科学事典，東京書籍．
日本気象学会編，1998b：新・教養の気象学，朝倉書店．
日本気象予報士会編，2008：気象予報士ハンドブック，オーム社．
ニュートン，アイザック著，中野猿人訳・注，1977：プリンシピア 自然哲学の数学的原理，講談社．
廣田勇，1992：グローバル気象学 気象の教室 1，東京大学出版会．
松田佳久，2000：惑星気象学，東京大学出版会．
松田佳久，2011：惑星気象学入門――金星に吹く風の謎，岩波科学ライブラリー 183，岩波書店．
松田佳久・高木征弘，2008：金星大気の温室効果の特徴――地球の温室効果と比較して，天気，**55**, 887–899.
松田佳久・余田成男，1985：気象とカタストロフィー――気象学における解の多重性，気象研究ノート，**151**, 1–145.
松野太郎・島崎達夫，1981：成層圏と中間圏の大気 大気科学講座 3，東京大学出版会．
村上多喜雄，2003：モンスーン概論，気象研究ノート（日本気象学会），**204**, 1–40.
守田治，1980：回転流体中の傾圧不安定波，天気，**27**, 165–175.

山本義一,1976:新版 気象学概論,朝倉書店.
和田純夫,2009:プリンキピアを読む,ブルーバックス,講談社.

Atkinson, D. H. et al., 1996: Galileo Doppler measurements of the deep zonal winds at Jupiter. *Science*, **272**, 842–843.

Bjerknes, J. and H. Solberg, 1922: Life cycle of cyclones and the polar front theory of atmospheric circulation. *Geofys. Publ.*, **3**, Norske Videnskaps-Akad. Oslo, Norway.

Brewer, A. W., 1949: Evidence for a world circulation provided by the measurements of helium and water vapour distribution in the stratosphere. *Quart. J. Roy. Meteor. Soc.*, **75**, 351–363.

Charney, J. G., 1947: The dynamics of long waves in a baroclinic westerly current. *J. Meteor.*, **4**, 135–162.

Dutton, J. A., 1976: *The Ceaseless Wind*, McGraw-Hill Book Co.

Eady, E., 1949: Long waves and cyclone waves. *Tellus*, **1**, 33–52.

Fujibe, E. and T. Asai, 1984: A detailed analysis of the land and seal breeze in the Sagami Bay area in summer. *J. Meteor. Soc. Japan*, **62**, 534–551.

Gambo, K., 1950: The criteria for stability of the westerlies. *Geophys. Notes. (Tokyo Univ.)*, **3**, 1–13.

Golitsyn, G. S., 1970: A similarity approach to the general circulation of planetary atmospheres. *Icarus*, **13**, 1–24.

Goody, R. M. and Y. L. Yung, 1989: *Atmospheric Radiation*, Oxford Univ. Press.

Greenspan, H. P., 1968: *The theory of rotating fluids*, Cambridge University Press.

Hartman, D. L., 1994: *Global Physical Climatology*, Academic Press.

Hide, R., 1969: Some laboratory experiments on free thermal convection in a rotating fluid subject to a horizontal temperature gradient and their relation to the theory of the global atmospheric circulation. *The global circulation of the atmosphere* (G. A. Corby, ed.), Roy. Meteor. Soc., 196–221.

Ingersoll, A. P., 1969: The runaway greenhouse: A history of water on Venus. *J. Atmos. Sci.*, **26**, 1191–1198.

Kido, A. and Y. Wakata, 2009: Multiple equilibrium states appearing in a Venus-like atmospheric general circulation model with three-dimensional solar heating. *Sola*, **5**, 85–88.

Kieffer, H. H. et al., 1973: Preliminary report on infrared radiometric measurements from the Mariner 9 spacecraft. *J. Geophys. Res.*, **78**, 4291–4312.

Kiehl, J. T. and K. E. Trenberth, 1997: Earth's annual global mean energy budget. *Bull. Amer. Meteor. Soc.*, **78**, 197–208.

Komabayashi, M., 1967: Discrete equilibrium temperatures of a hypothetical planet with the atmosphere and the hydrosphere of one component-two phase system under constant solar radiation. *J. Meteor. Soc. Japan*, **45**, 137–139.

Kouyama, T. et al., 2013: Long-term variation in the cloud-tracked zonal velocities at the cloud top of Venus deduced from Venus Express VMC images. *J. Geophys. Res.*, **118**, 37–46.

Lindzen, R. S., 1968: Lower atmospheric energy sources for the upper atmosphere. *Meteor. Monogr.*, **9**, 37–46.

Lindzen, R. S., 1990: *Dynamics in atmospheric physics*. Cambridge University Press.

Machado, P. et al., 2012: Mapping zonal winds at Venus's cloud tops from ground-based Doppler velocimetry. *ICARUS*, **221**, 248–261.

Manabe, S. and J. L. Holloway, 1975: The seasonal variation of the hydrologic cycle as simulated by a global model of the atmosphere. *J. Geophys. Res.*, **80**, 1617–1649.

Manabe, S. and R. F. Strickler, 1964: Thermal equilibrium of the atmosphere with a convective adjustment. *J. Atmos. Sci.*, **21**, 361–385.

Matsuda, Y., 1980: Dynamics of the four-day circulation in the Venus atmosphere. *J. Meteor. Soc. Japan*, **58**, 443–470.

Matsuda, Y. and T. Matsuno, 1978: Radiative-convective equilibium of the Venusian atmosphere. *J. Meteor. Soc. Japan*, **56**, 1–18.

Nakajima, S. et al., 1992: A study on the "runaway greenhouse effect" with a one-dimensional radiative-convective equilibrium model. *J. Atmos. Sci.*, **49**, 2256–2266.

Newell, R. E. et al., 1972: *The general circulation of the tropical atmosphere and integrations with extratropical latitudes*. The MIT Press.

Newton, C. W. (ed.), 1972: *Meteorology of the Southern Hemisphere, Meteor. Monogr.*, **13**, No 35.

Palmen E. and C. W. Newton, 1969: *Atmospheric Circulation Systems. Their Structural and Physical Interpretation*. Academic Press.

Rossow, W. B. et al., 1990: Cloud-tracked winds from Pioneer Venus OCPP images. *J. Atmos. Sci.*, **47**, 2053–2084.

Schubert, G. et al., 1980: Structure and circulation of the Venus atmosphere, *J. Geophys. Res.*, **85**, 8007–8025.

Schubert, G., 1983: General circulation and the dynamical state of the Venus atmosphere. In Venus (D. Hinten ed.), University of Arizona Press, Tuscon, 681–765.

Seiff, A., 1983: Thermal structure of the atmosphere of Venus. In Venus (D. Hinten ed.) University of Arizona Press, Tuscon, 215–279.

Shapiro, M. A. and D. Keyser, 1990: Fronts, jets and the tropopause. In *Extratropical Cyclones* (The Erik Palmen Memorial Volume, C. W. Newton and E. Holopaninen eds.), Amer. Meteor. Soc., 167–191.

Smith, M. D. et al., 2006: One Martian year of atmospheric observations using MER Mini-TES. *J. Geophys. Res.*, **111**, E12S13.

Snyder, C. W., 1979: The planet Mars as seen at the end of the Viking mission, *J. Geophys. Res.*, **84**, 8487–8519.

Sullivan, P. P. and E. G. Patton, 2011: The effect of mesh resolution on convective boundary layer statistics and structures generated by large-eddy simulation. *J. Atmos. Sci.*, **68**, 2395–2415.

Takagi, M. and Y. Matsuda, 2007: Effects of thermal tides on the Venus atmospheric superrotation, *J. Geophys. Res.*, **112**, D09112.

Takagi, M. et al., 2010: Influence of CO2 line profiles on radiative and radiative-convective equilibrium states of the Venus lower atmosphere. *J. Geophys. Res.*, **115**, E06014.

Takahashi, Y. O. et al., 2003: Topographically induced north-south asymmetry of the meridional circulation in the Martian atmosphere. *J. Geophys. Res.*, **108**, NO. E3, 5018.

Tanaka, H. L. and M. Arai, 1999: Linear baroclinic instability in the Martian atmosphere: Primitive equation calculations. *Earth, Planet and Space*, **51**, 225–232.

Turner, J. S., 1969: Buoyant plumes and thermals. *Ann. Rev. Fluid Mech.*, **1**, 29–44.

Vasavada, A. R. and A. P. Showman, 2005: Jovian atmospheric dynamics: an update after Galileo and Cassini. *Rep. Prog. Phys.*, **68**, 1935–1996.

Vonder Haar, T. H. and V. E. Suomi, 1969: Satellite observation of the earth's radiation budget. *Science*, **163**, 667–669.

Wallace, J. M. and P. V. Hobbs, 1977: *Atmospheric Science, An introductory Survey*, Acdemic Press Inc.

Walterscheid, R. L. et al., 1985: Zonal winds and the angular momentum balance of Venus' atmosphere within and above the clouds. *J. Atmos. Sci.*, **42**, 1982–1990.

Yamada, T. and G. Mellor, 1975: A simulation of the Wangara atmospheric boundary layer data. *J. Atmos. Sci.*, **32**, 2309–2329.

Yamamoto, H. and S. Yoden, 2013: Theoretical estimation of the superrotation strength in an idealized quasi-axisymmetric model of planetary atmospheres. *J. Meteor. Soc. Japan*, **91**, 119–141.

Yamashita, Y. et al., 2007: Maintenance of zonal wind variability associatied with the annular mode on Mars. *Geophys. Res. Lett.*, **34**, L16819.

索 引

[あ行]

あかつき　231
圧力拡幅　43, 48
圧力傾度力　144
亜熱帯高圧帯　107
アリューシャン低気圧　108
アルゴン　3, 42
アルベード　2, 32–36, 49, 51, 157
安定性　55, 56, 59, 62, 72
安定成層　166
アンモニア　12
位置エネルギー　96
イーディ　176
ウィーンの変位則　31
ヴェネラ　5
渦　117
　——運動　145
　——度　147
海　81, 83
運動エネルギー　95, 96, 116, 118, 119
　——の消散率　117
　——の生成率　117
運動量　95, 96
エアロゾル　33–36, 45, 67
エクマン境界層　146
エクマン・パンピング　147
エネルギー準位　41, 42
エマグラム　72, 73
遠心力　127, 140, 142–144, 162, 163, 185, 223–226
　——バランス　161
遠赤外線　31

鉛直流　145
オゾン　7, 24, 38, 42, 47, 48, 51, 156, 196, 201
帯　12
　——状構造　12
温位　63–65, 166, 167
温室効果　4, 36, 38, 40, 44, 47, 49–52
温帯低気圧　10, 135, 140, 176, 178–180, 186, 187, 189, 194
温暖前線　187, 188
温度減率　57–59, 65, 67, 68
温度風　152
　——の関係　152–154, 159, 163, 194, 198
　——バランス　225, 228

[か行]

海王星　14, 59, 192, 210
回転　41, 43
　——座標系　127–129
　——水槽実験　168, 170, 171, 173, 181
海氷　33
海風　98, 99
　——前線　100
海面　33
海陸風　97–99, 105, 107
角運動量　216–218
拡幅　43
　——効果　50
可視光線　30
火星　8, 51, 59, 75–77, 123–125, 192, 202–207, 210, 212, 230
過飽和　67

ガリレオ探査機　13
慣性系　127
慣性周期　132
慣性振動　132
慣性領域　118
乾燥空気　19, 69
乾燥断熱減率　55, 57–59, 65–69, 71, 72, 76–78
乾燥断熱線　72–74
寒冷前線　187, 188
緩和時間　124
気圧傾度力　134, 141–143
気圧の尾根　177
気圧の谷　177
岸保勘三郎　176
季節風　102
吸収線　42, 44, 47
境界層　79
凝結　97
　――高度　74
　――熱　66, 70, 71
極循環　161, 194, 197
局所カルテジアン座標系　130, 132
局所座標系　131, 132
局所的放射平衡　111–113, 123, 125
金星　1, 45, 49, 51, 52, 54, 59, 80, 81, 111, 112, 121, 123–125, 192, 210, 212, 214, 230
近赤外線　31
空気分子　34
雲　4, 33, 45, 51, 54, 97
クラウジウス・クラペイロンの式　71
グリーンランド　181
グローバル・ダスト・ストーム　10, 208
傾圧不安定　176, 184, 206
　――波　177, 179–182, 194, 196, 207
　――不安定論　175, 176, 178
傾度風の関係　139
傾度風バランス　140, 142
高気圧　94, 95, 97, 106, 108, 136, 140–143, 145, 184, 186
高層天気図　93
公転周期　2
氷　34, 157

氷・アルベード・フィードバック　34, 35
黒体　31, 32, 37–39, 46, 47
駒林–インガソル限界　82
コリオリ因子　132, 148, 154
コリオリ力　105, 127, 128, 132–135, 137, 140, 142–145, 152, 153, 162, 163, 185, 223–226
ゴリツィン, G. S.　114
コルモゴロフ, A.　117
混合層　79
混合比　69, 70

[さ行]

サーマル　84, 87, 88
酸素　3, 42
山谷風　101
散乱　33
子午面循環　159, 165–167, 198–200, 204–206, 215, 217, 225, 226, 228, 229
紫外線　30, 46, 156
自然拡幅　44
湿潤断熱減率　67–69, 71, 72, 76
湿潤断熱線　72–74
自転周期　2
シベリア高気圧　108
縞　12
斜面風　97, 101
収束　97, 145
自由大気　139, 140, 146
重力（落下）加速度　2, 20, 30
重力波　63, 219–221
重力分離　22
準2年振動　201
振動　41, 42
　――数　59, 63
水蒸気　25, 38, 42, 46–48, 50, 51, 66, 67, 69, 97
水素　11
水平温度差　122
水平方向の代表的な温度差　116, 120
スケールハイト　22, 25
ステファン・ボルツマン定数　32, 116
砂嵐　10
スノーボールアース仮説　35

索引　239

スーパーローテーション　5, 15, 109, 110, 163, 214, 216, 221–223, 228, 229
静止系　127
静止座標系　128, 129
静水圧近似　61, 65
静水圧平衡　19–21, 92, 142, 152
成層圏　7, 36, 65, 66, 156, 159
赤外線　30, 36, 38, 40, 41, 45, 47, 49, 112, 113
　——吸収気体　37, 39, 41, 51, 54
赤道傾斜角　2
赤道ジェット　13, 14
赤道半径　2
絶対渦度　148
旋衡風バランス　141
前線　186
潜熱　66
層厚　93, 94
相対渦度　148–150

[た行]

大気境界層　78, 139
大気組成　3
大気大循環　120, 191, 193, 202
大赤斑　12–14
タイタン　14, 59, 192, 230
代表的風速　116, 120, 122
台風　142
体膨張率　92
太陽エネルギー　32, 45, 50, 54, 112, 113, 119
太陽からの距離　2
太陽光　156
　——エネルギー　→　太陽エネルギー
太陽放射量　2
対流圏　6, 65, 66, 155, 156, 159
　——界面　155, 157, 159, 200
対流調節　76, 78
ダスト　10, 51, 76, 207
脱出速度　28, 29
谷風　102
断熱　56, 57, 60, 64
地球　6, 51, 59, 75, 121, 125, 192, 210, 212, 230

——型惑星　1, 51, 212, 213, 230
地衡風　135, 136
　——近似　135, 136
　——調節　137, 138
　——の関係　133–139, 149, 150, 152, 195
窒素　3, 42
地表面気圧　2, 20, 108
チャーニー, J. G.　176
中間赤外線　31
中層大気　7, 196
超回転　5
定圧比熱　2
低気圧　94, 95, 97, 106, 108, 136, 140, 142, 143, 145, 184, 186
停滞性ロスビー波　150
テイラー数　172, 173
電磁波　30
天王星　14, 59, 192, 210
　——型惑星　1
等圧面高度　93–95
等温大気　22, 28
等飽和混合比線　72, 73
土星　14, 59, 192, 210
突然昇温　201
ドップラー拡幅　43
ドライアイス　8, 10
トルク　91, 92

[な行]

内部熱源　11
二酸化炭素　3, 38, 42, 43, 47–51
ニュートン　27
ニュートンの第2法則　127
熱機関　104, 105, 118, 120
熱帯収束帯　107
熱潮汐波　218, 219, 222
熱力学の第1法則　56
熱ロスビー数　172, 173
粘性　92, 118
濃硫酸　4

[は行]

パイオニア・ヴィーナス　5

パスカル　18
パーセル法　59
発散　97, 145
ハドレー循環　106, 107, 160, 161, 167, 169, 172, 173, 197
反射率　→　アルベード
日傘効果　33, 35-37
ピナツボ火山　36
ヒマラヤ山脈　150, 181
微量成分　3
フェレル循環　161, 168, 193, 195, 197
フーコー振子　134
ブシネスク近似　90
プランク関数　31, 47
ブラント・ヴァイサラ振動数　63, 65, 66
プリューム　84, 87, 88
浮力　62, 90, 91, 152-154, 224
ブルーワー・ドブソン循環　200, 201
分子運動　28
平均速度　29
平均分子量　2, 18, 19, 23, 24, 69
閉塞前線　188
ベータ効果　149, 150
ベナール対流　84-86
ヘリウム　3, 11
偏西風　104, 150, 157, 158
偏東風　158
貿易風　104, 158
放射過程　123
放射対流平衡　75, 80
放射の緩和時間　211
放射平衡　47, 48, 50, 54
暴走温室効果　3, 81, 84
飽和水蒸気圧　66
飽和水蒸気密度　66
北欧学派　186-188
ポリトロープ大気　26

[ま行]

まさつ　139, 140, 224
マルグレス, M.　175, 179
ミー散乱　34

水　10, 12, 43, 51
メタン　3, 38, 42, 51
木星　11, 59, 192, 210
木星型惑星　1, 209, 212, 213
モーメント　152-154
―――・バランス　223-225
モンスーン　102, 104, 106

[や行]

夜昼間対流　109, 110
山風　102
有効放射温度　2, 30, 32, 36, 39, 51, 210
雪　33, 34, 157

[ら・わ行]

乱流　117, 120, 213
力学過程　123, 124
陸風　98, 99
理想気体の状態方程式　18, 61, 65, 69
硫化水素アンモニウム　12
レーリー散乱　33, 34
ロスビー循環　170, 171, 173
ロスビー数　135, 141, 185, 191, 195, 196, 213
ロスビー波　147, 150, 151, 183, 202
ロッキー山脈　151, 182
露点温度　66
惑星渦度　148-150

[欧文]

Ar　→　アルゴン
CH_4　→　メタン
CO_2　→　二酸化炭素
H_2　→　水素
H_2O　→　水
He　→　ヘリウム
N_2　→　窒素
NH_3　→　アンモニア
NH_4SH　→　硫化アンモニウム
O_2　→　酸素
O_3　→　オゾン

著者紹介
松田佳久（まつだ・よしひさ）
東京学芸大学教育学部自然科学系教授（理学博士）
1951 年　生まれ
1974 年　東京大学理学部卒業
1979 年　東京大学大学院理学系研究科博士課程修了
1979 年　東京学芸大学助手
1979 年　東京学芸大学助手
1985 年　気象大学校講師
2003 年より現職
著書：『惑星気象学入門』（岩波書店，2011）
　　　『惑星気象学』（東京大学出版会，2000）
　　　『気象と環境の科学』（共著，養賢堂，1993）

気象学入門　基礎理論から惑星気象まで
2014 年 5 月 26 日　初　版

［検印廃止］

著　者　松田佳久
発行所　一般財団法人 東京大学出版会
　　　　代表者　渡辺　浩
　　　　153-0041 東京都目黒区駒場 4-5-29
　　　　電話 03-6407-1069　　Fax 03-6407-1991
　　　　振替 00160-6-59964
印刷所　三美印刷株式会社
製本所　牧製本印刷株式会社

2014 ⓒYoshihisa Matsuda
ISBN 978-4-13-062721-4　　Printed in Japan

JCOPY 〈（社）出版者著作権管理機構 委託出版物〉
本書の無断複写は著作権法上での例外を除き禁じられています．複写される場合は，そのつど事前に，（社）出版者著作権管理機構（電話 03-3513-6969，FAX03-3513-6979，info@jcopy.or.jp）の許諾を得てください．

小倉義光
一般気象学 ［第 2 版］

A5 判/320 頁/2,800 円

小倉義光
総観気象学入門

A5 判/304 頁/4,000 円

廣田　勇
グローバル気象学 ［オンデマンド版］

A5 判/160 頁/2,800 円

近藤純正
身近な気象の科学　熱エネルギーの流れ ［オンデマンド版］

A5 判/208 頁/2,900 円

近藤純正
地表面に近い大気の科学　理解と応用

A5 判/336 頁/4,000 円

高橋　劭
雷の科学

A5 判/288 頁/3,200 円

古川武彦
人と技術で語る天気予報史　数値予報を開いた〈金色の鍵〉

四六判/320 頁/3,400 円

ここに表示された価格は本体価格です．ご購入の
際には消費税が加算されますのでご了承ください．